中国安装工程关键技术系列丛书

特色装备制造关键技术

中建安装集团有限公司　编写

中国建筑工业出版社

图书在版编目（CIP）数据

特色装备制造关键技术 / 中建安装集团有限公司编写. — 北京 ：中国建筑工业出版社，2021.2
（中国安装工程关键技术系列丛书）
ISBN 978-7-112-25872-7

Ⅰ. ①特… Ⅱ. ①中… Ⅲ. ①建筑设备-设备安装 Ⅳ. ①TU8

中国版本图书馆 CIP 数据核字（2021）第 024863 号

本书内容共 5 章，包括：概述、压力容器制造关键技术、风电塔筒制作关键技术、特殊钢结构制作关键技术、典型工程。本书内容全面详实，有较强的针对性和可操作性，对回转干燥设备制造技术、重叠式 U 形管换热器制造技术、大直径薄壁塔筒制作技术、风电塔筒埋弧焊无碳刨焊接技术、空间双曲面弯扭构件制作技术、多牛腿圆筒节点制作技术、大尺寸多腔体薄壁构件等进行了详细介绍，对推动特色装备制造、管理等方面具有重要的指导意义和参考价值。

本书适合从事特色装备制造的施工、管理人员参考使用。

责任编辑：张　磊　万　李
责任校对：张惠雯

中国安装工程关键技术系列丛书
特色装备制造关键技术
中建安装集团有限公司　编写
*
中国建筑工业出版社出版、发行（北京海淀三里河路 9 号）
各地新华书店、建筑书店经销
北京鸿文瀚海文化传媒有限公司制版
临西县阅读时光印刷有限公司印刷
*
开本：880 毫米×1230 毫米　1/16　印张：$14\frac{3}{4}$　字数：457 千字
2021 年 6 月第一版　2021 年 6 月第一次印刷
定价：**168.00** 元
ISBN 978-7-112-25872-7
（37100）

把专业做到极致

以创新增添动力

靠品牌赢得未来

——摘自2019年11月25日中建集团党组书记、董事长周乃翔在中建安装调研会上的讲话

丛书编写委员会

本书编写委员会

主　编： 吴聚龙

副主编： 李　乐　陈晓蓉

编　委：（以下按姓氏笔画排序）

马　亮　王　乐　王洪福　王益贵　方东明　孔令伟

田　野　吉怀军　朱宇君　任　洁　孙　剑　孙　渊

孙永杰　李　浩　李　斌　杨　红　杨　锐　杨九洲

吴纹龙　张光辉　陈可可　陈延林　陈德政　林晓轩

季可朋　金天亮　金远健　周寅成　赵锦欣　胡　杰

钟冬平　段永军　晏海波　钱奕专　徐东升　高　凡

陶双双　谢小云　詹　敏

序

改革开放以来，我国建筑业迅猛发展，建造能力不断增强，产业规模不断扩大，为推进我国经济发展和城乡建设，改善人民群众生产生活条件，做出了历史性贡献。随着我国经济由高速增长阶段转向高质量发展阶段，建筑业作为传统行业，对投资拉动、规模增长的依赖度还比较大，与供给侧结构性改革要求的差距还不小，对瞬息万变的国际国内形势的适应能力还不强。在新形势下，如何寻找自身的发展“蓝海”，谋划自己的未来之路，实现工程建设行业的高质量发展，是摆在全行业面前重要而紧迫的课题。

“十三五”以来，中建安装在长期历史积淀的基础上，与时俱进，坚持走专业化、差异化发展之路，着力推进企业的品质建设、创新驱动和转型升级，将专业做到极致，以创新增添动力，靠品牌赢得未来，致力成为“行业领先、国际一流”的最具竞争力的专业化集团公司、成为支撑中建集团全产业链发展的一体化运营服务商。

坚持品质建设。立足于企业自身，持续加强工程品质建设，以提高供给质量标准为主攻方向，强化和突出建筑的“产品”属性，大力发扬工匠精神，打造匠心产品；坚持安全第一、质量至上、效益优先，勤练内功、夯实基础，强化项目精细化管理，提高企业管理效率，实现降本增效，增强企业市场竞争能力。

坚持创新驱动。创新是企业永续经营的一大法宝，建筑企业作为完全竞争性的市场主体，必须锐意进取，不断进行技术创新、管理创新、模式创新和机制创新，才能立于不败之地。紧抓新一轮科技革命和产业变革这一重大历史机遇，积极推进 BIM、大数据、云计算、物联网、人工智能等新一代信息技术与建筑业的融合发展，推进建筑工业化、数字化和智能化升级，加快建造方式转变，推动企业高质量发展。

坚持转型升级。从传统的按图施工的承建商向综合建设服务商转变，不仅要提供产品，更要做好服务，将安全性、功能性、舒适性及美观性的客户需求和个性化的用户体验贯穿在项目建造的全过程，通过自身角色定位的转型升级，紧跟市场步伐，增强企业可持续发展能力。

中建安装组织编纂出版《中国安装工程关键技术系列丛书》，对企业长期积淀的关键技术进行系统梳理与总结，进一步凝练提升和固化成果，推动企业持续提升科技创新水平，支撑企业转型升级和高质量发展。同时，也期望能以书为媒，抛砖引玉，促进安装行业的技术交流与进步。

本系列丛书是中建安装广大工程技术人员的智慧结晶，也是中建安装专业化发展的见证。祝贺本系列丛书顺利出版发行。

中建安装党委书记、董事长

2020 年 12 月

丛书前言

《国民经济行业分类与代码》GB/T 4754—2017将建筑业划分为房屋建筑业、土木工程建筑业、建筑安装业、建筑装饰装修业等四大类别。安装行业覆盖石油、化工、冶金、电力、核电、建筑、交通、农业、林业等众多领域，主要承担各类管道、机械设备和装置的安装任务，直接为生产及生活提供必要的条件，是建设与生产的重要纽带，是赋予产品、生产设施、建筑等生命和灵魂的活动。在我国工业化、城镇化建设的快速发展进程中，安装行业在国民经济建设的各个领域发挥着积极的重要作用。

中建安装集团有限公司（简称中建安装）在长期的专业化、差异化发展过程中，始终坚持科技创新驱动发展，坚守“品质保障、价值创造”核心价值观，相继承建了400余项国内外重点工程，在建筑机电、石油化工、油气储备、市政水务、城市轨道交通、电子信息、特色装备制造等领域，形成了一系列具有专业特色的优势建造技术，打造了一大批“高、大、精、尖”优质工程，有力支撑了企业经营发展，也为安装行业的发展做出了应有贡献。

在“十三五”收官、“十四五”起航之际，中建安装秉持“将专业做到极致”的理念，依托自身特色优势领域，系统梳理总结典型工程及关键技术成果，组织编纂出版《中国安装工程关键技术系列丛书》，旨在促进企业科技成果的推广应用，进一步培育企业专业特色技术优势，同时为广大安装同行提供借鉴与参考，为安装行业技术交流和进步尽绵薄之力。

本系列丛书共分八册，包含《超高层建筑机电工程关键技术》、《大型公共建筑机电工程关键技术》、《石化装置一体化建造关键技术》、《大型储运工程关键技术》、《特色装备制造关键技术》、《城市轨道交通站后工程关键技术》、《水务环保工程关键技术》、《机电工程数字化建造关键技术》。

《超高层建筑机电工程关键技术》：以广州新电视塔、深圳平安金融中心、北京中信大厦（中国尊）、上海环球金融中心、长沙国际金融中心、青岛海天中心等18个典型工程为依托，从机电工程专业技术、垂直运输技术、竖井管道施工技术、减震降噪施工技术、机电系统调试技术、临永结合施工技术、绿色节能技术等七个方面，共编纂收录57项关键施工技术。

《大型公共建筑机电工程关键技术》：以深圳国际会展中心、西安丝路会议中心、江苏大剧院、常州现代传媒中心、苏州湾文化中心、南京牛首山佛顶宫、上海迪士尼等24个典型工程为依托，从专业施工技术、特色施工技术、调试技术、绿色节能技术等四个方面，共编纂收录48项关键施工技术。

《石化装置一体化建造关键技术》：从石化工艺及设计、大型设备起重运输、石化设备安装、管道安装、电气仪表及系统调试、检测分析、石化工程智能建造等七个方面，共编纂收录65项关键技术和24个典型工程。

《大型储运工程关键技术》：从大型储罐施工技术、低温储罐施工技术、球形储罐施工技术、特殊类别储运工程施工技术、储罐工程施工非标设备制作安装技术、储罐焊接施工技术、油品储运管道施工技术、油品码头设备安装施工技术、检验检测及热处理技术、储罐工程电气仪表调试技术等十个方面，共编纂收录63项关键技术和39个典型工程。

《特色装备制造关键技术》：从压力容器制造、风电塔筒制作、特殊钢结构制作等三个方面，共编纂收录25项关键技术和58个典型工程。

《城市轨道交通站后工程关键技术》：从轨道工程、牵引供电工程、接触网工程、通信工程、信号工程、车站机电工程、综合监控系统调试、特殊设备以及信息化管理平台等九个方面，编纂收录城市轨道交通站后工程的44项关键技术和10个典型工程。

《水务环保工程关键技术》：按照净水、生活污水处理、工业废水处理、流域水环境综合治理、污泥处置、生活垃圾处理等六类水务环保工程，从水工构筑物关键施工技术、管线工程关键施工技术、设备安装与调试关键技术、流域水环境综合治理关键技术、生活垃圾焚烧发电工程关键施工技术等五个方面，共编纂收录51项关键技术和27个典型工程。

《机电工程数字化建造关键技术》：从建筑机电工程的标准化设计、模块化建造、智慧化管理、可视化运维等方面，结合典型工程应用案例，系统梳理机电工程数字化建造关键技术。

在系列丛书编纂过程中得到中建安装领导的大力支持和诸多专家的帮助与指导，在此一并致谢。本次编纂力求内容充实、实用、指导性强，但安装工程建设内容量大面广，丛书内容无法全面覆盖；同时由于水平和时间有限，丛书不足之处在所难免，还望广大读者批评指正。

前　言

20 世纪 90 年代中期以来，得益于国家产业政策的大力扶持和全球产业格局的转变，我国装备制造业取得了令人瞩目的成就，形成了门类齐全、具有相当规模和技术水平的产业体系，在化工装备、交通运输装备、新能源装备等方面的主要产品已位居世界前茅。我国经济快速增长所带来的巨大需求，也将使装备制造业从中获得新的增长动力。但国内装备制造业在具备诸多有利条件的同时，也面临着一些风险和压力，可持续发展能力有待进一步提高，核心竞争力有待于加强等。在激烈的竞争中，企业只有依靠不断的技术创新，才能有效提升企业竞争力，获得持久的竞争优势。

中建安装集团有限公司作为中建集团的二级专业公司，践行国家创新驱动发展战略，把准科技创新着力点推进创新平台建设，加大专业领域的关键技术攻关，推动科技成果不断应用转化，形成了运行高效的科技创新体系。通过技术创新、产业创新推动传统业务转型升级，将装备制造业务做实做强做优，努力将专业做到极致，推动企业高质量发展迈向更大步伐。近年来，更是以建造“高、大、精、特、新”装备产品著称于业界，相继建造了一大批国内外重大和富有影响力的精品项目。

在压力容器方面，近年来，公司不断进军高端装备制造行业，随着技术能力不断提高，稳居化工装备细分领域龙头地位，在丙烷脱氢核心设备制造的市场占有率稳居全球第一，在干燥回转类动设备方面也是全国领先技术。其中青岛金能 90 万 t/年丙烷脱氢装置采用目前世界上最先进的美国 Lummus 工艺，也是目前全球单套产能最大的丙烷脱氢装置。该项目涉及现场与工厂制造两部分，设备直径大、壁厚厚、高度高等特点，制造难度大，国内可以制造的厂家寥寥无几。而山东恒舜回转罐项目为动设备，且都是批量化制造，对于整体设备的直线度、椭圆度及跳动量要求非常高。通过此书对相关设备制造经验的总结，为后续产品的制造提供了借鉴意义，不断巩固公司在相关产业的领先地位，为公司的持续发展打下坚实的基础。

风电塔筒设备方面，作为风力发电的主机的支撑杆，其形式有多种，但主要采用钢制。钢制风电塔筒，筒体为圆柱形或锥形，筒身采用钢板卷制焊接而成，两端焊有连接法兰，并用连接螺栓连接，筒体内部附着有大量各类内附件，用于人员攀爬、检修，并为设备提供安装平台。目前，随着风电行业的不断发展，风电塔筒的制造也在不断规范化、流程化。公司为全球风电市场提供高品质风塔，尤其在大型塔筒出口市场占有领先地位，累计制造风电塔筒近 3000 台/套，总装机容量超 4000MW（4GW），涵盖 Gamesa、GE、Vestas、金风科技、联合动力、上海电气、远景能源等国内外主要机型，为客户提供风力发电 EPC 工程总承包服务。通过不断的新技术开发应用，形成了“大直径薄壁风电塔筒的制作技术”等一批新型行业技术，其中在行业内首创的“风电塔筒法兰平面度焊前控制技术”以突出的产品效益在多个大型制造企业应用。

特殊钢结构产品是中建安装传统的优势产品，自1997年承接国内第一座全国产化钢结构超高层建筑——大连远洋大厦以来，相继承接了一系列有代表性的项目。包括单层高度亚洲第一厂房——酒泉卫星发射中心火箭垂直总装测试厂房，亚洲最大单体火车站房工程——京沪高铁南京南站，全球第一大会展综合体——上海国家会展中心，全球第一单体博览中心——杭州国际博览中心等，在超高层、大型公建、基础设施等领域均取得了优异的成果，为客户提供钢结构制造为主体的施工总承包服务。另外依托桁架模块化制作技术优势，大力发展钢结构桥梁制作技术，做精桥梁板单元模块化制作，成为在中型桥梁、景观桥等细分市场领域后起之秀。本书主要介绍多种钢结构产品复杂节点以及典型异种结构件制作工艺流程，为今后钢结构产品制作提供参考。

作为《中国安装工程关键技术系列丛书》之一，本书依托既有工程项目实践经验，针对以往科技创新成果认真进行归纳总结，分为压力容器、风电塔筒设备、特殊钢结构产品三个板块。相信对于今后装备制造有着一定的参考和指导意义，充分体现了中建安装作为国内装备制造行业的先进企业，很好践行了中央企业在科技创新上发挥带头作用的责任和义务。

本书在编写过程中，参考并引用了部分文献资料，邀请行业专家对文稿内容进行了审阅，并提出了宝贵意见。在此，谨对参考文献作者和各位专家表示由衷的感谢。同时，因编写时间有限，编者水平不足，书中难免存在纰漏不当之处，敬请各位读者不吝指正！

目 录

第1章

概　述

1.1 压力容器产品行业现状及发展趋势

1. 压力容器产品特点

压力容器是一个涉及多行业、多学科的综合性产品，其建造技术涉及冶金、机械加工、腐蚀与防腐、无损检测、安全防护等众多行业。压力容器广泛应用于化工、石油、机械、动力、冶金、核能、航空、航天、海洋等部门。它是生产过程中必不可少的核心设备，是一个国家装备制造水平的重要标志。如化工生产中的反应装置、换热装置、分离装置的外壳、气液贮罐、核动力反应堆的压力壳、电厂锅炉系统中的汽包等都是压力容器。其具有以下几个特点：

（1）应用的广泛性

压力容器不仅被广泛用于化学、石油化工、医药、冶金、机械、采矿、电力、航空、航天、交通运输等工业生产部门，在农业、民用和军工部门也颇常见，其中尤以石油化学工业应用最为普遍，石油化工企业中的塔、釜、槽、罐无一不是贮器或作为设备的外壳，而且绝大多数是在承压状态下运行，如一个年产 30 万 t 的乙烯装置，约有 793 台设备，其中压力容器 281 台，占了 35.4%。蒸汽锅炉也属于压力容器，但它是用直接火焰加热的特种受压容器，至于民用或工厂用的液化石油气瓶，更是到处可见。

（2）操作的复杂性

压力容器的操作条件十分复杂，甚至近于苛刻。压力从（1～2）$\times 10^{-5}$Pa 的真空到高压、超高压，如石油加氢为 10.5～21.0MPa；高压聚乙烯为 100～200MPa；合成氨为 10～100MPa；人造水晶高达 140MPa。温度从－196℃低温到超过 1000℃的高温；而处理介质则包罗爆、燃、毒、辐（照）、腐（蚀）、磨（损）等数千个品种。操作条件的复杂性使压力容器从设计、制造、安装到使用、维护都不同于一般机械设备，而成为一类特殊设备。

（3）安全的高要求

首先，压力容器须承受各种静、动载荷或交变载荷，还有附加的机械或温度载荷；其次，大多数容器容纳压缩气体或饱和液体，若容器破裂，会导致介质突然卸压膨胀，瞬间释放出来的破坏能量极大，加上压力容器大多数为焊接制造，容易产生各种焊接缺陷，一旦检验、操作失误容易发生爆炸破裂，器内易爆、易燃、有毒的介质将向外泄漏，势必造成极具灾难性的后果。因此，压力容器有很高的安全可靠性要求。

2. 压力容器行业发展现状

随着冶金、机械加工、焊接和无损检测等技术的不断进步，特别是以计算机技术为代表的信息技术的飞速发展，带动了相关产业的发展，在世界各国投入了大量人力物力的基础上，压力容器技术领域也取得了相应的进展。

目前，中国压力容器持证制造厂家共有 3800 多家，在该行业的中、低端产品市场竞争较为激烈。特别是沿海一带企业，在行业形势比较好时大规模发展，产能扩张的速度大于内地企业，但是近两年受国际金融危机的影响订单萎缩，产能利用率下降，使其采取了大幅度降价及大面积渗透销售的政策，进一步加剧了行业竞争的激烈程度。

中国压力容器行业属于传统的制造行业，生产技术较为成熟，生产规模与市场规模较大，产品国产化、产业化的需要日益增强。在化工领域，按照国家化工产业发展规划，中国将大力发展 80 万～100 万 t 规模的乙烯项目，截至 2020 年底，乙烯需求量已超 4000 万 t，而产量仅有 2300 万 t，只能满足需求的 60%。据经验数据估算，石化和化工项目设备投资占工程总投资的 50%以上，石化装备行业发展前景看好。此外，大型及特种材质压力容器还广泛应用于炼油、化工存储、化肥等领域，大型压力容器制造行业市场范围广阔，潜力巨大。因此，无论是从产业政策还是从市场需求来看，行业前景总体向好，但行业技术水平和技术创新能力有待提高，这在一定程度上使产业升级的步伐有所减缓。

3. 压力容器产品发展方向

（1）压力容器本体的发展方向

压力容器主要应用于石油化工、电力、冶金、核电等行业，其发展与下游行业的发展和需求关联密切。从装备制造业整体发展现状看：经过多年来的积累，我国装备制造业已经形成门类齐全、规模较大、具有一定技术水平的产业体系，成为国民经济的重要支柱，我国已经成为装备制造业大国，正在向装备制造强国努力。其中石油化工等领域的重型压力容器装备已基本不再依赖进口，部分技术难度高、制造工艺复杂的关键核心设备已经掌握自主知识产权，成功实现了国产化，甚至少数产品已接近国际领先水平并进入国际市场。近年来国家相继出台了一系列行业扶持政策，《国务院关于加快振兴装备制造业的若干意见》《装备制造业调整和振兴规划》到《能源发展战略行动计划（2014—2020年）》《中国制造2025》以及《石化和化学工业发展规划（2016—2020年）》等政策的出台，使压力容器领域具备了良好的政策环境支持。

随着国际经济、技术的贸易交流日渐加强和压力容器的设计、制造及使用管理的成熟化，国内外压力容器的发展逐渐呈现出以下几个方向：

1）通用化与标准化

压力容器通用化和标准化已成为不可逆转的趋势之一。这是因为通用化与标准化意味着互换性的提高，这不仅有利于压力容器使用单位日常维护与后勤保障，而且能够最大限度地减少设计和制造成本。同时，对于像我们这样的出口大国，标准化也意味着获得了走向国际的通行证。从世界范围内压力容器出口大国的实践分析可以看出，国际化的工程公司可以带动本国压力容器行业的发展和标准的国际化认可，从而获得更大的国际发言权和丰厚的经济利润。

2）特殊化与专业化

通用化与标准化虽然有许多优点，但在这类压力容器只能用在一些普通场合，在具有特殊要求的工作环境下必须使用具有特殊功能的压力容器。如核反应容器等就要求压力容器必须具备极强的耐腐蚀、耐高压和耐高温能力。正是这些特殊的需求促使压力容器向着特殊化与专业化的方向不断地发展和进步。

① 超高压容器：它是指工作压力大于或等于100MPa的容器，这类容器在乙烯聚合、人工水晶制造等方面已经得到了广泛应用。但其依然存在着制造成本高昂和安全性不够理想的问题。现在随着新型材料的出现和冶金业的发展，超高压容器的耐压能力和强度极限也在逐步提升，这都将促使超高压容器进一步发展。

② 高温压力容器：所谓高温，通常是指壁温超过容器材料的蠕变起始温度（对于一般钢材约为350℃）。火力发电站的锅炉汽包、煤转化反应器，某些堆型核电站的反应堆压力容器等，都是高温压力容器。高温压力容器因材料的蠕变会产生形状和尺寸的缓慢变化。材料在高温的长期作用下，其持久强度较短时抗拉强度低得多。因此选择材料的主要依据是高温持久强度和耐腐蚀性。高温压力容器的应力分析比较复杂，现代实践表明，采用有限元法分析是切实可行的。如果容器承受交变载荷（例如反复升压和降压），还应考虑疲劳和蠕变的交互作用。

③ 耐强腐蚀压力容器：由于压力容器常与酸、碱、盐等强腐蚀性介质接触，腐蚀不仅造成材料的消耗，而且会引起设备的损坏、原料及产品的流失，污染环境，甚至造成中毒、火灾和爆炸等恶性事故。如运输硫酸、盐酸的槽罐，不仅要具备强的耐腐蚀能力，而且对其安全性的要求也非常严格，这不是一般的压力容器所能满足的。

④ 低温压力容器：它主要应用在液氧、液氮等介质的制取、存储以及低温超导体的制造过程中，

由于其工作温度一般在－100℃左右甚至更低，这时材料的晶体结构会发生变化，造成材料的强度和塑性大幅度下降，给安全运行带来隐患。这都要求这类压力容器在选材上必须注意。

⑤ 除此之外，还有容器的大型化与微型化等特殊应用场合。

（2）压力容器的专业技术发展方向

压力容器基本都是在承压状态下工作，并且所处理的介质多为高温或易燃易爆物质，危险性极高，因此世界各国均将压力容器作为特种设备予以强制性管理。压力容器的类型和功能也随应用场合的不同而随之变化，其整个设计、制造和使用过程涉及冶金、结构设计、机加工、焊接、热处理、无损检测、自动化等专业技术门类。因此，压力容器的技术发展是建立在各专业技术综合发展的基础之上的。

随着冶金、机械加工、焊接和无损检测等技术的不断进步，特别是以计算机技术为代表的信息技术的飞速发展，带动了相关产业的发展，在世界各国投入大量人力物力进行深入研究的基础上，压力容器技术领域也取得了相应的进展。为了生产和使用更安全、更经济的压力容器产品，传统的设计、制造、焊接和检验方法正在不同程度地被新技术、新产品所代替。

1）压力容器所用材料的技术进展

近年来压力容器产品大型化、高参数化的趋势日益明显，千吨级的加氢反应器、二千吨级的煤液化反应器、1 万 m^3 的天然气球罐等已经在我国大量应用，压力容器在石油化工、核工业、煤化工等领域中的应用场合也日益苛刻。因此，耐高温、耐高压和耐腐蚀的压力容器用材料的研制与开发一直是压力容器行业所面临的重大课题。对此，各国均投入了大量的人力物力从事相关的研究工作。目前，压力容器用材料的主要研究成果和技术进步表现在以下几个方面：

① 材料的高纯净度：冶金工业整体技术水平和装备水平的提高，极大地提高了材料的纯净度，提高了压力容器用材料的力学性能指标，提高了压力容器的整体安全性。

② 材料的介质适用性：针对各种腐蚀性介质和操作工况，已研究开发出超级不锈钢、双相钢、特种合金等金属材料，使之适合各种应用条件，给设计者以更多选择的空间，为长周期安全生产提供了保证。

③ 材料的应用界限：针对高温蠕变、回火脆化、低温脆断所进行的研究，准确地给出材料的应用范围。

④ 更高强度材料的应用：在设备大型化的要求下，传统的材料已经无法解决诸如 3 万 m^3 天然气球罐、钢厂的大型球罐、20 万 m^3 原油储罐以及超高压容器的选材问题。目前 $\sigma_b \geqslant 800MPa$ 高强材料的应用正在引起国内研究人员的广泛关注。

2）计算机技术的广泛应用

在信息时代的今天，计算机技术应用已经渗透到压力容器行业的每一个领域。计算机软、硬件的每一个进步都极大地影响着压力容器行业的技术进展，其主要表现为：

设计：传统的计算机辅助设计（CAD）已逐步向计算机辅助工程（CAE）的方向发展。随着计算机能力的不断增强和分析手段的日益多样化，设计者在结构设计阶段就可以预见到诸如焊接过程中所产生的残余应力、设备组装和运输过程中可能会出现的碰撞等问题，并在设计阶段消除这些问题，分析设计和结构优化设计已经逐渐为设计者所掌握。

制造：计算机辅助制造（CAM）技术正在逐步改变压力容器制造厂传统的工艺生产方式，质量管理意识和生产方式已经发生了深刻的变革。压力容器全过程的计算机管理使得所有控制点均能得到有效的控制，极大地减少了人为失误，有效地保证了产品质量的稳定，保证了生产周期和生产成本的降低。

焊接：计算机控制的仿形焊机、激光焊机和全位置自动焊机的应用，极大地提高了生产效率和产品质量。

无损检测：计算机射线实时成像、超声扫描模拟成像和多通道声发射等技术的应用，再配以专门研制的专家系统，使检测的结果更加准确和客观。特别是超声扫描模拟成像缺陷探察技术（TOFD）已经成功地用于核设备、加氢反应器等厚度大于100mm的重型容器。这对提高重型容器的生产效率和减少射线污染起到了积极的作用。我国在煤液化装置反应器的建造中开始应用该技术解决现场进行无损检测的问题。

3）结构设计

现代的压力容器结构设计正在逐步摆脱传统观念的束缚，体现真正满足工艺要求的设计理念，追求实效性、安全性和经济性的和谐统一。

结构的合理性设计：标准中对压力容器的具体结构形式不予限制，因此压力容器结构所受的制约较少，给设计者很大的发挥空间，有利于设计出更加合理的结构。另外，分析设计手段的运用和验证性试验的实施为结构的合理性设计提供了必要的保障。例如模块化的设计方法，它是按照压力容器上各个部件功能的不同将完成同一功能的各部件作为一个小的整体来进行研究，像安全防护装置部分、罐体部分等，它不仅使得压力容器的维护更加简便，而且能在很大程度上缩短研制周期，加速技术升级。

结构的经济性设计：压力容器的安全性和经济性的和谐统一一直是设计者的追求，应力分析标准就是应此要求而出现的。焊接钢管的使用和特殊结构的应用，在很大程度上是考虑了压力容器结构的经济性。

结构的可靠性设计：传统的安全系数设计法为了“保险”起见，往往将安全系数的取值偏大，使得所设计的压力容器及零件的结构尺寸偏大，不仅浪费材料，而且由于各个零件的寿命和强度难以保证合理的匹配，结果造成最终产品 $1+1<2$ 的情况。而可靠性设计中将部分参数作为随机变量来处理，对其进行统计并建立统计模型，用概率统计法进行计算，能够全部扫描设计对象，所得结果更符合实际情况。

4）安全系数的降低

为了增加本国产品的竞争性，降低安全系数是目前世界各国和地区压力容器标准的普遍倾向，我国也提出了将特定材料按分析设计方法设计的安全系数nb降为2.4的提案。安全系数的降低关系到压力容器标准的基础，对压力容器行业的经济性及安全性影响极大，必须慎之又慎。降低安全系数的前提条件是：结构分析设计水平的提高；制造经验的积累和制造技术水平的提高；更严格的材料技术要求；更科学的质量保证体系。

4. 压力容器行业标准发展趋势

现在已进入经济全球化的发展时期，经济全球化的一个必然趋势是标准的国际化。美欧等各大经济实体都把争夺标准的主导权作为争夺市场的主要目标，投入了大量的人力物力，在标准技术上推出了新的内容。

1）行业标准的国际化

标准国际化是标准技术内容与国际标准相容，而不是简单地照搬国际标准的所有内容。对国际标准应进行系统的分析研究，在基本要求上符合国际标准，在特殊问题上突出自己的特有技术和管理方式，最终阶段性地实现标准间的互相认可。

趋同性：信息技术的高速发展，使世界范围内的先进技术迅速普及，围绕技术发展的技术标准也必然为技术的使用者所接受，因此世界范围内的压力容器技术要求正在向统一的方向发展。

相容性：尽管各国技术标准的技术内容不完全相同，但各国都把自己的标准与其他标准相容作为目标，以实现标准的互相认可。如ASME（美国技术标准）在1999年进行一个研究项目，对PED（欧洲技术标准）进行彻底分析，并将PED的ESR与Ⅷ-1对设计、建造和行政管理的要求进行系统的比较，证明ASME标准增加一些内容以后就可以满足PED的要求。

贸易性：标准是国际贸易规则的组成部分和贸易纠纷仲裁的重要依据，主宰国际标准将有利于获得巨大的市场份额和经济利益，实施国际标准化战略的实质是争夺国际市场的控制权。

2）技术法规和技术标准之间的相互协调

国家的技术法规是国家为保证压力容器产品的安全而设立的强制性法规，任何其管辖范围内的产品都必须遵守它的安全原则；技术标准是推荐性的，规定保证压力容器安全所相应的产品质量技术指标，但标准所规定的技术指标应该符合技术法规的安全原则，可以指导压力容器的设计、建造、检验和验收，是压力容器产品建造和贸易中的技术评价平台。因此，技术标准与技术法规应该是总体协调的，但在作用和其他方面是有区别的。

原则性和工程性：技术法规管辖产品的最基本的安全要求；标准除了要符合这些基本要求之外，还要规定在工程上满足基本安全要求的具体方法和合格指标。技术法规的数量很少，但管辖的范围很宽；与之配套的协调标准会涉及材料、设计计算方法、成型、焊接、无损检测、压力试验等一系列技术标准内容。

稳定性和时效性：国家的技术法规是国家的行政法规的一部分，其内容的相对稳定不变对行业的安全管理有利；而协调标准是实现产品安全质量的技术规则，要与时俱进，随时反映行业的综合能力和相应技术的发展。

因此，研究调整技术法规与技术标准之间的协调关系，明确技术法规与技术标准的界定范围，应引起国家有关机构的充分重视。

3）产业市场化和生产专业化

竞争必然导致生产模式的改变，形成以核心企业为主导、大中小企业协调发展、分层次竞争的产业组织结构。市场配套和专业化生产是今后压力容器行业的主要格局，也是发展的方向；加强标准化工作有助于实现专业化协作，这种强调市场配套和专业化生产的产业组织结构必须以技术上的高度统一为前提，标准化恰恰是实现技术统一的基础，因此标准是专业化协作的桥梁和纽带。

总之，压力容器本体、专业技术及行业的发展是相互影响，相互促进的。只有在材料、冶金、加工工艺、检测等技术得到了实质性发展的基础上，压力容器的安全性、可靠性才能得到提高，压力容器性能的提升又将促使行业标准的提高，而这又将反过来进一步促进压力容器专业技术与本体的继续发展。处理好三者之间的相互关系，将使压力容器行业进入一个健康、有序的发展轨道。

1.2　风电塔筒产品行业现状及发展趋势

1. 塔筒产品特点

风电塔筒就是风力发电的塔杆，在风力发电机组中主要起支撑作用，同时吸收机组振动。风电塔筒不仅要有一定的高度，使风力机处在较为合理的位置上运转；而且还应有足够的强度与刚度，以保证在台风或暴风袭击时，不会使整机倾倒。国内外百千瓦级以上大型风力发电机组塔架大部分采用钢制圆柱、圆锥以及圆柱和圆锥结合的筒形塔架，筒体板材主要使用高级优质、热轧低合金高强度结构钢，连接法兰均采用整体锻造。除塔体外，塔筒内部通常有爬梯、电缆、电缆梯、平台等结构。风电塔筒一般通过采购板材、法兰的主要原材料进行分段生产、分段组对、分段运输。塔筒法兰主要用于将分段制造的塔体连接起来。一般塔筒桩体用钢板卷制焊接而成，而法兰的制作安装难度更大，其制作精度、装配误差、焊接质量和表面平整度等方面都有很高的要求。

2. 塔筒行业发展现状

塔筒在风力发电机组中大量采用，其优点是美观大方、上下塔筒安全可靠。其重要性随着风力发电机组的容量增加和刚度增加，愈来愈明显。塔筒重量在风力发电机组中占风力发电机组总重量的 1/2 左右，其成本占风力发电机组制造成本的 15%左右，由此可见塔筒在风力发电机组设计与制造中的重要性。塔筒的减震和稳定性也是影响风力发电的重要因素。2020年，我国风电塔筒行业市场规模达到587.67亿元，同比增长20.4%。

风电塔筒行业在风力发电产业链中属于上游产业，作为其重要分支，随着风电产业的高速发展得到了长足的进步。截至2020年，我国风电塔筒企业竞争角逐的范围具有全国性、全球性，从山东地区开始逐渐辐射到全国各地，以至于在时机成熟之际，走出国门。近几年，随着风电产业在国家规划的指引和相关政策的扶持下，加之风电塔筒的生产工艺较为简单，行业进入门槛低，使得我国塔筒企业短期内数量急剧增长，呈现出行业的无序竞争状况。同时，风电塔筒企业处于风电产业价值链的低端，受该价值链上的其他产业，比如整机制造企业的影响较大。

目前，我国约有规模不等的风电塔筒制造企业150余家。预计至2025年，我国风电累计装机容量将达到20000万kW，新增风电投资将达到4000亿元，未来5年我国塔筒年均需求量在6000～9000套左右，国内前12家规模较大的塔筒生产企业产能就能达到6900套，几乎可以满足风电塔筒行业的总需求。从这种局面，可以看出风电塔筒行业有一定的集中度，但是尚未出现龙头企业，竞争形势激烈，处于无序竞争阶段，随着这种竞争的日益残酷，龙头企业的产生已成必然趋势。

3. 风电塔筒行业发展趋势

（1）产业政策的大力扶持

风能作为一种清洁、绿色的可再生能源，是能源领域中技术最成熟、最具规模开发条件和商业化发展前景的发电方式之一。发展风力发电对于解决能源危机、减轻环境污染、调整能源结构都有着非常重要的意义。近年来，伴随着环境污染的日趋严重，环保呼声日趋高涨，低碳环保的风电日益受到各国重视。

作为新能源的重要组成部分，各国相继出台的一系列风电配套法规、规章、政策，将鼓励风电产业发展的各项措施制度化、法制化，成为推动风电产业持续健康发展的法制保障。如2015年5月，国家能源局发布《国家能源局综合司关于进一步做好可再生能源发展“十三五”规划编制工作的指导意见》，从转变能源发展方式、科学论证发展目标、研究重点任务、统筹落实消纳、加快装备产业建设以及研究保障体系六个方面明确了可再生能源发展规划的重点任务，引导行业继续健康发展。2015年12月，国家能源局发布了《全国海上风电开发建设方案（2014—2016）》，其中44个海上风电项目被列入建设方案，总容量超过1000万kW，中国还提出了2020年建成3000万kW海上风电发展目标。随着各国一系列调整相关产业政策的出台，未来风电设备行业发展空间广阔。

（2）下游市场需求持续增长

与传统能源相比，风电成本稳定、不存在碳排放等环境成本，并且可利用的风能在全球范围内分布广泛、储量巨大。随着市场的不断扩大和技术的进步，风力发电成本日趋下降。未来很长一段时期内，能源短缺和价格上扬，环境保护压力的持续增大，风力发电技术的逐步成熟和成本的降低，国家产业政策的大力扶持，都将成为促进风电行业增长的持续动力。随着全球风电建设的加快，风电设备及零部件的市场需求将会进一步增加。

（3）国际风电整机厂商全球化采购趋势日趋明显

依靠中国制造的高性价比优势，全球风电整机配件行业正不断向中国转移，中国风电配套产品的全球出口趋势愈发明显。一方面，受人工成本较高，国外风电设备配套厂商正在减少产量；另一方面，国际大型风电整机制造商寻求在中国建立生产基地或全球采购平台，不断增加在中国风电设备采购量，为国内风电设备行业提供了较大的发展空间。

虽然进入全球风电生产厂商供应商体系认证的时间较长，但一旦得到认证，其合作关系将保持稳定。具有较高技术水平和相对较低成本的国内风电设备领先制造企业逐渐进入境外市场，实现对国外产品的低成本、高品质的替代。

4. 风电塔筒行业供求状况

（1）行业市场需求状况及变化原因

风能作为一种清洁、绿色的可再生能源，是能源领域中技术最成熟、最具规模开发条件和商业化发展前景的发电方式之一。根据全球风能理事会统计数据，2001年至2016年，全球风电累计装机容量从23.9GW增至486.8GW，复合增长率为22.25%；预计到2021年，全球风电累计装机量将达到817.00GW，2016～2021年的年复合增长率达10.91%。另外，作为风电的重要组成部分，海上风电因其风源稳定、利用率高、单机装机容量大等特点，总装机容量迅速增长。据统计，2016年全球新增海上风电装机2.22GW，截至2020年底，全球海上风电累计装机量32.5GW，比2018年底增长了19.1%，全球已投运海上风电场共162个。全球风电尤其是海上风电装机容量的快速增长势必提高对塔筒设备及配套产品的市场需求量。

目前，全球风电市场相对集中，并受欧洲、亚洲及北美的主导。全球风电已形成欧洲、北美、亚洲齐头并进的格局，预计未来几年亚洲市场的成长性将最为强劲，尤其是中国经济持续发展的趋势，将使其电力需求持续增长。但从海上风电设备需求市场区域上来看，由于风电设备与风能资源分布以及风电投资规模密切相关，海上风电整机设备主要分布在欧洲、美国和亚洲地区，中国在海上风电发展速度方面相对较为缓慢。

（2）行业市场供给状况及变化原因

随着行业市场需求的快速增加以及国家产业政策的大力支持，全球风电设备行业一度呈现爆发式增长。同时，部分国家和地区行业内也出现了重复性投资、低水平扩张等情况，使得低技术含量的兆瓦级以下的风电整机逐渐出现结构性过剩现象。随着小功率、低技术含量的风电整机的“跃进式”增长，陆上风电整机装机容量阶段性呈现供过于求。国外市场方面，由于风电整机市场已形成较为有序的竞争环境，且寡头竞争明显，行业企业主要围绕技术工艺、成本控制等方面开展竞争，市场供给主要受需求侧影响且整体增长较为稳定。

海上风电由于装机容量大、风源稳定且风机利用率高，日益受到市场青睐。据统计，2011年至2016年，全球海上风电累计装机容量年均复合增长率达28.43%。但由于海上风机存在较高的技术门槛，且对整机厂商产品方案设计、配件质量、资金规模、成本控制等均有较高的要求，因此目前海上风电整机规模厂商不多，且主要为西门子集团、Vestas、通用电气等全球知名厂商。海上风电的高技术和质量标准对于风电设备及零部件配套厂商的生产工艺和质量控制要求更高，整机厂商往往制定严格的供应商考核和样件审核标准，且考虑到更换供应商成本较高，一开始合作即形成较强的合作黏性。因此目前海上风电设备市场供给无法满足快速增长的市场需求。

（3）总体供需态势

整体而言，陆上风电方面，受小功率、低技术含量陆上风电整机装机容量“跃进式”增长的影响，国内陆上风机产品阶段性呈现供过于求；但国外陆上风电整机已形成成熟的市场环境，寡头竞争明显且竞争环境有序，市场供需态势整体较为稳定。海上风电方面，由于较高的技术门槛以及快速增长的市场需求，海上风电设备市场整体供需较为稳定，未来国内部分优势企业将在行业内凭借严格的质量控制和精确的生产工艺，继续加强技术改进及成本控制，以技术升级促进产品升级，积极参与国内外市场竞争。

1.3　钢结构行业现状及发展趋势

1. 钢结构产品特点

钢结构工程是以钢材制作为主的结构，主要由型钢和钢板等制成的钢梁、钢柱、钢桁架等构件组成，各构件或部件之间通常采用焊缝、螺栓或铆钉连接，是主要的建筑结构类型之一。因其自重较轻、施工简便，广泛应用于大型厂房、桥梁、场馆、超高层等领域。其具有以下几种特点：

（1）钢材强度高，结构重量轻

钢结构的自重比较轻，且具有比较高的强度，在承受相同的荷载状况下，使用的钢结构要比其他结构轻。在多层民用建筑比较中，钢结构民用建筑的重量仅相当于砖混结构、钢筋混凝土结构民用建筑的重量70%左右。在建筑的过程中，一些大跨度的建筑一般也都采取钢结构建筑模式。

（2）钢结构建筑具有很好的抗震性能

由于钢材材质均匀，且塑性和韧性都比较好，所以钢结构本身质量是比较稳定的。再加上钢结构建筑的自重要远轻于同面积的其他传统建筑，所以其地震力效应相对也小，在地震突然的挤压中不易断裂，因此在抗震建筑中有着比较好的应用前景。

（3）钢结构建筑的施工周期短

钢结构的受力构件简单，可以在工厂进行批量生产，易于保证质量，更符合结构设计要求。生产完成后只需要将构件运送到工地进行组装，减少了大量的人工及机械装备的使用，可使施工速度快，工期缩短40%以上。钢结构建筑的建筑方式能让建筑物更早的投入使用，经济性和社会效益好。

（4）钢结构工程造价低

钢结构建筑可以适当减小梁、柱截面尺寸，工程总体的材料使用量也会大大的节省。而且还可以降低运输、装卸和安装费用。同时采取钢结构建筑工程的周期也大大缩短，与之相关的其他各种间接费用也会大大减少。

（5）钢结构建筑外部造型美观

钢结构建筑造型可丰富多彩，也可简洁明快，便于设计师的创意实施，使建筑物美观性加强。

2. 钢结构行业发展历史与现状

我国钢结构行业从20世纪50年代起步，经历了近70年的发展历程。从最开始的节约用钢限制发展，到20世纪90年代的合理使用，再到21世纪以来的大力发展，我国的钢结构行业经历了从缓慢起步到迅猛发展的过程。近年来，随着国民经济的进步和钢铁工业跨越式发展，国内钢结构企业通过学习吸收国外先进的理念、技术，引进国外先进的加工安装设备，整体技术水平已接近国外同类企业的水平，钢结构产业呈现了繁荣景象。

随着我国成为新兴钢铁强国、工业化进入中期向后期的过渡阶段以及行业对新型建筑工业化的积极探索，我国的建筑钢结构行业已具备高速发展的基本条件。

20世纪90年代以后，伴随着钢铁产业的跨越式发展，全社会对建筑钢结构的经济效益和社会效益的逐步认知，我国建筑技术的政策导向逐渐转为发展、推广钢结构的应用。

中国钢结构的市场，从钢结构研发、制造到施工，已形成相关产业链。目前，我国钢结构仍以板材为主，并且我国钢结构仍然以房屋建筑为主。2019年以来，在政策支持下，多高层钢结构发展显著，占比显著增长；但是，钢结构行业发展想要突破，还需继续重视发展住宅钢结构，突破行业发展瓶颈。桥梁钢结构近年来发展仍不尽如人意，桥梁钢结构占比偏低且改观迹象不明显，且主要应用于大跨桥梁；突破桥梁钢结构的发展瓶颈，还需大力推广中小跨径钢桥和组合桥。

2016年，国务院办公厅印发了《关于大力发展装配式建筑的指导意见》。《意见》提出，要以京津冀、长三角、珠三角三大城市群为重点推进地区，常住人口超过300万的其他城市为积极推进地区，其余城市为鼓励推进地区，因地制宜发展装配式混凝土结构、钢结构和现代木结构等装配式建筑。力争用10年左右的时间，使装配式建筑占新建建筑面积的比例达到30%。

近几年，随着一批PC项目的实践，装配式混凝土结构受到结构工程师越来越多的质疑，并一度风传将会取消。究其原因，混凝土虽是现代建筑结构的主流，且早已形成一条完整的市场产业链，但其缺点是施工速度慢、施工现场乱且经常伴随资源浪费。这些缺点即使在大力倡导装配式建筑的今天，想要完全解决也显得任重而道远。在大力倡导绿色建筑的今天，传统意义上的建筑类型显然不能满足绿色、环保发展的需要。

钢结构建筑相比较混凝土或者预制混凝土结构具有无与伦比的优势：首先是我国钢材产量丰富，钢材质量可靠，这为钢结构建筑提供了材料优势。其次，钢结构建筑标准化程度高，其自身的装配式属性使得其综合造价低，设计周期短，施工速度快，回收利用率高。再次，钢结构建筑能最大限度地满足绿色环保的要求，钢材本身就是一种环保材料，钢结构建筑无论从构件生产、加工到后期的现场安装都不会对自然环境造成损害。

近年来，钢结构建筑已被住房城乡建设部列为重点推广项目。住房城乡建设部先后开展了 30 多项关于钢结构建筑的课题研究项目，兴建了许多试点工程。与此同时，许多高校和企业也纷纷加入钢结构建筑体系及关键技术的研究行列。

3. 钢结构行业发展趋势

受市场经济不断变化的影响，未来钢结构行业的发展规划趋势总体呈现出科学化、合理化、环保型的趋势。

从科学化的角度来看，科学技术创新改革迎来了新的历史机遇，受科学技术深入推广和运用的影响，其钢结构物资材料科技含量成分较多、抗压力强度逐步提升以及施工技术都得到了有效地提升，使得钢结构行业产业发展迎来了较为宽阔的发展空间。钢结构行业建筑体系所包含的钢结构及相应部件的工业化生产，实现了构件的工厂制件和现场装配化施工，实现了建筑技术集成化和产业化，提高了住宅产业化的水平，增强了建筑的科技含量。

从合理化、环保型方面来讲，受我国环保政策的影响，未来我国城市建设发展空间所面临的压力将会越来越大，有限的城市发展空间已经不能够满足日益加快的城市化社会建设步伐，建筑施工范围将会越来越小，同时由于能源紧张、非可再生资源的存量逐步减少等因素，使得未来钢结构行业发展同样面临着巨大的挑战。

因此钢结构产业发展将会朝着合理规划、节能环保的方向发展，一方面通过钢结构产业加工制作简单、施工方便、施工周期短、结构灵活、造型设计自如、使用效果好等多种因素，进一步调动冶金行业、房地产行业以及建筑行业三者资源的优化配置，按需分配按量规划，将有限的资源效能最大化处理，这也可以促使减少对周边建筑施工环境的损害，进一步净化周边生活空气环境，为社会可持续发展赢得了更为广阔的发展空间。

第2章

压力容器制造关键技术

2.1 丙烷脱氢反应器制造技术

1. 技术简介

（1）技术背景

丙烷脱氢生产工艺主要包括UOP公司Oleflex工艺和ABB公司Lummus-Catofin工艺。国内从2014年开始进行Lummus工艺核心设备反应器的国产化研制，并实现了设备国内制造。目前国内具备制造能力的厂家较少，设备制造水平参差不齐，而随着全球丙烯需求量的不断增加，丙烷脱氢项目也不断增多。2020年国内新增6～7套丙烷脱氢装置，反应器设备配套50余台。针对国内外市场需求，反应器制造核心技术的推广及应用，对国内丙烷脱氢产能具有重要的意义。

丙烷脱氢反应器的操作温度为550～630℃，运行工况复杂，并伴有交变载荷，对设计和制造要求严苛。反应器属于大直径薄壁容器，存在变形不易控制、装配精度高、S31008材料焊接易产生热裂纹等多个技术难点。通过某50万t/年丙烷脱氢项目、130万t C3/IC4混合脱氢等多个项目的制造经验总结，形成了成熟的关键制造技术。

（2）技术特点

1）反应器为大直径薄壁容器，受交通条件限制，一般难以从工厂整体运输至项目现场，故采取核心部件工厂制造、核心部件和壳体现场总装的方法，解决了大型设备运输难题，创新了制造模式。

2）反应器工作温度高，材料种类多，其中包含Q345R、SA387、S31008等材料，通过大量的焊接试验，确定了异种钢焊接工艺，并采取有效的防变形装配措施，保证了异种钢的焊接质量及烃、空气出入口之间的相对精度（±3mm）、设备支腿平面度偏差（≤6mm）等关键技术参数控制指标。

3）现场对接焊缝采用衍射时差法超声检测（简称TOFD）代替传统的射线检测（简称RT），保证现场作业安全性和连续性。

4）根据设备制造和运输、安装的实际情况，加强了设备制造过程控制，提出了设备整体试压方案，取代了原设计分段试压，不仅提高产品可靠性，而且避免高空作业风险。

（3）推广应用

1）2014年公司完成河北海伟石化50万t/年丙烷脱氢装置5台反应器国内首次制造，单台设备重255t。设备运行稳定，安全可靠。

2）2017年公司完成恒力石化130万t/年C3/IC4混合脱氢装置10台反应器制造，单台设备重282t。装置从2018年投产至今，运行良好。

3）2019年公司完成全球单套产能最大的青岛金能90万t/年丙烷脱氢装置8台反应器制造，单台设备重299t，2021年投产运行。

4）中国石油和化学工业联合会出具证明，确认中建五洲工程装备有限公司制造的丙烷脱氢核心装置产品在2017～2019年的市场占有率为国内及全球第一。

2. 技术内容

（1）工艺流程（图2.1-1）

（2）关键技术介绍

1）设计及制造依据

设计院按《固定式压力容器安全技术监察规程》TSG 21和《压力容器》GB 150.1～150.4进行转

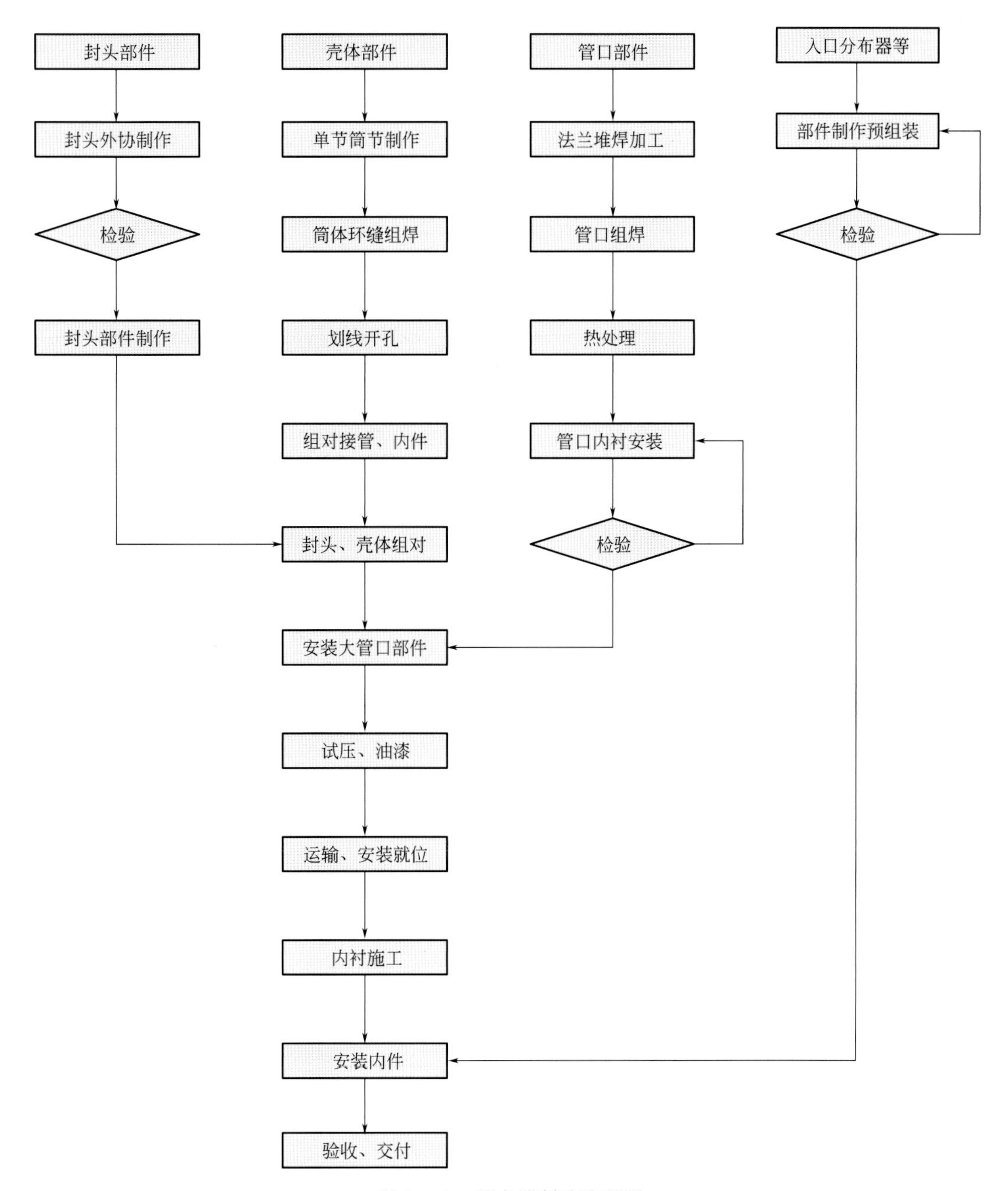

图 2.1-1　反应器制造流程图

换设计，并对 A 管口采用局部应力分析校核。

2）设备结构及主体材料

反应器为大型卧式容器设备，壳体内径 7900mm、厚 25mm，设备总长 20201mm、净重 299t。主体包括蝶形封头、壳体、大管口 A/B/C/E/F/H 等主要部件。封头和壳体材料为 Q345R，A 管口为 S31008 锻件，管口 B/C/E/F/H 为 SA182＋堆焊 E310，反应器结构示意图见图 2.1-2。

3）封头部件制造

封头规格：THA7900×32mm（min28），直边高 h＝100mm，材质 Q345R，封头内衬定型耐火砖。主要技术指标：整体尺寸控制椭圆度≤15mm、封头曲面内凹≤15mm、外凸≤30mm、内周长 24819mm。

封头部件制造步骤：原材料入厂验收→下料→拼焊（3 拼）→焊缝磨平→旋压成型（图 2.1-3）→尺寸检查→消应力热处理→边缘修整→直边切割和坡口加工→表面处理→无损检测→整体运输→入厂检

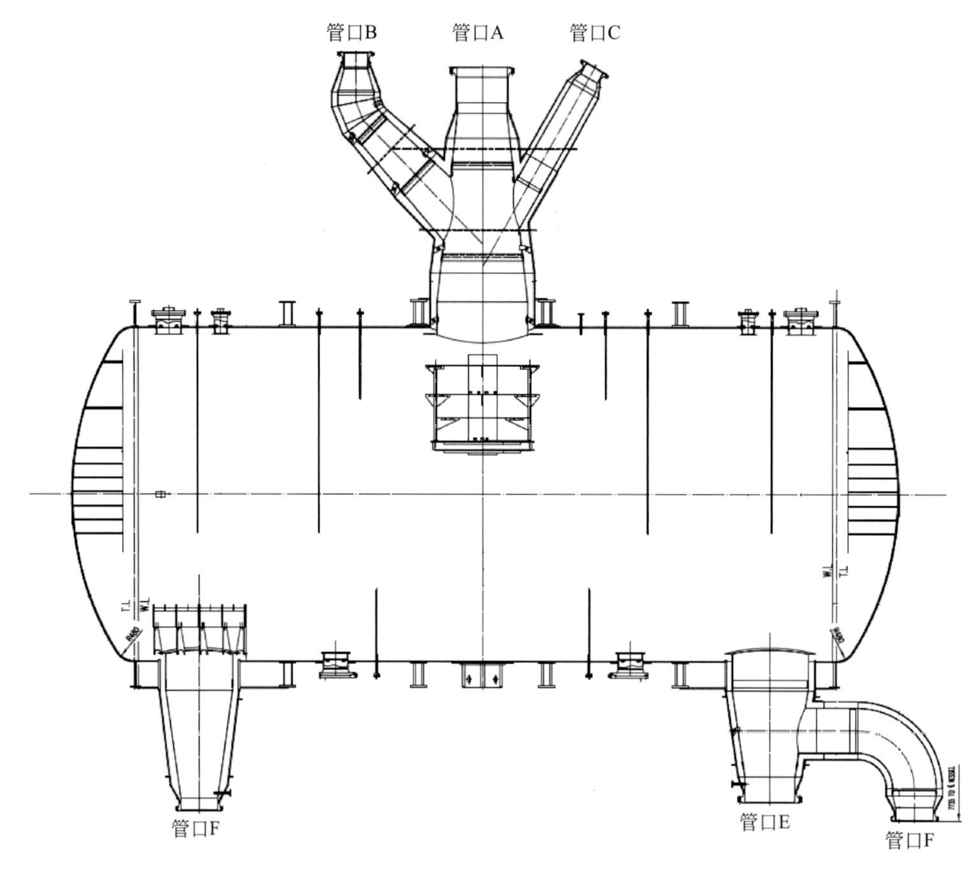

图 2.1-2 反应器结构示意图

验→划线→封头撑圆→安装加强圈→划线、组焊锚固钉和油气阻隔环等内件（图 2.1-4）。

图 2.1-3 封头旋压成型

4）壳体部件制造

筒体材质为 Q345R、规格 *DN*7900×25（58）×16944，A 管口处插入板厚度 58mm，共分 6 节，排版时应考虑管口位置、运输和卷板机有效卷板宽度影响。

图 2.1-4 封头组焊锚固钉

壳体组对采用瓦片工艺，焊后不校圆。下料、卷制瓦片后，利用工作平台进行单节筒节的瓦片组对，并用米字撑和圆弧板加以固定，立焊方式焊接纵焊缝，要求棱角度≤4.5mm、椭圆度≤17mm，检验合格后对焊缝进行100%TOFD和100%UT组合检测。壳体部件制造流程如下：

材料入厂验收→划线、下料、制坡口→瓦片卷制→撑圆、焊接区弧板加固→纵缝组焊、焊接试板焊接→外观处理→无损检测→组焊加强圈垫板及加强圈→环缝组焊→无损检测→加强圈焊接→划线开孔→内部油气阻隔环、保温挂钩等内件组对焊接（图2.1-5）。

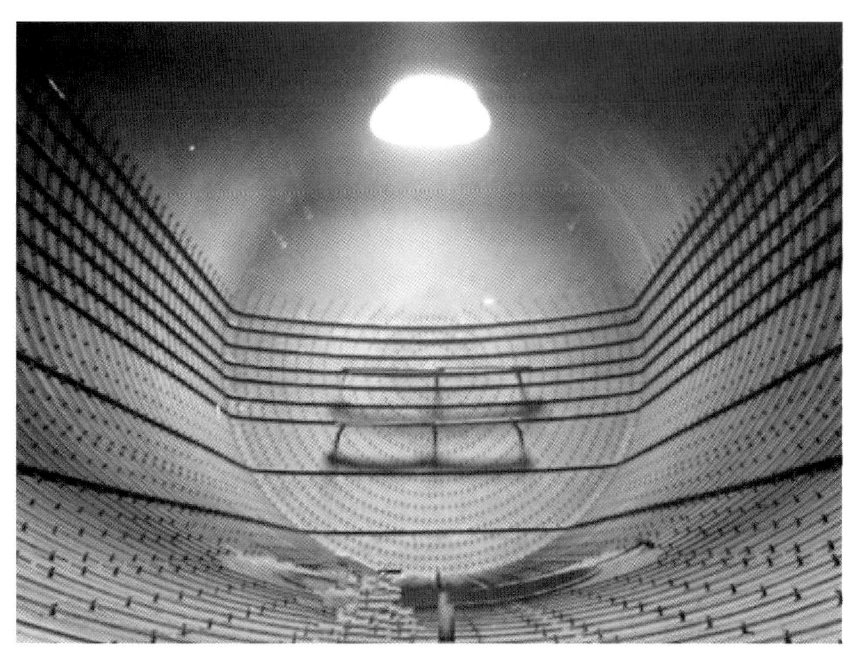

图 2.1-5 设备壳体内件图

5）管口部件制造

管口部件材料种类多、工序复杂、焊接及检测要求高，管口部件分为A/B/C管口部件、F/E/H管口部件，各管口部件制造完成后进行总装。各部件制造关键控制点如下：

① A/B/C 管口部件

管口 A 部件为 S31008 材料，按常规方法进行组对焊接，严格控制 S31008 材料的焊接质量。

A 管口部件制造步骤：A 管口各段接管短接下料、卷圆、焊接、无损检测→法兰与不锈钢短接组对→焊接、无损检测→顺序组对锥体、筒节→焊接、无损检测→安装不锈钢内衬短接→塞焊。

B/C 管口部件制造步骤：法兰密封面堆焊、热处理、加工（图 2.1-6）→与 SA387 锥管和一段 Q345R 材料管件组对焊接→无损检测→安装内衬短接→部件整体炉内消应力热处理→密封面加工（图 2.1-7）→按工艺组焊其他筒节→无损检测→形成管口部件→安装内衬保温材料及内衬筒，端口处内衬暂不安装。

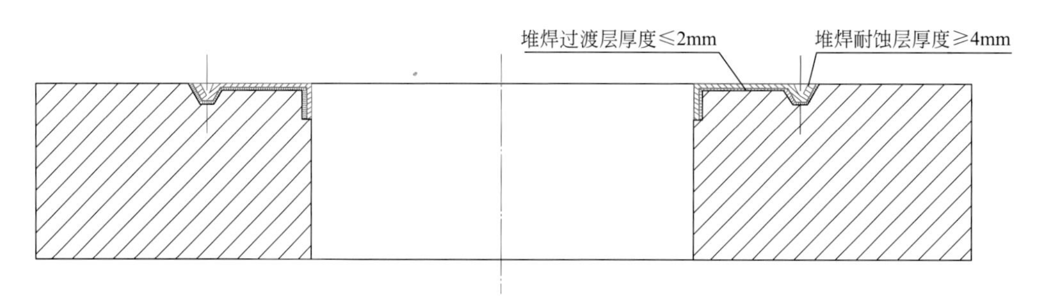

图 2.1-6　法兰密封面堆焊图

图 2.1-7　法兰密封面加工图

A/B/C 管口总装：A 管口部件固定于工装上→预安装 B/C 管口部件并用工装固定→尺寸适配、坡口修磨→安装 B/C 管口部件并用工装固定（图 2.1-8）→加强圈安装→焊接→外观处理→无损检测→检查尺寸→安装保温材料及内衬不锈钢筒节→外观处理→油漆、包装。

② F/E/H 管口部件

F/E/H 管口部件制造步骤：法兰密封面堆焊、热处理、加工→与 SA387 锥管和一段 Q345R 材料管件组对焊接→无损检测→安装内衬短接→部件整体炉内消应力热处理→密封面加工→按工艺组焊其他筒节→无损检测→形成管口部件→安装内衬保温材料及内衬筒，端口处内衬暂不安装。

E/H 管口总装：E 管口部件固定于工装上→预安装 H 管口部件并用工装固定→尺寸适配、坡口修

图 2.1-8　管口 B 组对

磨→安装 H 管口部件并用工装固定→加强圈安装→焊接→外观处理→无损检测→检查尺寸→安装保温材料及内衬不锈钢筒节，E 端口不安装→外观处理→油漆、包装。

管口 F 及管口 E/H 见图 2.1-9。

图 2.1-9　管口 F 和管口 E/H

6）内衬筒体的制造及安装

管口内衬由保温材料和不锈钢内筒组成。制造步骤：内筒按施工图分段位置分段下料→筒节卷制、焊接、校圆→内筒环缝组焊→焊缝表面 PT 检测→不锈钢内衬预组装→检查尺寸和间隙→酸洗→管口部件安装内衬保温材料与管口部件同步施工，端口部分内衬在管口与设备焊接完之后再安装（图 2.1-10）。

7）热处理

设备不需要整体热处理，涉及 SA387、SA182 和 t＝58mm 的 Q345R 等部位需要进行局部热处理。

① 加强筒节部分待所有焊接完成后，采用现场局部电加热方法进行热处理，保温温度为 610±10℃，保温时间 2.5h。

图 2.1-10　内衬施工图

② 铬钼钢材料的管口部件，在工厂内进行制造，焊接完成后部件整体进炉热处理。保温温度为660±10℃，保温时间根据接头厚度确定。热处理时试板同炉，热处理后的焊接试板按《承压设备产品焊接试件的力学性能检验》NB/T 47016 及技术要求进行拉伸、弯曲、冲击等试验。

8）耐压试验

设计要求反应器本体和接管分段试压，合拢缝采用 100％射线＋100％超声波检测代替试压。考虑到《固定式压力容器安全技术监察规程》TSG 21 要求，设备应进行整体耐压试验，设备在现场进行整体制造，故有条件进行整体试压。在管口内衬施工完毕后，所有检测合格后，对设备进行整体气压试验，气压试验按照《压力容器　第 4 部分：制造、检验和验收》GB 150.4 的要求进行。

9）反应器总装

施工步骤：壳体部件与蝶形封头组焊→外部加强圈、纵梁安装焊接→安装接管、鞍座支腿、吊耳等外部附件→设备内外观总检→安装 A/B/C/E/H/F 管口部件→设备整体气压试验→除锈油漆→短倒运至设备基础附近（图 2.1-11）→吊装就位（图 2.1-12）→安装烃出口挡板和入口分布器。

图 2.1-11　设备短倒图

图 2.1-12　设备吊装图

2.2　丙烷脱氢产品分离塔制造技术

1. 技术简介

（1）技术背景

产品分离塔是丙烷脱氢装置中关键设备，也是整套装置中最大的设备，分为第一产品分离塔和第二产品分离塔。目前国内化工行业大部分塔器主要采用工厂整体制造、现场吊装的模式，在设备大型化发展及运输的限制下，现场制造已成为趋势。分离塔属于超大型塔设备，制造时不仅需要严格控制设备椭圆度、直线度、塔盘平面度等，而且需根据现场实际情况制定热处理及吊装组对方案。

（2）技术特点

1）因设备超限，难以整体运输，采用壳体板工厂卷制，设备现场制造，实现制造模式创新。

2）现场对接焊缝采用衍射时差法超声检测（简称 TOFD）代替传统的射线检测（简称 RT），保证现场作业安全性和连续性。

3）壳体预留反变形、严格控制焊接预后热温度等措施，确保了设备制造达到技术要求。

（3）推广应用

1）2014 年完成河北海伟交通设施集团有限公司 50 万 t/年丙烷脱氢装置 2 台产品分离塔整体制造，单台设备重 1500t。设备运行至今，质量稳定，安全可靠。

2）2019 年完成青岛金能新材料有限公司 90 万 t/年丙烷脱氢装置 2 台产品分离塔现场制造，设备直径 11900mm，单台重约 3000t，2021 年投产。

3）本技术同样适用于其他诸如石油、煤化工等行业中大直径超重超限塔器在不便正常运输进场情况下的现场整体制造。

2. 技术内容

（1）工艺流程（图 2.2-1）

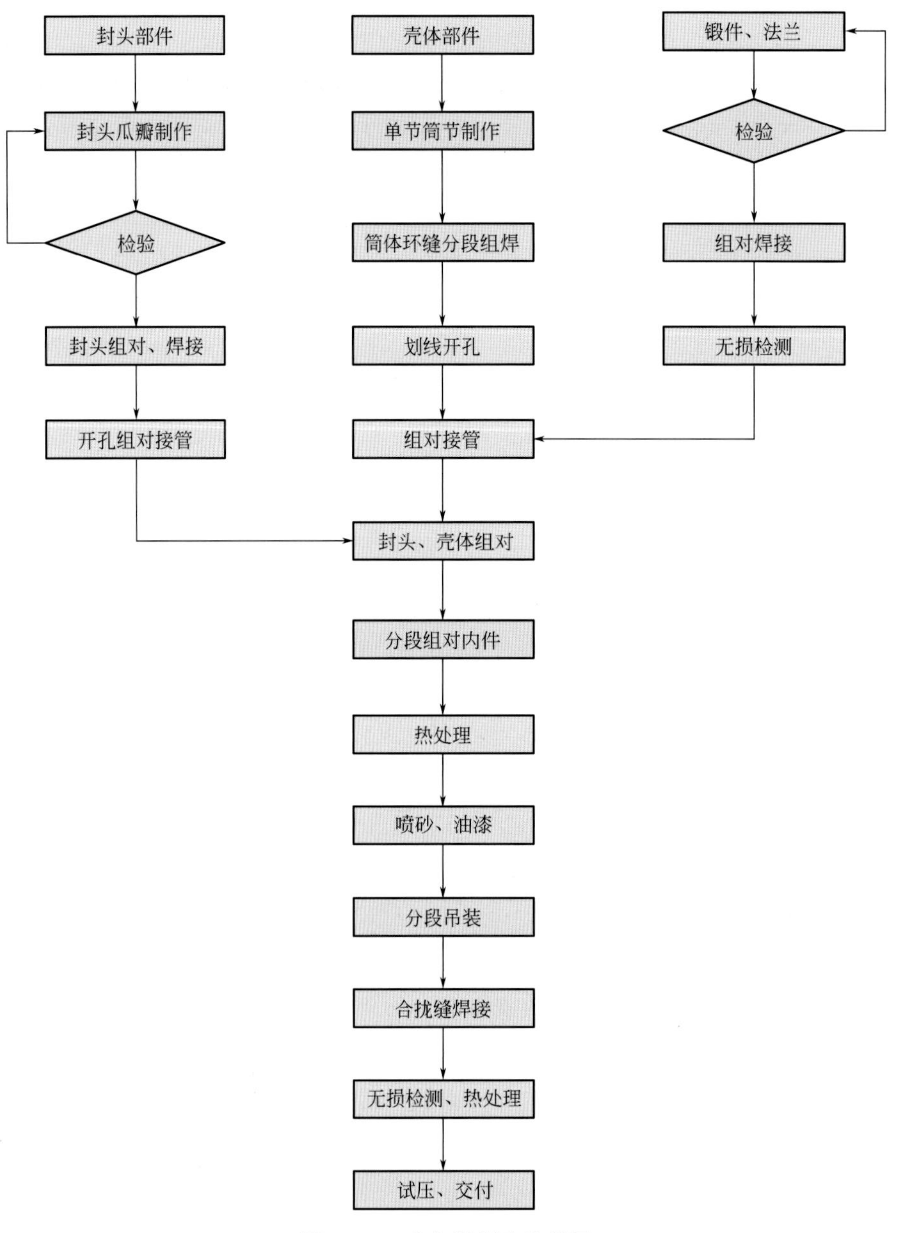

图 2.2-1　分离塔制造流程图

（2）关键技术介绍

1）设备结构及技术参数

本节主要介绍 90 万 t/年丙烷脱氢项目第一产品分离塔制造方案（图 2.2-2）。该塔内径 11.9m，壁厚 90mm，高 102.8m，设备净重约 3000t，是丙烷脱氢装置最大的设备，设备主体材料为 Q345R 正火板。分离塔主要技术参数见表 2.2-1。

分离塔主要技术参数　　**表 2.2-1**

项目	参数
设计压力(MPa)	2.55
设计温度(℃)	−16.2/80
工作压力(MPa)	1.92/2.0
工作温度(℃)	52.2/60
介质	易爆

续表

项目	参数
焊接接头系数	1.0
主要受压元件材质	Q345R/16MnⅢ
容器类别	Ⅲ类

图 2.2-2　分离塔实物图

2）封头部件制造

封头规格 SR5967×56（48.8）mm，由顶圆板和瓜瓣组成，顶圆板按 3 拼备料，瓜瓣按 18 片备料，投料厚度 56mm，满足成型后最小厚度 48.8mm 要求。备料排版时避开接管开孔，采用冷成型加工法模压成型。

① 封头预制

a. 对顶圆板和瓜片原材料进行外观尺寸检验，并按相关要求进行复验；

b. 根据排版图进行下料，分瓣进行冷压成型，并检查成型后几何尺寸；

c. 在加工厂进行预组对拼装。

封头焊缝布置见图 2.2-3。

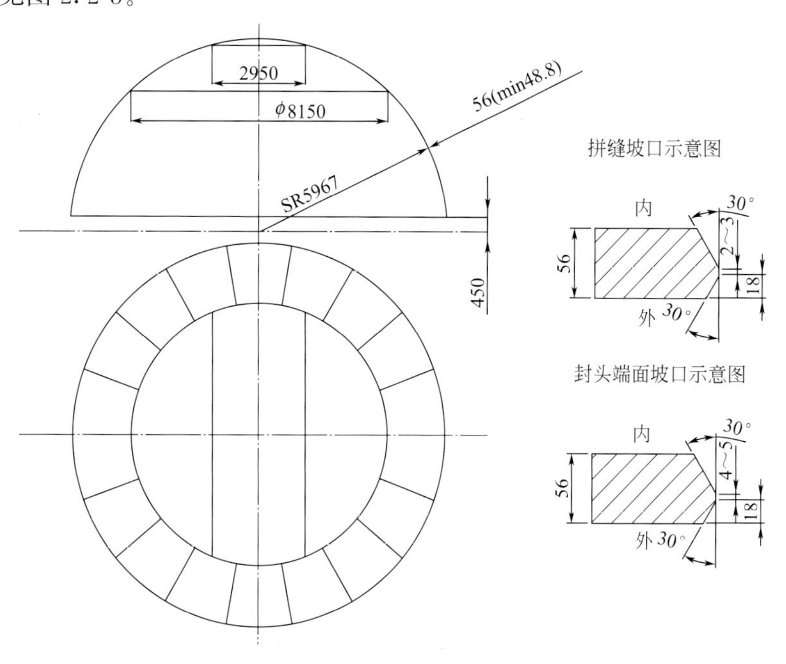

图 2.2-3　封头焊缝布置示意图

② 封头现场组焊

a. 按封头外径划若干等分点，并安放支墩，调平找正；

b. 根据封头成型后实际厚度确定尺寸线，在支墩上划出；

c. 吊装瓜瓣，在组装基准圆内，利用槽钢、钢管等型材进行支撑，用工装卡具固定瓣片，并通过调整螺栓和卡板控制对口间隙和错边量；

d. 安装顶圆板，利用卡具调整组对间隙和尺寸，点焊固定；

e. 按焊接工艺卡要求进行焊接，无损检测合格后待总装，见图 2.2-4。

图 2.2-4　封头拼焊及接管组对

3）单节筒体制作

a. 筒体材料入厂检验，下料、坡口制作；

b. 单节筒体按外径分为若干瓦片，单个瓦片在工厂预制，卷圆时利用模板压头，控制弧板直边长度≤100mm，使用弧长 2000mm 的样板检查圆弧尺寸；

c. 瓦片在工厂做表面预处理后，运输至现场，同时采取加固措施，保证圆弧板不发生塑性变形；

d. 单节 3 张瓦片在现场组装平台上立式组对，在纵缝外侧安装圆弧板，并在筒体内侧安装米字撑，防止变形；

e. 单节筒体组对时应按照《压力容器》GB 150.1～150.4 及《塔式容器》NB/T 47041 的相关要求严格控制组对间隙、错边量、棱角度；

f. 按焊接工艺卡要求进行焊接，无损检测合格后待环缝组对，见图 2.2-5、图 2.2-6。

4）接管部件制造

管口部件按照施工图组对各接管、弯头、法兰，按照焊接工艺文件进行焊接，采用 RT 或 TOFD 进行无损检测。

5）设备分段制造

① 下封头部件制造

下封头部件由裙座、下封头和 2 节筒体组成。

a. 裙座部件立式放置在已找平的 6 个支墩上，利用调整垫块，保证裙座部件垂直度和直线度；

b. 安装封头及一节裙座筒节部件，检查筒体下端面基准线至裙座底板间距，调整组对间隙，控制直

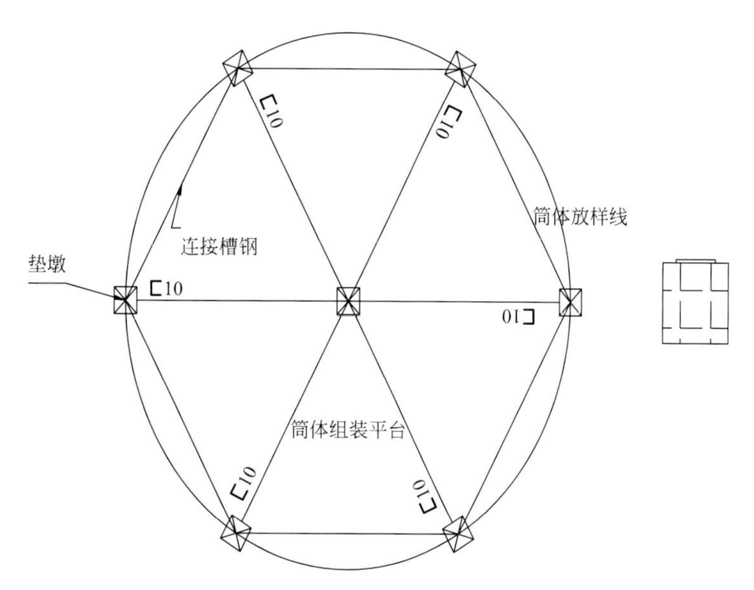

图 2.2-5 单节筒体组装平台示意图

图 2.2-6 单节筒体瓦片组对实物图

线度、垂直度；

c. 裙座环缝按焊接工艺卡进行焊接、无损检测合格后组对壳体筒节部件；

d. 底部弯管配套法兰组对焊接，无损检测合格；

e. 安装外部预焊件及内件，无损检测、外观总检；

f. 分段热处理，检查热处理后的尺寸，焊缝进行二次无损检测；

g. 外观处理，油漆合格后待总装，见图 2.2-7、图 2.2-8。

② 中间筒体部件制造

中间筒体部件根据现场吊装能力进行分段，通常越靠近筒体上部，分段越短，见图 2.2-9。

a. 中间筒体分段制造

筒体利用组对滚轮架顺序组对，分为 3 号和 4 号两小段。按分段示意图分别对两部件划线、开孔，

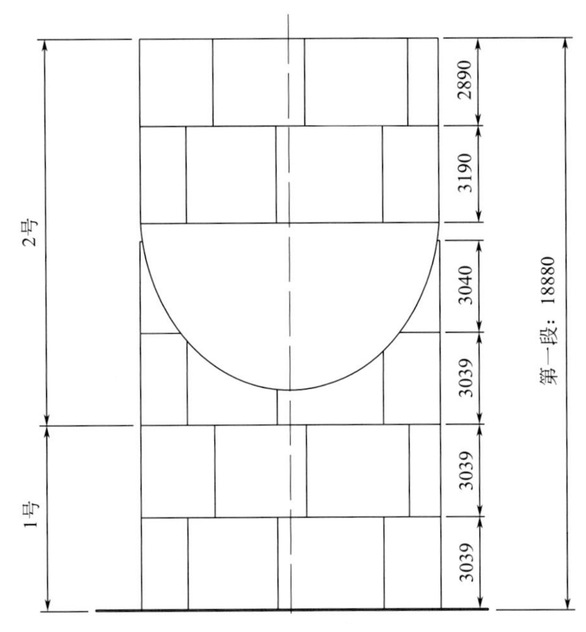

图 2.2-7　第一段分段示意图

图 2.2-8　筒节环缝组对

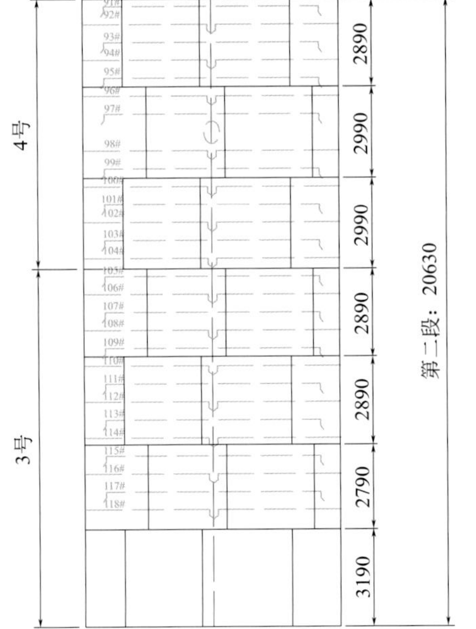

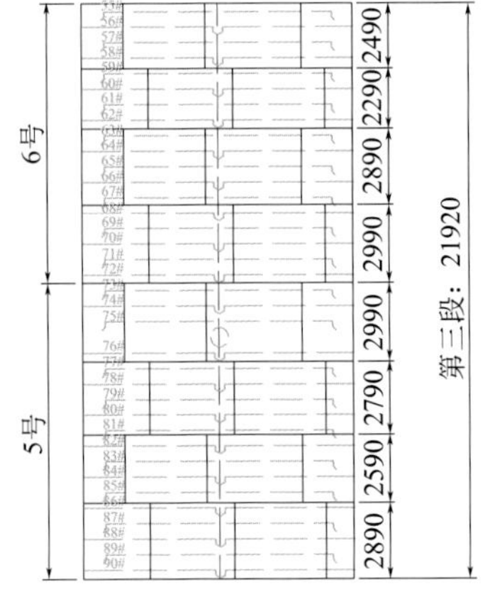

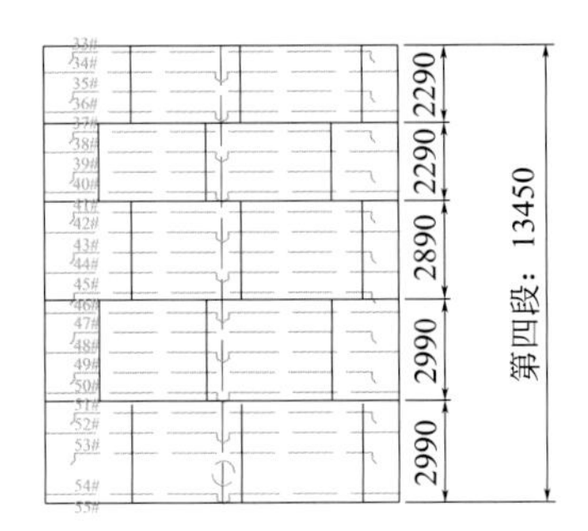

图 2.2-9　项目分段示意图

组焊接管、预焊件、吊耳等；3 号及 4 号部件划接管和预焊件位置线均以 3 号 TL 线至合拢缝断面总高度为基准，根据实测长度和环缝收缩量数据，对理论值进行适当调整。

b. 中间筒体部件总装制造

3 号、4 号部件经外观处理、检测合格后，利用大型履带吊由卧式转为垂直放置，底部铺设钢板和支墩。3 号部件立式放置于支墩，通过液压顶升装置调整，确保部件垂直度，内部搭设脚手架。利用经纬仪和下端面基准线，划出调整后的环向基准线及塔盘位置线。3 号、4 号部件组对，调整间隙，检查直线度，任意 3000mm 长度筒体直线度≤3mm，总直线度≤0.5L/1000mm，对口错边量≤10mm。按照工艺规范采用多点对称式焊接，环缝经无损检测、外观总检合格后，拆除内部脚手架。安装热处理设备及保温设施，采用内燃法进行分段热处理，具体按照热处方案实施。热处理完成后按照工艺要求对各类焊缝进行二次无损检测。检查设备内件尺寸，安装塔盘支撑梁，外部除锈油漆。

③ 上封头部件制造

上封头部件由 3 节筒体与上封头组成。

a. 部件立式放置时，用多个支墩支撑，确保此段部件垂直度，内部搭设脚手架。以下端环向基准线为基础，利用经纬仪，划出壳体内塔盘位置线，经检验合格后，安装塔盘支撑圈等预焊件。

b. 上封头与筒体部件合拢，按照工艺规范采用多点对称式焊接，焊接时应安装排烟设施，保证作业安全。环缝检测及外观总检合格后，拆除内部脚手架。安装热处理设备及保温设施，采用内燃法进行分段热处理。热处理完成后按照工艺要求对各类焊缝进行二次无损检测。检查设备内件尺寸，安装塔盘支撑梁，外部除锈油漆，见图 2.2-10。

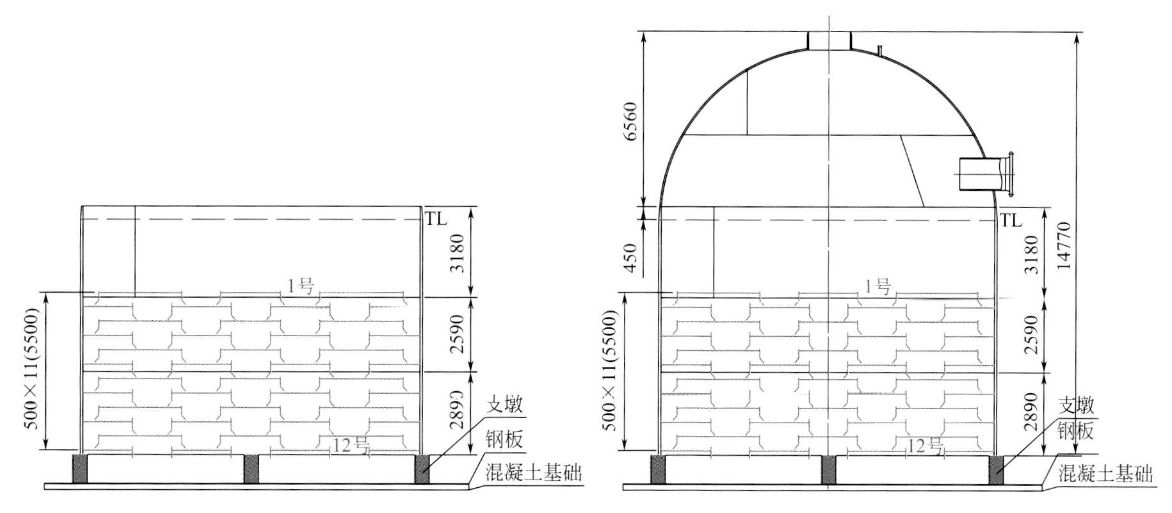

图 2.2-10　第六段分段示意图

6）设备总装

① 设备各段制造完成后，分别安装梯子平台及保温材料。使用大型吊机将下封头部件吊装就位，调整设备垂直度，允差≤0.3*L*/1000，检测合格后使用地脚螺栓固定。

② 按顺序吊装中间筒节部件及上封头部件，调整间隙，检查直线度，任意 3000mm 长度筒体直线度≤3mm，总直线度≤0.5*L*/1000mm，调整设备垂直度，允差≤0.3*L*/1000mm，对口错边量≤10mm。环缝加固，内侧安装电加热片，整圈预热。按照焊接工艺规范，采用手工电弧焊进行多点对称焊接。环缝外观处理，无损检测合格后安装环缝处塔内件。环缝采用电加热带进行局部焊后热处理，并按照工艺要求对各类焊缝进行二次无损检测。

③ 设备整体气压试验完成后，进行内部清扫，并检查塔盘尺寸有无变形。表面局部除锈，补涂油漆，安装保温层。

2.3 酯化釜设备制造技术

1. 技术简介

（1）技术背景

酯化釜是一种夹套容器，作为聚酯装置的关键设备之一，在化纤行业上被广泛应用。通常夹套容器分为盘管结构或夹套结构两种形式，而酯化釜是具有两种夹套形式的特殊容器。其主体材质为 316 不锈钢，夹套材质为 304 不锈钢，制作难度大。本节针对酯化釜的工艺流程进行了详细介绍。

（2）技术特点

1）主体结构下料时，预留合适的焊接收缩量，保证不锈钢锥体结构组焊后的尺寸精度。

2）通过设计盘管工装，解决薄壁管滚制容易椭圆变形的技术难题，保证了盘管的成型质量。

3）通过调整夹套和内部补强圈的组装顺序，避免设备气密性试验过程中，夹套内大直径补强圈漏气。

（3）推广应用

2017 年至今，本技术已在康泰斯（上海）化学有限公司四个项目中成功应用，累计完成 8 台酯化釜的制造，单台 52.5t，设备运行安全稳定，可为同类型组合夹套设备制作提供参考。

2. 技术内容

（1）工艺流程（图 2.3-1）

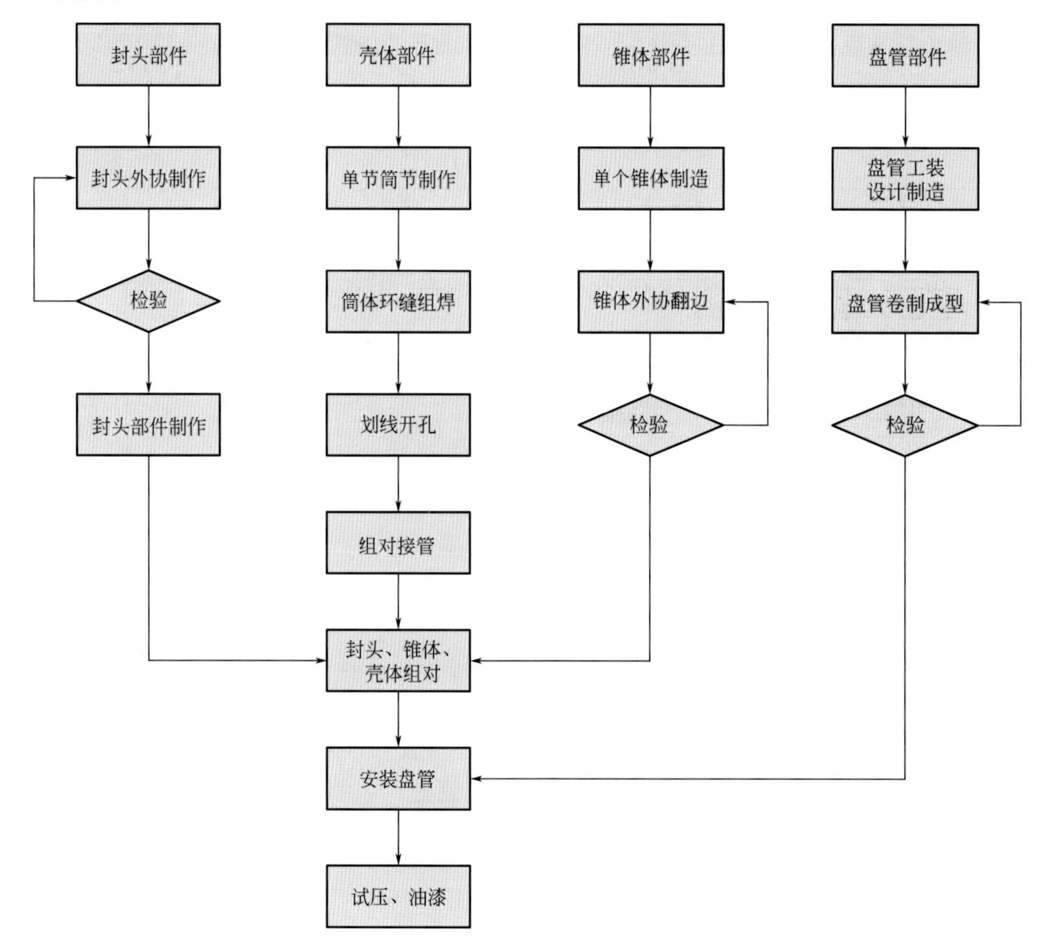

图 2.3-1　酯化釜制造流程图

（2）关键技术介绍

1）设计及制造依据

该设备设计、制造、检验及验收按照《压力容器》GB 150.1～150.4、《塔式容器》NB/T 47041、《固定式压力容器安全技术监察规程》TSG 21 等标准规范进行。主要技术参数及结构示意见表 2.3-1、图 2.3-2。

酯化釜主要技术参数　　　　**表 2.3-1**

项目	参数
设计压力(MPa)	0.52
设计温度(℃)	360
工作压力(MPa)	0.1
工作温度(℃)	285/100
介质	无毒、非易爆
焊接接头系数	塔节部分 0.85，蒸汽分离部分 1.0
主要受压元件材质	316/304
容器类别	Ⅰ类

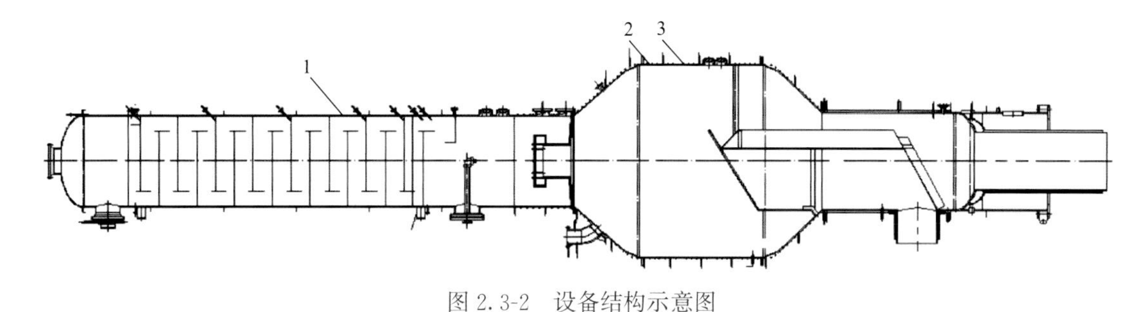

图 2.3-2　设备结构示意图

1—上半段塔节部分；2—下段蒸汽分离部分；3—盘管

2）主体材料的质量控制

① 316 和 304 不锈钢板按《压力容器和一般用途耐热铬及铬镍不锈钢板、薄板合钢带》ASME SA-240/SA-240M 标准要求进行制造、检验和验收。

② SA-312 和 SA-312 不锈钢管材按《无缝和焊接奥氏体不锈钢公称管》ASME SA-312/SA-312M 标准要求进行制造、检验和验收。

③ SA-182 和 SA-105 锻件选用《管法兰和法兰管件》ASME B16.5 标准要求进行制造、检验和验收。

④ 设备主体材质采用的是境外牌号，应按《固定式压力容器安全技术监察规程》TSG 21 对主要受压元件进行复验。

3）焊接质量控制

不锈钢焊材应满足《承压设备用焊接材料订货技术条件》NB/T 47018.1～47018.7 相关要求，为保证焊材适配性，埋弧焊丝和焊剂必须为同一生产厂家。不锈钢焊材牌号如表 2.3-2 所示。

不锈钢焊材一览表　　　　**表 2.3-2**

焊材名称	焊材牌号
不锈钢焊条	E308-16、E316-16、E309L-16、E309LMo-16
不锈钢埋弧焊丝	S308、S316
不锈钢埋弧焊剂	SJ601

续表

焊材名称	焊材牌号
不锈钢氩弧焊丝	S308、S316
不锈钢气保焊丝	TS316-FC11

因设备直径大、板材薄（最薄只有 10mm），且焊接量大，为保证焊接质量需注意以下三点：一是利用刚性固定组装法则，设置工装胎具对焊接构件进行全方位固定以防止焊接变形；二是按筒体弧度制作鞍座，将设备水平放置，便于使用平焊位置焊接，提高焊接质量；三是在焊接工程中严格按照工艺卡要求执行，采用小电流多层多道焊，严格控制线能量输入值。

4）上段塔节部分制造

① 封头部件

椭圆形封头规格为 EHA2134×14（min11.9）$h=40$，封头的具体形式和厚度根据设计图纸确定，在制造过程中保证封头最小厚度。按照《压力容器封头》GB/T 25198 标准进行制造、检验和验收，环缝预留二次加工余量。如果封头压制过程中破坏了不锈钢板材的固溶状态，成型后的封头需要重新进行固溶热处理。

上封头制造工序：首先加装支撑胎架，防止封头加工变形；然后按图纸方位开设顶部中心孔，按封头与组对筒节的板厚差进行削边，加工环缝两侧坡口，并标记封头上各接管的孔位线；最后组焊封头上各接管部件，组对时注意检查封头上法兰密封面至封头环缝距离，焊接完成后进行无损检测，形成上封头部件。见图 2.3-3。

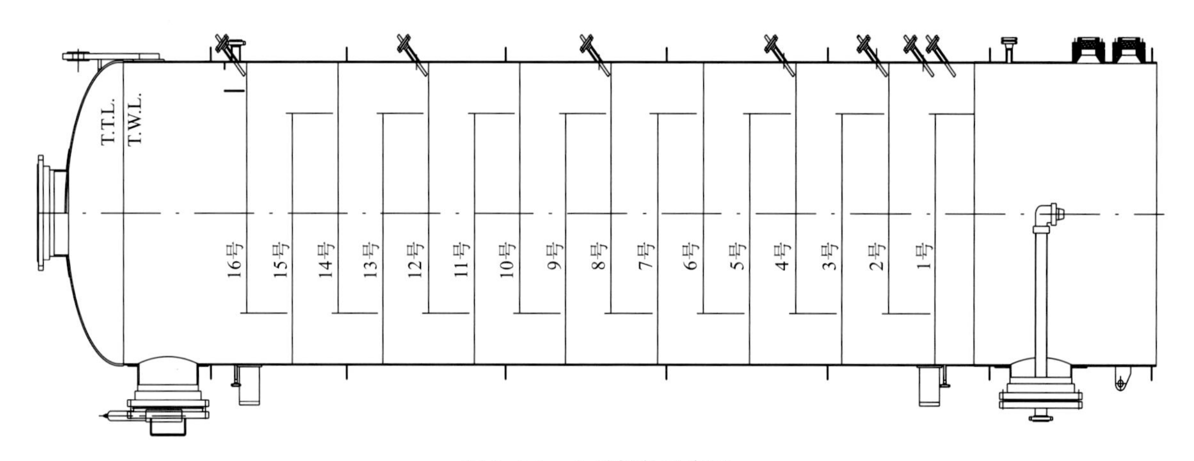

图 2.3-3　上段部件示意图

② 筒体部件

筒体规格为 10×ϕ2314，按总长分为 4 节，每节长 2121mm，筒节高度根据接管图纸标高确定，环缝设置应避开接管开孔及内外预焊件位置。

筒体部件制造工序：首先筒体板根据排版图数控下料，并采用刨边机加工纵环焊缝坡口，与下段连接的一节筒体环缝坡口暂不加工，预留二次加工余量；然后进行筒体卷制，控制筒体的棱角度，焊接纵缝后进行校圆，椭圆度不得大于筒体直径的 1%且不大于 25mm；最后组对筒节环缝（合拢缝一节暂不组对），控制错边量并检查直线度，焊接完成后进行无损检测，形成筒体部件。

③上段部件总装

制造工序：上封头部件与筒体部件组对焊接环缝，无损检测合格后测量筒体总长。依据图纸尺寸计算出合拢缝处的筒体高度，如超出标准要求，使用车床加工调整，同时制作环缝坡口（筒节内撑防变形胎具），与上述已完成的筒体进行组焊。以下段部件总高为基准标记上段部件开孔位置孔位线，组焊各接管部件，焊缝打磨抛光后进行内部酸洗钝化。

5）下段蒸汽分离器部件制造

① 裙座部件（图 2.3-4）

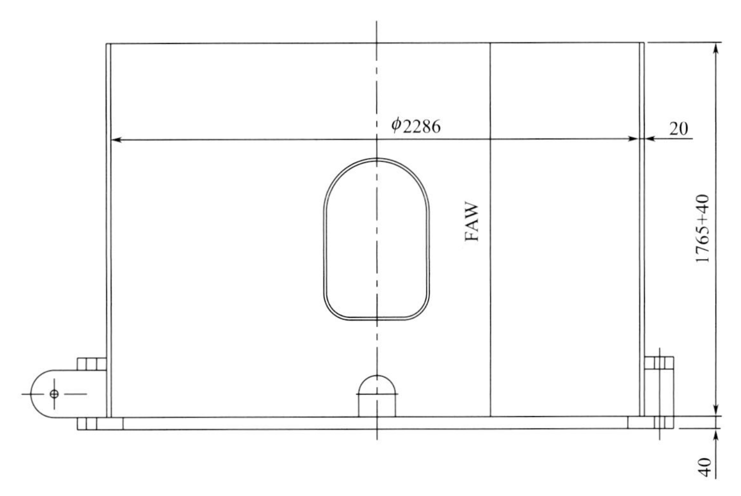

图 2.3-4 裙座部件示意图

裙座部件中的过渡段筒节暂不与裙座部件组对，先与下封头部件组对。

制造工序：各零部件下料、制坡口（筒节高度留二次加工量）并进行裙座壳体、通道管卷制、焊接。裙座部件组对（不含过渡段）时以裙座底面为基准，按图纸尺寸进行划线、开孔、接管焊接，无损检测合格后待与下段部件总装。

② 下封头部件（图 2.3-5）

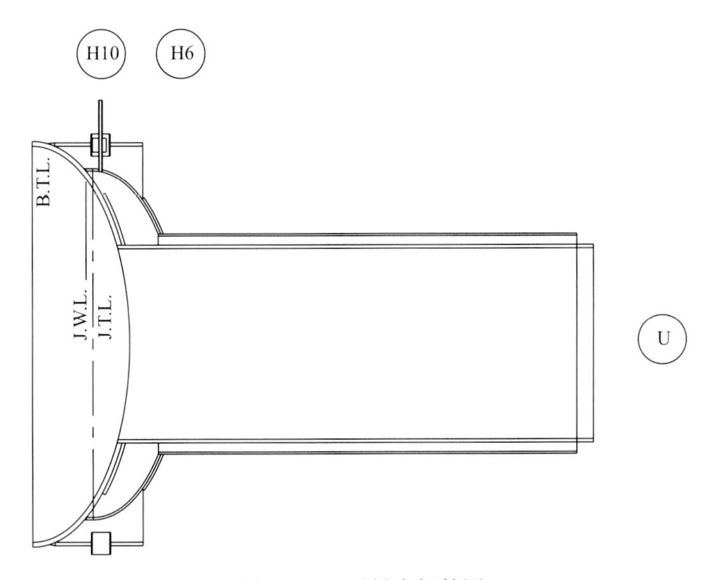

图 2.3-5 下封头部件图

a. 封头制造：封头的具体形式和厚度根据设计图纸确定，在制造过程中需增加投料厚度保证封头最小厚度的要求。按照《压力容器封头》GB/T 25198 进行制造、检验和验收。内外补强圈加工应与封头外形匹配。

内外封头均应加装支撑胎具，防止变形，车床加工封头高度尺寸及环缝坡口，按图纸方位开设顶部中心孔，检查外观尺寸后待与其他部件组对。

b. U 管口内外接管制造：管口板材按排版图采用数控等离子下料，机加工纵缝坡口（高度留二次加工余量，用于后续水压试验），筒体卷制，焊接纵坡口并二次校圆，无损检测合格后留待后续组对。

c. 下封头部件组对：内外封头分别与补强圈和接管进行组对焊接，完成后将内外封头部件预组对，检查内外接管间隙，点焊固定。内外接管、补强圈焊接后，进行无损检测，检查补强圈是否有漏点。焊接内外封头角焊缝，按工艺要求进行无损检测。

d. 下封头部件总装：裙座过渡段下料，机加工纵环缝坡口，筒体卷制，焊接纵缝后进行二次校圆。排气管开孔焊接接管后，与下封头部件组焊，无损检测合格后留待与下段蒸汽分离器总装。

③ 下段蒸汽分离器部分壳体部件（图 2.3-6）

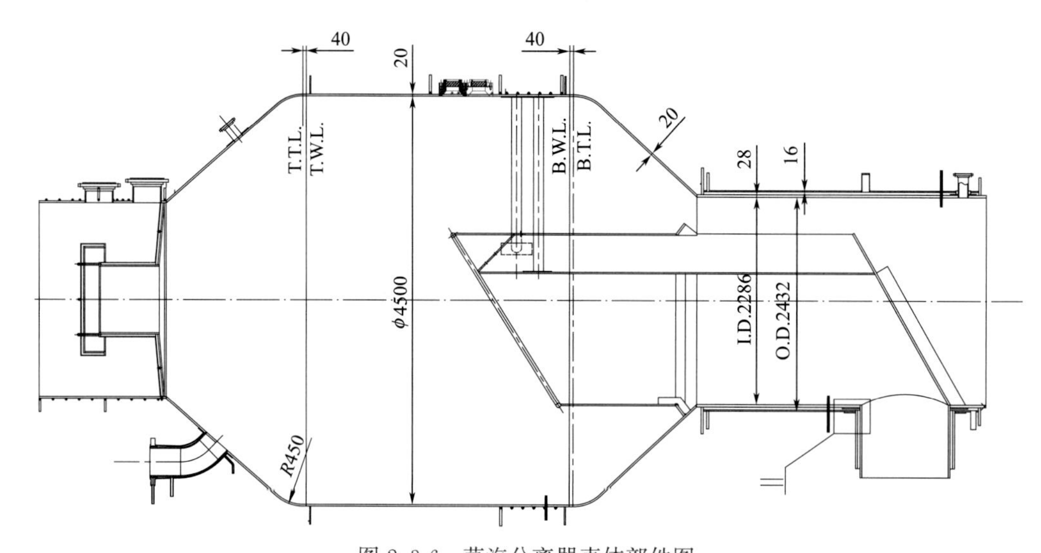

图 2.3-6　蒸汽分离器壳体部件图

O. D—外径尺寸；I. D—内径尺寸；R—半径尺寸

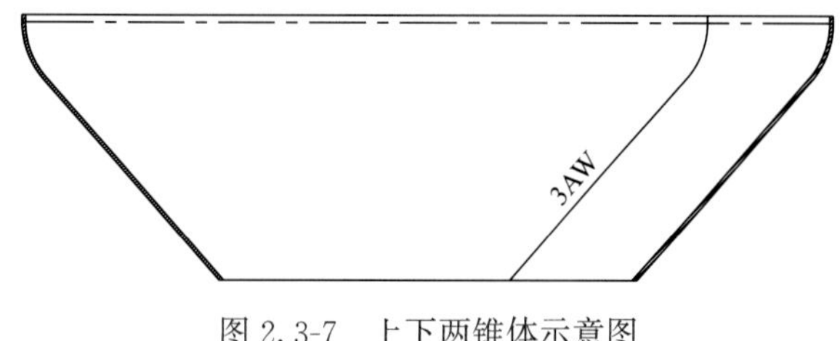

图 2.3-7　上下两锥体示意图

a. 锥形壳体制造

上下两锥体结构如图 2.3-7 所示，根据锥体尺寸进行展开放样，分片下料，长度方向拼焊后整体卷制成型。待翻边处的焊缝需打磨至与母材平齐，锥体大口处采用旋压翻边，同时车床加工锥体大小端坡口。

b. 其余接管法兰、内附件等零部件按图纸和技术要求下料制作，其中卷制接管按前述筒体制造过程进行。

④ 下段蒸汽分离器总装

ϕ2286×28 筒节组焊环缝（内撑防变形胎具），并组对下段封闭环，根据总标高及基准线位置标记其余管口位置线，等离子开孔并加工坡口，表面打磨去除氧化层。组对接管补强圈后，组对夹套筒体（夹套筒节 2 段预先组焊完并开孔）和上端封闭环（暂不满焊）。

依次组对各筒节、锥体，并检查直线度，焊接筒节主体、夹套、密封环、内筒等各处焊缝。内部所有焊缝打磨、抛光，标记内件位置线并组焊。外观检查合格后与下封头部件组对，环缝焊接。确定裙座部件的高度，组对裙座与上段部件，测量总高，上段合拢环缝焊接。

设备主体制作完成后，标记盘管位置线，安装盘管（根据实际情况盘管也可在单节筒节时安装，ϕ2134 筒节上的盘管待总装时安装）。按顺序组对分离器顶盖部件，待总装。合拢缝边缘的接管待总合拢后再开孔焊接，合拢端部和大开孔部位应加装撑圆胎具，以保证筒体椭圆度。

筒体组对时应考虑接管管口方位，接管开孔应避开焊缝。

6）盘管的成型

盘管与筒体通过导热水泥用夹子组装，盘管使用 SA-312 TP304 材料，规格为 ϕ26.7×3。由于壁厚较薄，只有3mm，不能强力弯制，也不能使用卷板机卷圆，通过设计专用工装（图2.3-8），将其安装到卷圆滚筒上，再将盘管通过工装进行卷圆，模具成型，成批制作，同时降低了材料损耗，节约了成本。盘管成型后，分别按锥体Ⅰ、锥体Ⅱ、筒体Ⅱ和筒体Ⅲ的形状将盘管分4部分组对完成，对接头进行20%射线检测及100%着色检测。此种方式便于盘管组对焊接，也利于无损检测的实施。

图2.3-8　盘管成型工装

7）耐压和泄漏试验

① 耐压和泄漏试验应按《固定式压力容器安全技术监察规程》TSG 21和《压力容器　第4部分：制造、检验和验收》GB 150.4的要求进行。

② 夹套需要进行氦检漏，合格后进行水压试验。盘管进行水压和气密性试验相结合的形式，设备本体进行水压试验。

③ 耐压试验合格后再进行气密性试验，试验介质为洁净的空气。

2.4　回转干燥设备制造技术

1. 技术简介

（1）技术背景

不溶性硫黄指不溶于二硫化碳的聚合硫黄，它是普通硫黄的一种高分子改良品种，主要用于汽车子午轮胎的生产，是目前最佳的橡胶硫化剂和促进剂。回转罐为生产高性能不溶性硫黄的核心动设备，其壳体相当于一个巨型转动轴，滚圈、旋转接头及齿圈的轴向和环向跳动值控制在0.5mm以内，精度要求极高。由于此设备的结构复杂，行业中能够制造的厂家屈指可数，本节针对回转罐的制造流程进行详细介绍。

（2）技术特点

1）通过设计合理的防变形工装，保证筒节椭圆度和平面度。

2）通过放样计算滤网压板与主筒体卷圆后的弧度差，保证压板与筒体滤网孔之间的同心度。

3）利用专用设计的工装切割螺旋板坡口，保证坡口制作精度，同时提高生产效率。

4）通过制定合理的运转调试方案，保证设备调试的顺利实施。

（3）推广应用

本技术已应用于山东恒舜不溶性硫黄项目，完成了48台回转罐的制造，顺利通过现场调试运行，2020年底投产。同时还可为蒸汽管干燥机、螺旋干燥机等同类型动设备的制造提供参考。

2. 技术内容

(1) 工艺流程（图 2.4-1）

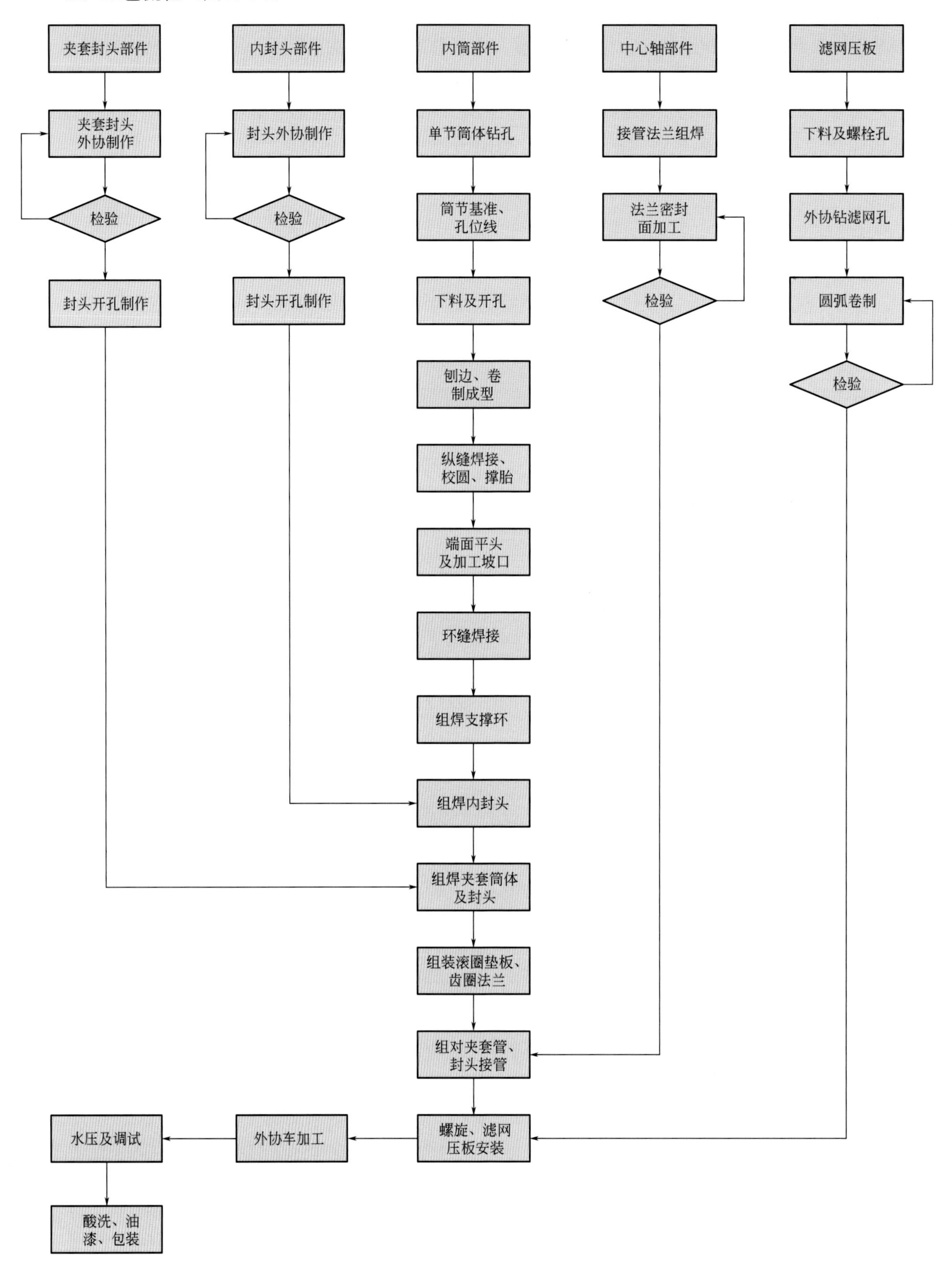

图 2.4-1 回转罐制造流程图

（2）关键技术介绍

1）设备主要参数

该设备为动设备，设备的壳体相当于一个巨型转动轴，制造精度要求高，对于壳体上的滚圈、旋转接头法兰以及出料箱处的法兰的轴向跳动及环向跳动控制在 0.5mm 以内。

设计、制造、检验及验收按照《压力容器》GB 150.1～150.4、《化工回转窑设计规定》HG/T 20566、《承压设备无损检测》NB/T 47013.1～47013.14 等标准规范进行。主要技术参数及结构示意见表 2.4-1、图 2.4-2。

回转罐主要技术参数　　**表 2.4-1**

项目	壳体＋过滤夹套	加热夹套
设计压力(MPa)	－0.1	0.3
设计温度(℃)	90	98
工作压力(MPa)	－0.09	0.2
工作温度(℃)	80	95
介质	易燃易爆	非易爆
焊接接头系数	1.0	1.0
主要受压元件材质	S30408	S30408
容器类别	—	

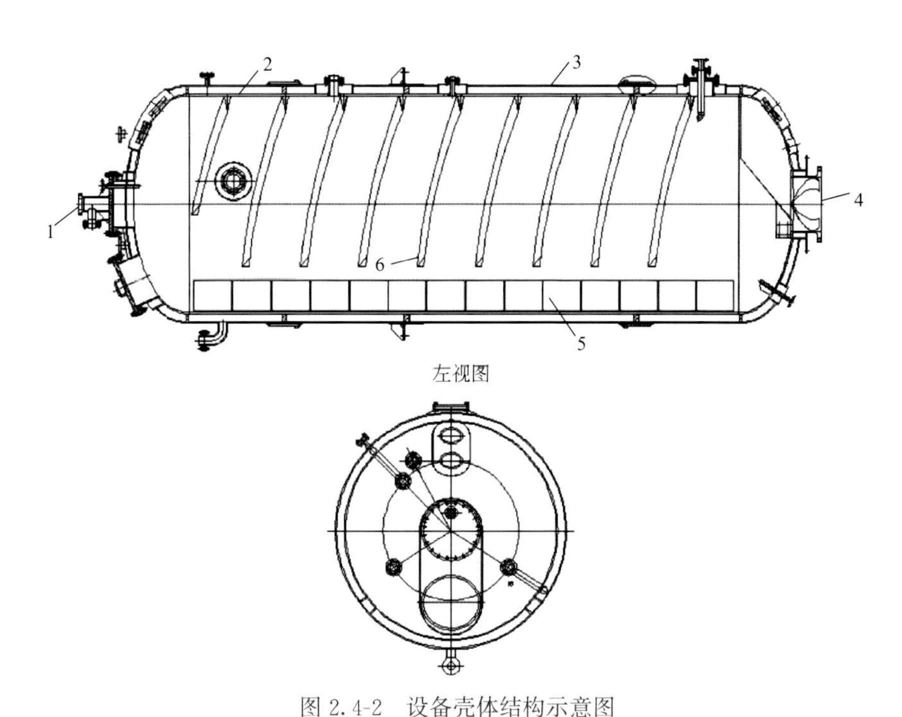

图 2.4-2　设备壳体结构示意图

1—旋转接头法兰；2—内筒体；3—夹套筒体；4—中心轴；5—滤网压板；6—螺旋板

2）主体材料的质量控制

① 不锈钢板质量控制

a. 不锈钢板按《承压设备用不锈钢和耐热钢钢板和钢带》GB/T 24511 热轧钢板标准要求进行制造、检验和验收，材质 S30408，具体要求如下：

b. 不锈钢板按表 2.4-2 进行外观、化学成分及力学性能检验。

不锈钢材料检验表　　表 2.4-2

序号	检验项目	取样数量	取样方法及部位	试验方法
1	化学成分	1/炉	GB/T 20066	GB/T 223 系列、GB/T 11170、GB/T 20123 及 GB/T 20124
2	拉伸试验	1	GB/T 2975	GB/T 228.1～228.4
3	弯曲试验	1	GB/T 232	GB/T 232
4	硬度	1	逐张	GB/T 230.1、GB/T 231.1、GB/T 4340.1
5	晶间腐蚀试验	2	每一炉批	GB/T 4334
6	尺寸、外形	逐张	—	GB/T 24511
7	表面质量	逐张	—	目视

② 管材及锻件质量控制

a. 不锈钢管应符合《流体输送用不锈钢无缝钢管》GB/T 14976 标准要求。

b. 不锈钢锻件应符合《承压设备用不锈钢和耐热钢锻件》NB/T 47010 标准要求，正火状态供货。

③ 焊材质量控制

a. 焊条应符合《承压设备用焊接材料订货技术条件》NB/T 47018.1～47018.7 标准要求。

b. 不锈钢埋弧焊丝和焊剂必须为同一生产厂家，且应符合《承压设备用焊接材料订货技术条件　第 4 部分：埋弧焊钢焊丝和焊剂》NB/T 47018.4 标准要求。

3）内筒节的制造

单个壳体组件由 3 个内筒体组成，筒体椭圆度及平面度要求高，且筒体表面有 12000 多个滤网孔和 392 个螺栓孔，制造难度大。

① 材料进厂验收合格后，标记筒体的下料切割线和车床加工基准线，长宽偏差控制在±1mm，对角线偏差≤2mm。为便于后续制造，同步标记筒体上的接管孔位线和螺旋板位置线。

② 根据筒体滤网孔布置图，编制数控钻孔程序。将筒体板平铺在数控钻床平台上，保证筒体板压实平整，防止钻孔过程中因筒体板抖动造成尺寸偏差，无法保证滤网压板与筒体板上孔的同心度。根据筒体板上基准线找正钻孔，孔的上下两面倒角，检验孔的各项几何尺寸。筒体板钻孔成型如图 2.4-3 所示。

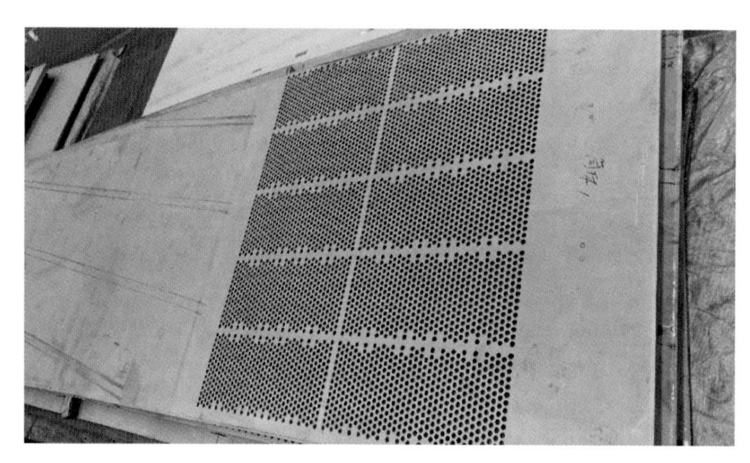

图 2.4-3　筒体板钻孔成型图

③ 将钻孔成型的筒体板，移到数控等离子平台，并根据筒体上的基准线找正，切除筒体长度余量，并切割接管的开孔位置，保证开孔的精度。校圆过程中，为保证棱角度满足工艺要求，开孔时需保留一段弧长（50mm 左右）不切割。

④ 用刨床加工纵缝坡口后进行卷制，先用卷板机压制筒体边缘500mm内弧度，再进行整体卷制。在校圆过程中，确保筒体的椭圆度≤10mm，同时控制纵缝两侧以及滤网孔与本体相邻部位的棱角度≤2mm。

⑤ 设计防变形工装，如图2.4-4所示。将工装外圆尺寸车床加工至筒体内径，公差控制在－1～0mm，保证工装外表面可以紧贴在筒体内壁。工装外径车加工完成后，按图所示在套筒位置将工装均分为四瓣。套筒内圆设置成锥形，倒头端部设置成与套筒内圆锥度相同的锥形，另一端加工螺纹。将四瓣工装装入筒体内部时，通过倒头一端的螺纹拧紧螺母，达到撑圆筒体的目的。

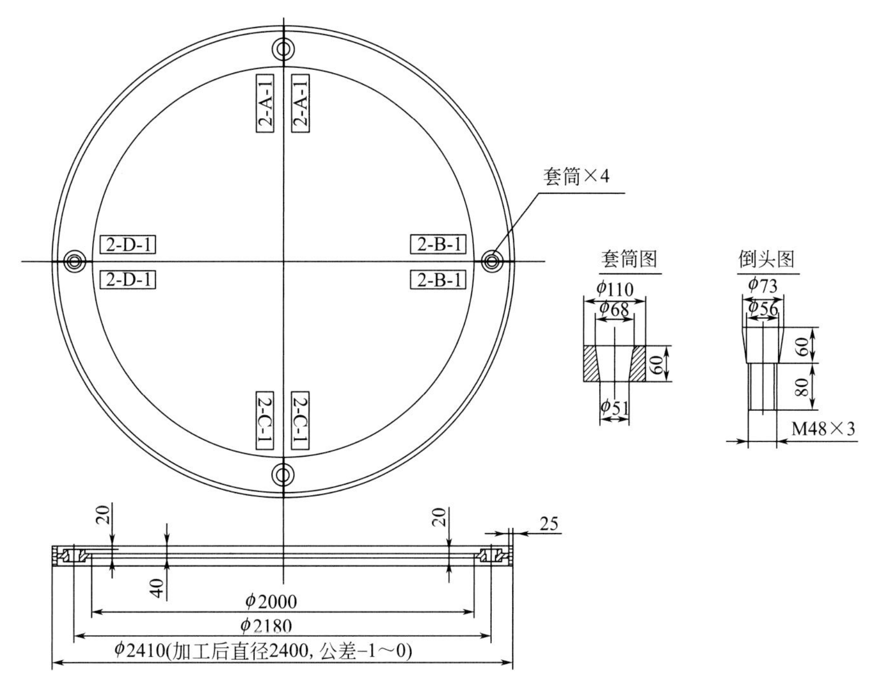

图2.4-4　工装图

⑥ 筒体两端部各布置一个撑圆工装，滚圈支撑环处布置一个撑圆工装，防止支撑环与内筒体焊接时变形，如图2.4-5所示。

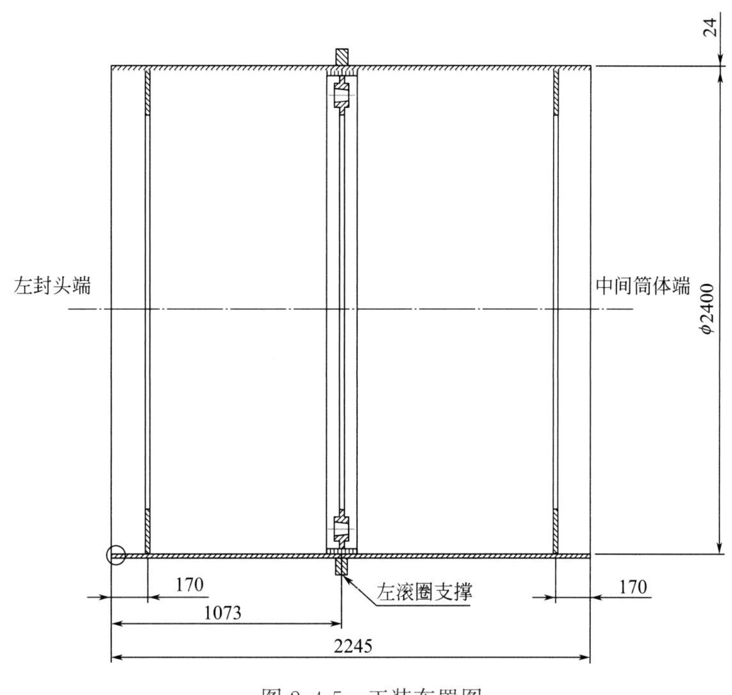

图2.4-5　工装布置图

⑦ 为防止整个筒节环缝组对后，滚圈支撑环组装行程长，难以顺利安装，故先单个筒节按标记滚圈支撑环位置线组对滚圈。筒体移动到立式车床上，保证筒体垂直度，车加工内筒体两端的高度余量，保证筒体两端面的平面度，从而保证环缝组对后，整个筒体的直线度，如图 2.4-6 所示。

图 2.4-6　筒体两端车加工图

⑧ 内筒体两端环缝坡口车加工时，留 4mm 钝边，考虑到筒体与封头存在厚度差，筒体处要削薄至封头厚度，削边长度不小于 3 倍厚度差。筒体组对时，以钝边为基准组对各筒节，打底焊接，测量整个筒节的直线度，尽量保证在 4mm 以内。如超过 4mm，后续通过调整焊接顺序及线能量来控制直线度。

4）滤网压板的制造

① 滤网压板的孔间距与筒体中的孔间距都为 30mm，但是由于滤网压板安装在筒体的内部，而且滤网压板与筒体之间还有一层 4mm 的滤网，会造成滤网压板与筒体装配后，由于累计误差，离滤网压板中心线越远的孔，同心度偏差越大（最大达 8mm）。在实际制造过程中，筒体的滤网孔孔距仍然按照 30mm 进行加工，然后综合考虑筒体、滤网及滤网压板的厚度造成的累积误差，通过计算机放样，在确保滤网孔同心度的情况下，计算出滤网压板的孔间距为 29.63mm。

② 滤网压板钻孔结束后，进行卷制，如图 2.4-7 所示。为防止卷制时产生直边，导致滤网压板与筒体内壁无法压实，先对滤网压板两端部 200mm 范围进行预压，再进行整体卷制，用样板测量滤网压板的弧度。

图 2.4-7　滤网压板成型图

5）螺旋板的制造

① 螺旋展开后为大半环形，考虑到外形尺寸大，且便于后续安装，采用分片制作。

② 分片的螺旋板呈扇形，内外弧都需加工焊接坡口，无法采用刨边机，手工切割坡口质量无法保证且效率低下。根据内外弧的直径，设计坡口加工工装，如图 2.4-8 所示。螺旋板放置在工装环板上，半自动等离子切割机固定在待切割工位，通过焊接变位器的转动带动螺旋板的转动，从而进行螺旋板的加工。

图 2.4-8 螺旋外弧坡口加工图

③ 待筒体环缝组焊完成后，依据筒体上标记的螺旋位置线，进行定位组装，确保螺旋的旋转角度及螺旋间距后进行焊接，设置防变形卡板，防止焊接变形。

6）封头处异形套管的制造

① 为保证异形套管的安装精度，封头压制的精度要求比标准更高。内封头的椭圆度≤6mm，平面度≤3mm；夹套封头的椭圆度≤10mm，平面度≤3mm，见图 2.4-9。

② 异形套管整体呈现“O”形，而上下端面呈现不规则形型，难以整体卷制成型。根据内封头与夹套封头的弧度及两封头之间的高度，确认异形套管上下端面相贯线及高度，并进行放样下料。

③ 在封头上进行套管预组装，保证套管的相贯线与封头弧度一致后，点焊固定套管拼缝。取出套管，进行拼缝焊接，无损检测合格后，再分别与内封头及夹套封头进行角焊缝的焊接。

7）夹套筒体的制造

夹套分为过滤夹套及加热夹套两部分，加热夹套为 255°大半圆，过滤夹套为 91°小半圆。夹套与筒体组装后，夹套两边留有 160mm 的间隙来阻断两夹套之间的连接。

① 根据夹套筒体的弧度及角度，进行排版下料。按照夹套与堵板的焊接工艺要求进行端面坡口加工。

② 夹套两端 500mm 范围内进行预压弧度后进行整体卷制，用圆弧样板测量夹套弧度及棱角度。

8）旋转接头处法兰组件制造

① 在与法兰组件装配的内封头及夹套上标记开孔位置线，等离子开孔后组焊 *DN*500 的接管法兰组件，无损检测合格后，组装与之对应的法兰盖，并钻孔组装定位销。

② 旋转接头法兰与接管组装前，先焊接接管上的支管法兰组件，然后再焊接旋转接头法兰，车床加工密封面。

③ 在调试平台上组对旋转接头组件与法兰盖，转动测量旋转接头组件跳动量，控制在 0.5mm 以

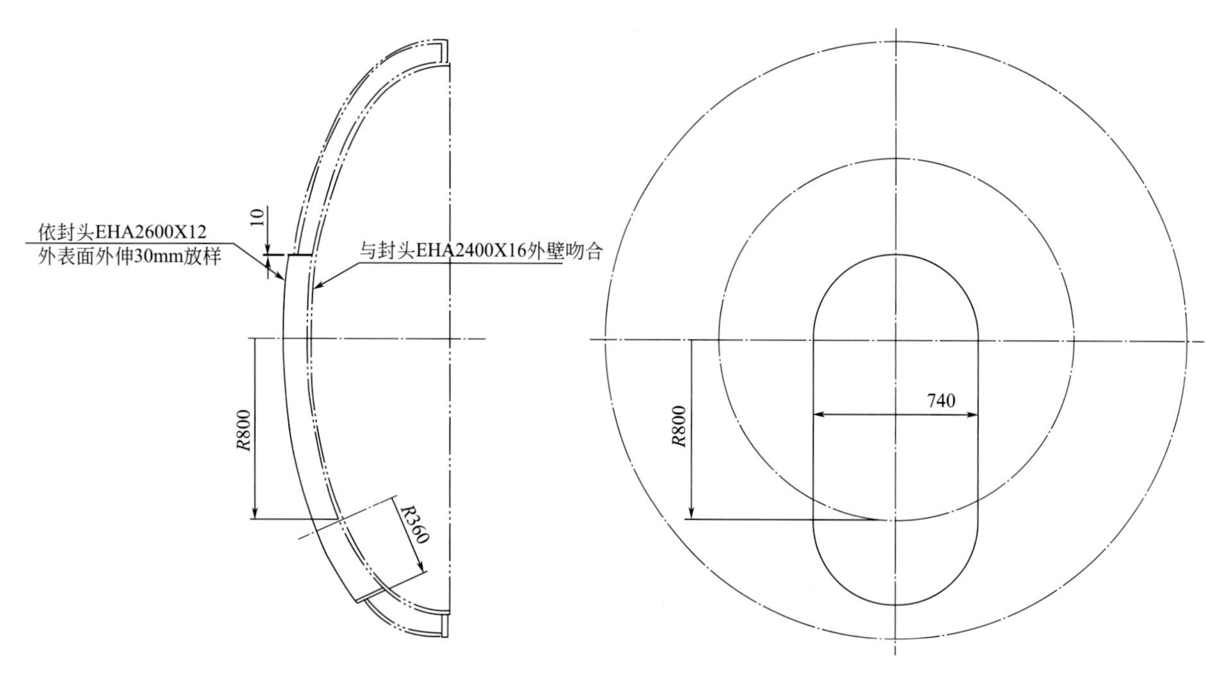

图 2.4-9　异形套管图

内。焊接接管时，不间断地测量跳动量，焊接完成后，如跳动量超差，可通过调整筋板的焊接顺序、焊脚高度及线能量输入来控制。

9）中心轴的制造

① 首先组对焊接接管与法兰（法兰留有二次加工余量），无损检测合格后，再依次组对套管、支撑环及堵板。车床加工法兰密封面及堵板外圆至图纸要求尺寸，如图 2.4-10 所示。

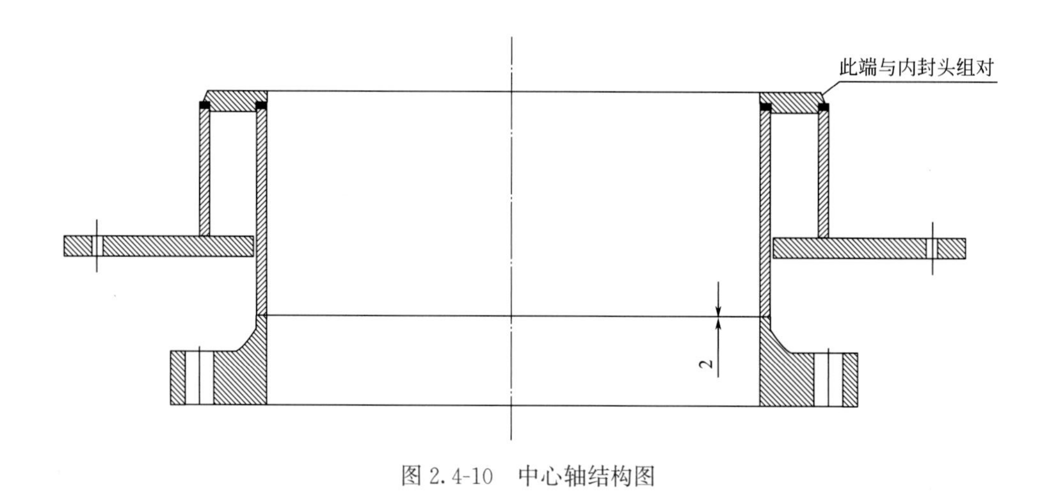

图 2.4-10　中心轴结构图

② 在右封头标记堵板的安装孔位线，为保证安装精度要求，等离子开孔尺寸比安装尺寸小 10mm，然后在立式车床上进行精加工。

③ 组对中心轴与封头，点焊固定，并将中心轴找正。焊接中心轴堵板与封头之间的焊缝，实时监测同心度，及时纠偏。

10）总装

① 组对内筒体与封头之间的环缝，测量封头与筒体之间的同心度，并在焊接时根据同心度的变化，适时调整焊接顺序及线能量输入。

② 待内筒体与封头之间的焊缝探伤合格后，组对内筒体外表面的折流板、隔板、夹套隔板以及封头端的堵板。

③ 组对滤网压板与内筒体连接的螺栓，并与内筒体外部进行焊接。然后再组对夹套筒体，中间两夹套筒体分别与滚圈支撑环、夹套隔板焊接。两端的夹套筒体分别与堵板及夹套隔板焊接。

④ 组对内封头外表面的半管及接管组件（法兰暂时不组对）。组对夹套封头与堵板，焊接完成后，再组对半管上接管对应的法兰。

⑤ 标记夹套筒体、内封头及夹套封头上接管及套管孔孔位线，等离子开孔，修磨焊接坡口。组对夹套筒体上的套管、封头上的接管和套管，主筒体上的接管暂时不组对，以免影响后续热套滚圈。

⑥ 组对滚圈垫环、垫板及齿圈法兰垫环，焊接完成后组对齿圈法兰和滚圈一侧挡板。

⑦ 拆除撑圆工装，并组装螺旋板和滤网压板，使用卧式车床加工滚圈垫板、齿圈法兰及中心轴上的支撑环。

⑧ 将滚圈放入热处理炉进行加热，温度控制在200℃，保温2h。产生的热变形使滚圈内径扩大，利用工装将加热的滚圈套入垫板位置，待自然冷却至室温后组焊滚圈另一侧挡板，如图2.4-11所示。

图2.4-11 滚圈热套图

11）设备调试

① 基础划线：在调试平台上划出定位线，包括固定端和自由端基础中心线、传动系统基础中心线、地基基准线及水平基准线。

② 安装支撑系统过程：首先，在支持系统的所有地脚螺栓两侧放置调整垫铁；然后，安装自由端与固定端支撑钢架，在基础上安装垫铁，使两者处于同一水平线及中心线位置；最后调整基础水平度，使支撑系统几何尺寸偏差控制在1.5mm之内。

③ 安装回转罐罐体：将固定端托轮中心线与滚圈中心线重合安装，由于固定端与自由端支撑系统钢架之间的安装距离已经考虑了设备罐体的热膨胀量（大约4mm），所示自由端支撑的中心线与滚圈的中心线之间允许有0～4mm的偏差。

④ 安装挡拖轮：当罐体安装完成之后，将挡轮系安装在固定端支撑钢架的适当位置，并且用紧固

件固定。保证挡轮座上的中线与钢架上的中线重合，通过盘车检查挡轮与滚圈之间的距离，确保符合图纸要求。

⑤ 安装传动系统：首先，传动系统预组装；然后，小齿轮直接安装在齿轮箱的输出轴上，调整传动系统钢架，使小齿轮与大齿圈的齿面相互平行，齿侧间隙 3～4.5mm；最后，安装传动系统钢架，与上述支撑系统钢架的安装方法相同。

⑥ 运转过程检查：

a. 无卡阻、异常振动等现象；

b. 每隔 30min 检测一次各传动部位轴承座的温度变化情况，升温不得超过 30℃，最高温不超过 65℃，共需运转 4h；

c. 对盘车电机和喂料螺旋电机的工作电流和电压进行测试并记录；

d. 测量齿圈、滚圈、拖轮、旋转接头连接处法兰面及进出料管口端的径环向跳动量，不得超过 0.5mm。

2.5 桨叶式干燥机制造技术

1. 技术简介

(1) 技术背景

桨叶式干燥机是一种将污泥干燥，然后进行资源重复利用的搅拌型容器。其工作原理是向热轴和夹套内通入饱和蒸汽加热搅拌，使污泥干燥。搅拌型容器对壳体椭圆度、直线度、同心度要求较高，在设备制造过程中需设计专用工装和机械加工来保证整体尺寸精度。本节结合某石油炼化项目，对桨叶式干燥机制造技术进行系统介绍。

(2) 技术特点

1) 考虑到焊接收缩，设置合适的材料预留量，保证环缝组焊后的整体尺寸精度。

2) 利用 CAD 软件放样，控制螺栓孔的定位精度，保证壳体与内衬螺栓孔的同心度，便于内衬安装。

3) 将筒节纵缝置于设备顶部开孔部位，减少纵缝焊接，同时采用撑圆工装控制开孔处上盖连接法兰与壳体的焊接变形。

4) 筒节校圆后使用工装撑圆，控制椭圆度≤2mm，使用透光法组对环缝，保证各段筒节之间的同心度和直线度。

5) 优化设计方案，使用冲压方法替代套管开孔焊接，提高生产效率。

(3) 推广应用

2017 年完成恒力石化（大连）炼化项目中 4 台桨叶式干燥机的制造，单台设备重 69.7t，设备运行至今，安全稳定。

2. 技术内容

(1) 工艺流程（图 2.5-1）

(2) 关键技术介绍

1) 设计及制造依据

单轴圆盘桨叶干燥机依据《固定式压力容器安全技术监察规程》TSG 21、《压力容器》GB/T 150.1～150.4、《热交换器》GB/T 151 和《空心桨叶式干燥（冷却）机》HG/T 3131 进行设计，主要技术参数见表 2.5-1。

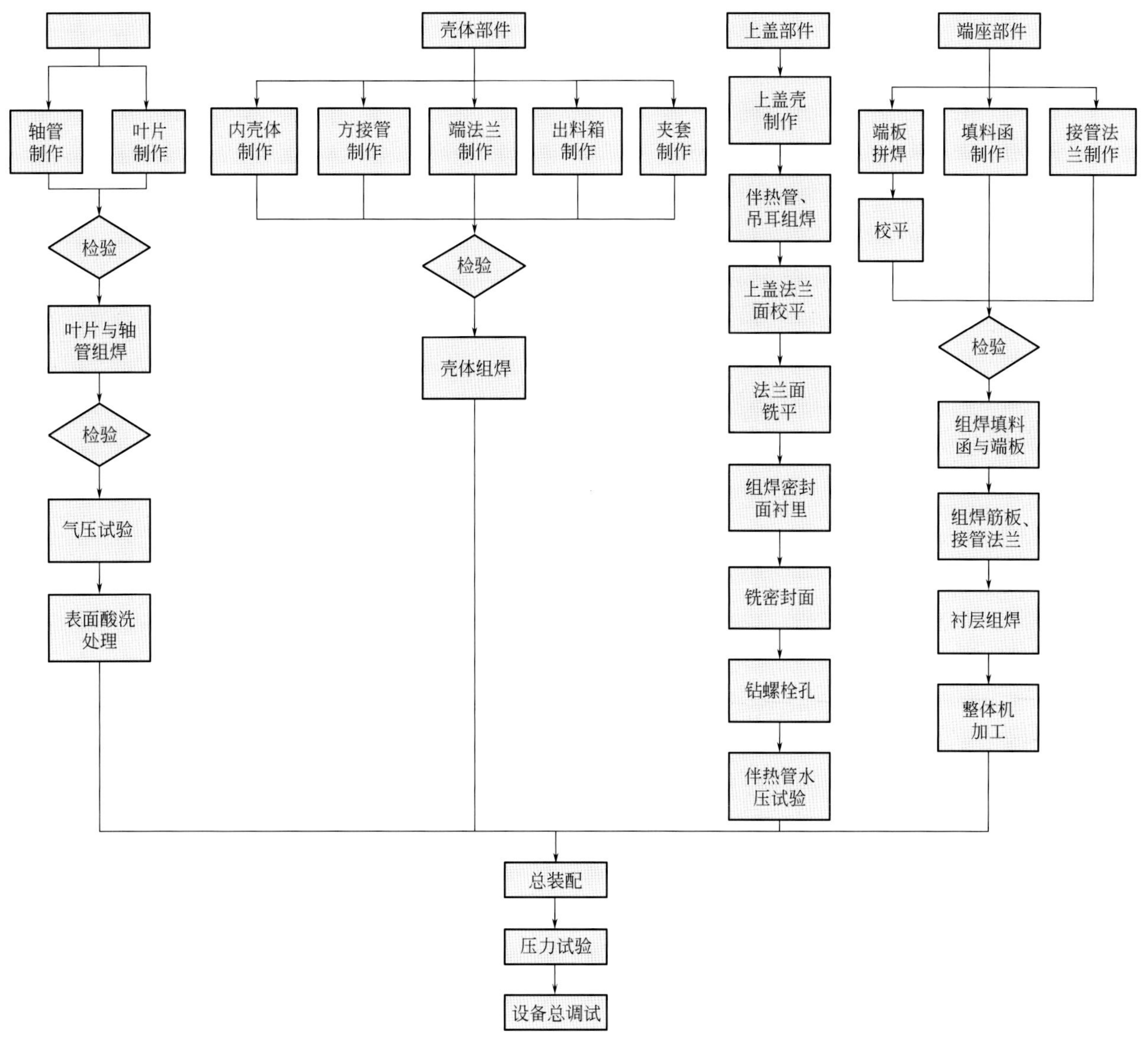

图 2.5-1　干燥机制造流程图

干燥机主要技术参数　　　　**表 2.5-1**

项目	壳体	热轴/夹套
设计压力(MPa)	常压	1.2
设计温度(℃)	200	200
工作压力(MPa)	±0.001	0.45
工作温度(℃)	192	192
介质	气化渣	饱和蒸汽
焊接接头系数	1.0	0.85
主要受压元件材质	S30408	316L/Q345R
容器类别	—	

2）设备结构及主体材料

单轴圆盘桨叶干燥机为卧式搅拌容器，主要由热轴、壳体、上盖、端座及传动系统等部件组成，如图 2.5-2 所示。其设备内径为 2400mm，总长 9626mm，内壳体材质为 S30408，夹套材质为 Q345R，设备净质量约 69.7t。

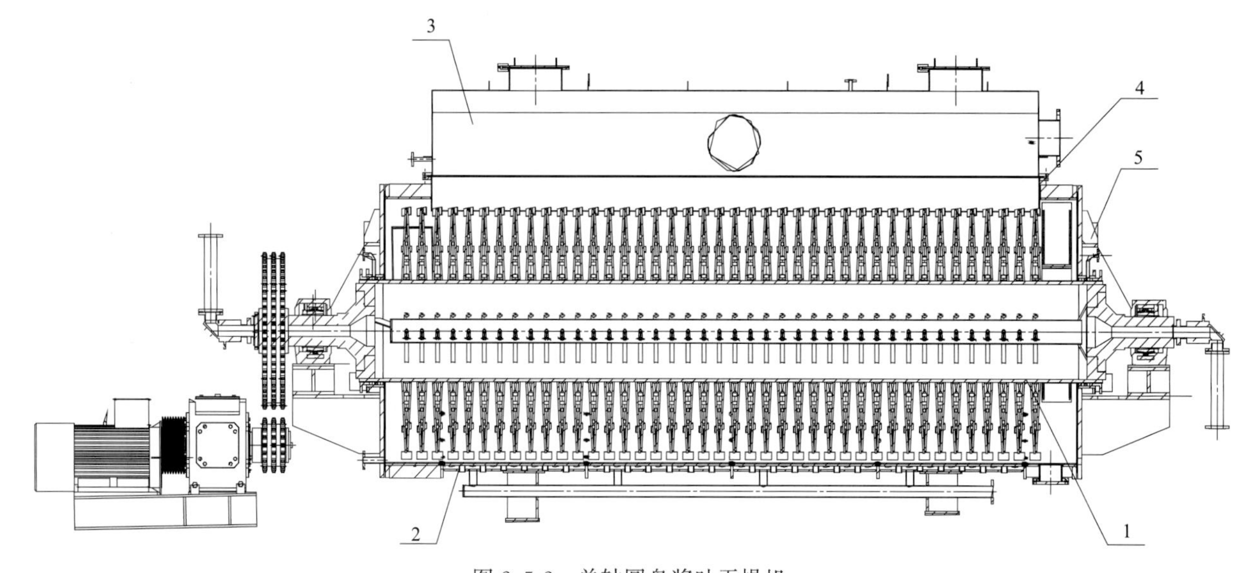

图 2.5-2　单轴圆盘桨叶干燥机

1—热轴；2—壳体；3—上盖；4—上盖连接法兰；5—端座

3）热轴部件

搅拌轴采用空心热轴，可以向轴内通入饱和蒸汽，由热轴和搅拌叶片进行热传递，从而增加干燥机的总换热面积，提高换热效能。热轴结构如图 2.5-3 所示。

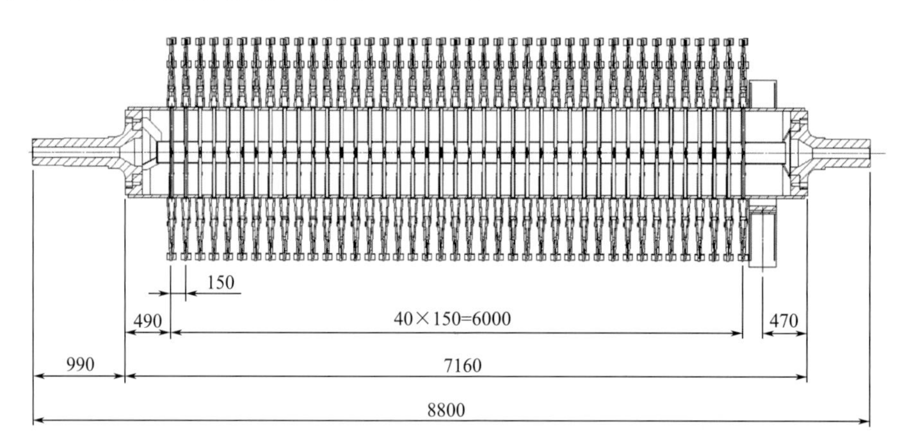

图 2.5-3　热轴结构图

① 轴管

轴管材质为 Q345R，规格为 ϕ920×32，L=7100mm，采用板材卷制拼焊，综合考虑设备卷制能力和图纸技术要求，按长度均分为三段制作。

a. 单节焊管制作

为确保卷制后筒节内外径有足够的车加工余量，材料板厚应增加 10mm，按要求控制对口错边量≤1mm，椭圆度≤4mm 和棱角度≤3mm，合格后焊接纵缝，二次校圆。

b. 焊管整体组焊

在工装上进行环缝组对，保证轴管对口错边量和整体直线度，均不得大于 2mm。为控制焊接变形，采用小电流焊接，焊接接头 100%射线检测。

c. 轴管端部车加工

车加工轴管整体长度及外径尺寸达到图纸要求，内径尺寸暂不加工。轴管孔采用数控镗铣床加工，确保每个孔的定位尺寸和精度符合要求，如图 2.5-4 所示。轴管两端内径车加工应在叶片与轴管焊接完成，且轴管表面堆焊完成后进行。内径只加工两端与轴头配合区域（230mm）达到尺寸要求。

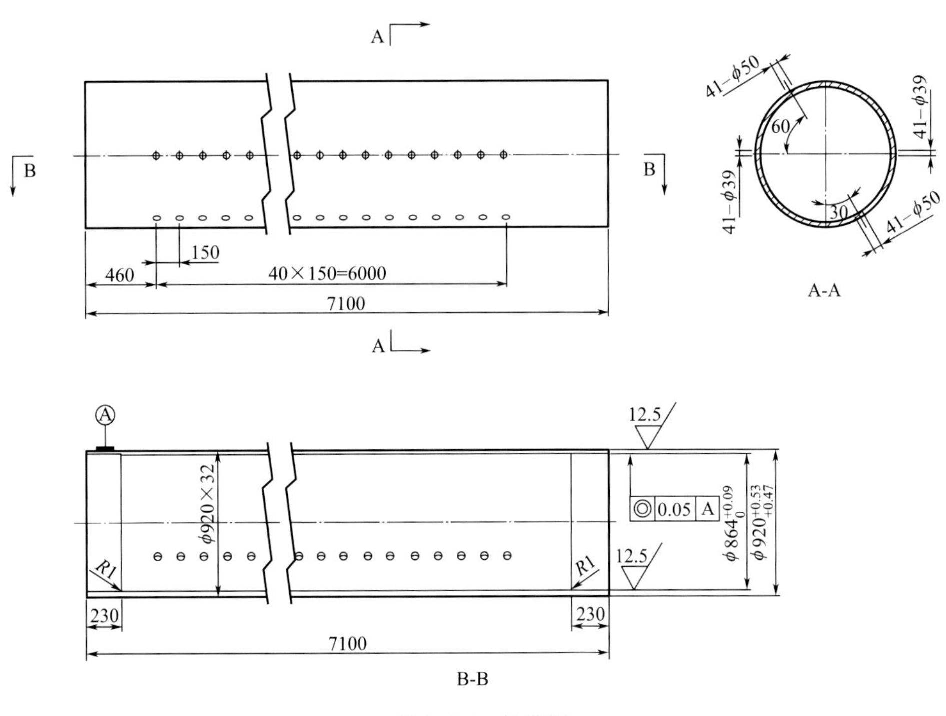

图 2.5-4　轴管图

② 叶片制作

叶片由盖板Ⅰ、盖板Ⅱ、隔板、挡水板、抄板支撑、拉筋、环板等零件组成。叶片结构如图 2.5-5 所示。

盖板和环板按展开图进行下料，留足够余量，便于叶片内径车加工。盖板Ⅰ采用整环压制成型，盖板Ⅱ分两瓣成型。先将盖板Ⅰ与隔板、挡水板组焊，然后组焊拉筋、盖板Ⅱ及环板，最后整体车加工叶片内径，并检查尺寸和光洁度符合技术要求。抄板支撑应在各叶片与轴管焊接完成后再与叶片组焊。

③ 热轴组装

a. 将轴管、中心管、排水管组对进行焊接，焊缝打磨圆滑过渡后热套传动端轴头连接件，并焊接内外角焊缝。

b. 组焊左端筋板和右端变径管，热套非传动端轴头连接件，并焊接内外角焊缝及变径管，焊后检验是否有影响热套叶片的情况，并打磨处理。

c. 从中间向两端热套叶片部件，并焊接叶片与轴之间的角焊缝。

d. 组焊抄板支撑和出料抄板，组装推料板和刮料板，拧紧螺母。

e. 车加工热轴总长，镗加工轴头连接件装配尺寸，组对两端轴头并拧紧螺母。

f. 车加工轴管两端不锈钢堆焊层，按要求检查外观、几何尺寸、同心度、圆度及直线度。

g. 安装试压盲板，整体进行气压试验。

h. 热轴酸洗后，对轴头进行包裹，防止磕碰。

4）壳体制造

壳体部件主要由内壳体、方接管法兰、壳体端法兰、出料箱、夹套、壳体内衬等零部件组成。如图 2.5-6 所示。

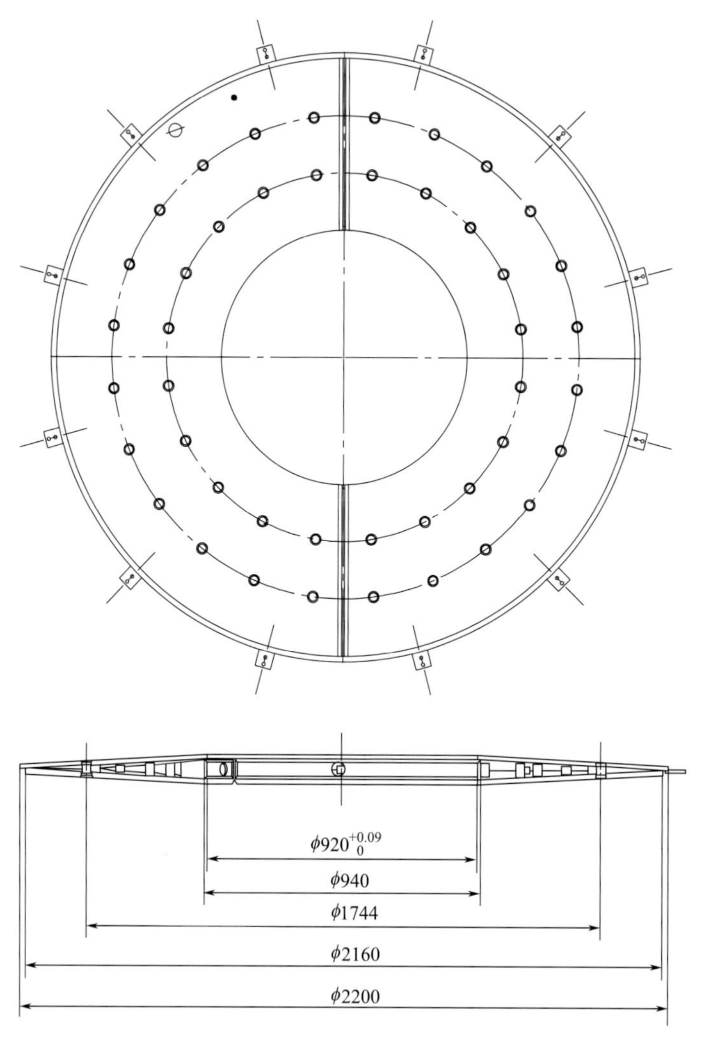

图 2.5-5　叶片结构示意图

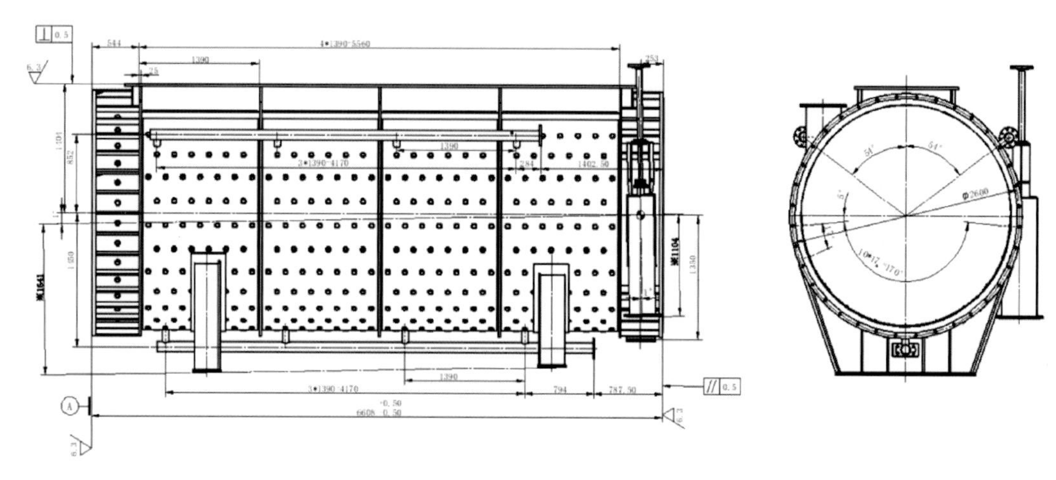

图 2.5-6　壳体图

① 内壳体

a.内壳体分四段筒节成型，考虑到焊接收缩，筒节下料时，每件板材宽度预留 5mm 余量，如图 2.5-7 所示。

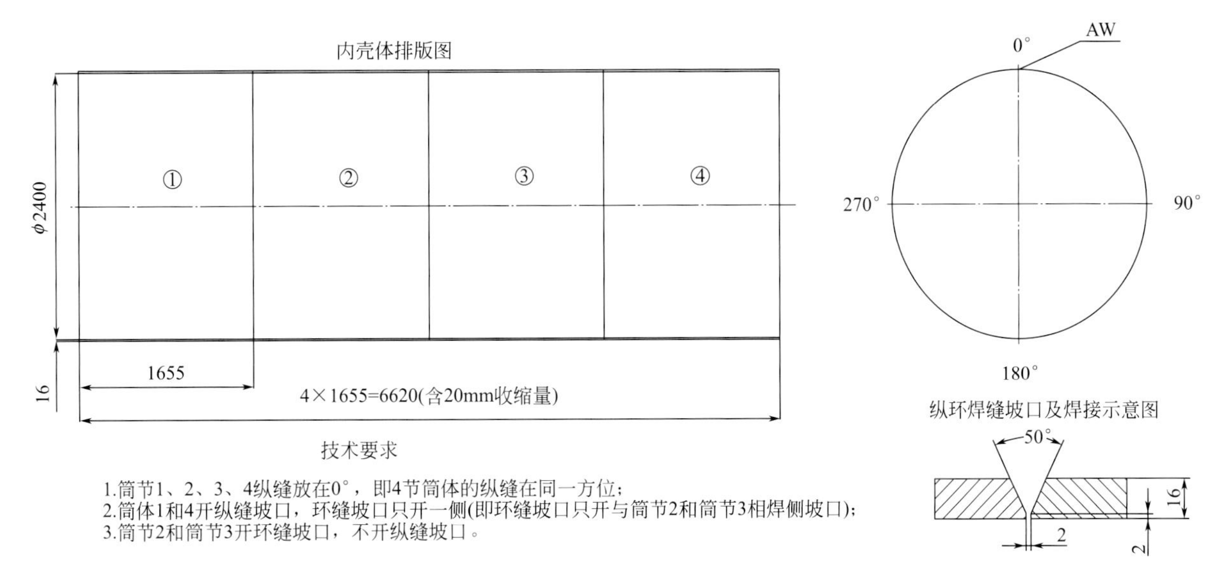

图 2.5-7　内壳体排版图

b. 壳体上方大开孔方位位于顶部0°位置，将各节筒体纵缝同样置于0°位置，仅需加工两端筒节（①号和④号）的纵缝坡口，中间两筒节（②号和③号）纵缝坡口不加工，在开方孔时，直接切割去除。

c. 内壳体需机加工与内衬板相互配合的沉头螺柱孔。为保证孔装配同心度，通过CAD软件1∶1放样控制螺栓孔定位尺寸。

d. 筒体板在螺柱孔加工完毕后，在筒体板面标明内外表面方向，在筒体卷圆时，防止卷制方向错误。

e. 筒体纵缝组对错边量不大于1mm，焊接完成后进行校圆。使用工装进行撑圆，控制筒节椭圆度不大于2mm。

f. 利用透光法组对筒体环缝，在筒节内部设置T形撑胎胎具，筒节中心位置设置激光底座，筒节两端设置滚圆垫板，筒节组对安装，位于激光底座上设置透光板，筒节一侧设置经纬仪，经纬仪通过三角支架设置在透光平台上，筒节两端及中部加设透光工装。利用激光直线原理进行同心度检查，实时监控，保证整个筒体的同心度和直线度不大于2mm。

g. 焊接接头进行100%射线检测。

② 方接管法兰

a. 方接管法兰采用四根板条拼焊制成，焊后打磨焊缝并校平。拼缝进行100%超声波检测。

b. 方法兰与方接管组对，焊后法兰面校平，铣加工法兰平面，组焊不锈钢方法兰密封衬垫，与上盖法兰配钻螺栓孔。

③ 壳体端法兰

a. 壳体端法兰按四拼圆环下料，拼焊校平，焊接接头100%超声波检测合格后，车加工内外径、坡口及上下平面等尺寸。

b. 壳体端法兰与内筒体焊接，应采用小电流对称焊，减少端法兰的焊接变形。

c. 不锈钢衬里组焊前，应将衬里结合面焊缝磨平，焊后通过整体铣床加工，保证密封面的平面度。

④ 出料箱

出料箱由壁板、导轨板条、出口法兰组焊制成，如图2.5-8所示。

a. 出料箱的法兰为板式，在组焊法兰与矩形管时，应注意防止法兰的焊接变形。

b. 为保证出料口法兰密封面尺寸精度，法兰需增加厚度，焊后车加工成型。

⑤ 壳体组装

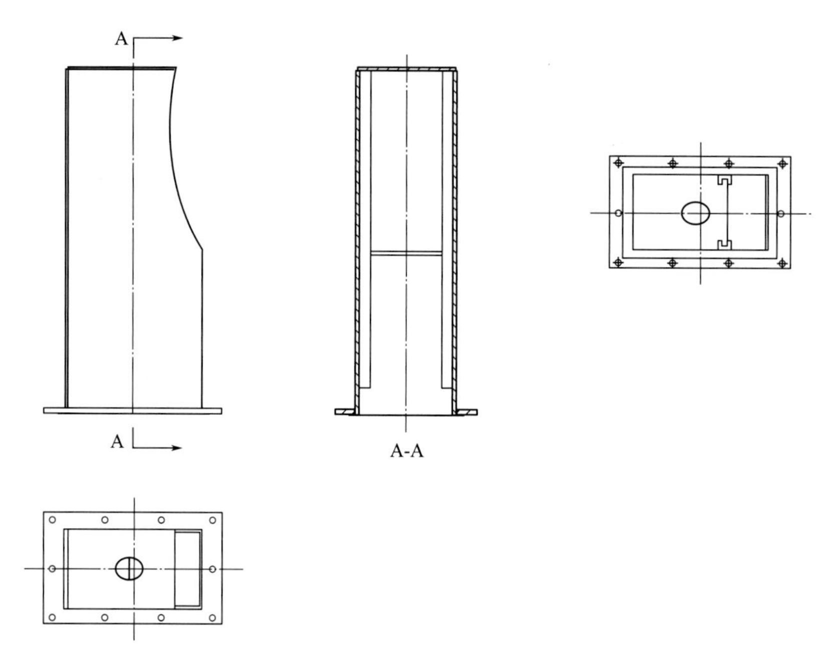

图 2.5-8　出料箱图

a. 组焊衬层连接螺栓，保持螺栓与壳体垂直，伸出高度应均匀一致，内侧有效螺纹应做好防护，避免损伤影响后续装配。

b. 螺栓焊缝表面磨平，组焊夹套加强筋。焊接接头无损检测合格后，分片安装壳体夹套，控制夹套与内壳体之间的间隙符合图纸要求。

c. 鞍座垫板覆盖位置焊缝磨平，安装撑管，组焊两侧小夹套撑管和夹套挡板。

d. 组焊设备左侧端法兰、密封面和夹套小挡板，左侧端法兰安装时应与设备内壁同心。

e. 标记壳体方接管、进出料口和鞍座位置线，依线开孔，并修磨坡口，组焊接管和鞍座。

f. 撑管和接管角焊缝无损检测合格后，组焊右侧端法兰、密封面和夹套小筋板，组对时应测量左右两端法兰端面的距离。

g. 端法兰和密封面焊缝 100%渗透检测合格后拆除内部工装，清理内部污物，并清洗干净。

h. 按图分片组焊壳体内衬，安装拧紧内衬与内壳体之间的螺母，组焊不锈钢保温螺母。

i. 按图加工两侧密封面，实测密封面之间的间距，两侧密封面厚度均分。端法兰螺栓孔不加工。

j. 设备外观、几何尺寸总检合格后，进行水压试验。

5）上盖制造

a. 上盖壳体分片组焊后，划线开孔，组焊各接管部件。对接焊缝 100%射线检测，角焊缝 100%渗透检测。

b. 组焊上盖方法兰，角焊缝 100%渗透检测。

c. 组焊伴热管和加强筋，伴热管焊缝 100%渗透检测。

d. 组焊吊耳等各零部件。

e. 上盖法兰面校平，铣加工上盖和壳体碳钢法兰密封面，组焊不锈钢衬里与上盖部件，焊缝 100%渗透检测，螺栓孔与壳体方法兰配钻。

f. 伴热管管路进行水压试验。

6）端座制造

端座部件主要包括端板、端板衬层、筋板、轴承座、填料函、接管法兰等，如图 2.5-9 所示。

① 端板

端座的端板规格为 $\phi2660/\phi1020$，板厚需增加机加工余量，控制板材的整体平面度≤2mm。为了避

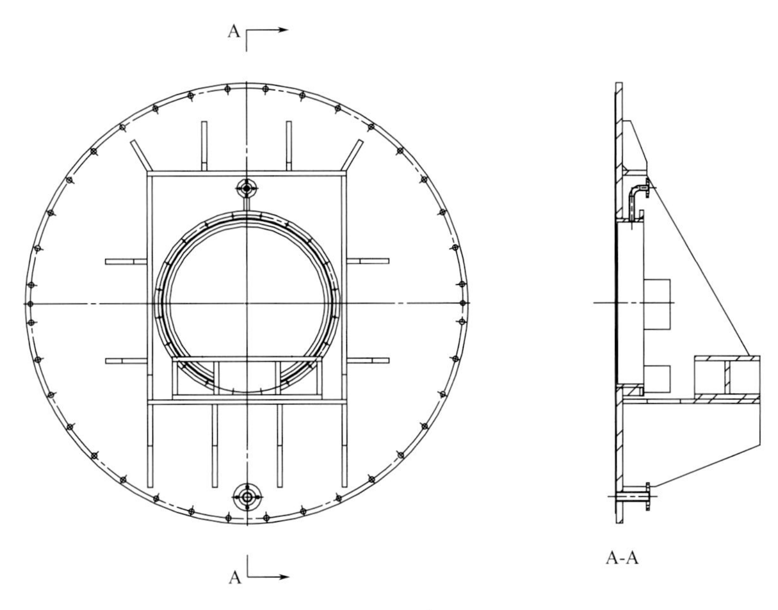

图 2.5-9 端座图

免焊接变形，端板采用整板下料，待端座组焊完成后，密封面整体机加工成型。

② 座组装

a. 按图纸组焊端座上各接管与法兰。

b. 组焊密封气反吹口与填料函，接管插入填料函。

c. 端板校平，按图标记端板方位线和各筋板组对位置线，将填料函和吹扫口与端板组焊，内表面平齐，焊缝进行100%渗透检测。

d. 组焊填料函法兰和筋板，控制法兰上平面距端盖外表面距离符合图纸要求，确保加工后焊缝有效厚度≥25mm，焊缝100%渗透检测。

e. 组焊端座表面各筋板等零部件，并进行焊缝外观处理。

f. 端座部件在立车上找水平，车加工内侧碳钢表面。

g. 分片组对端板衬层，组对保温螺母。

h. 按焊接工艺焊接拼缝、外环角焊缝、塞焊孔和衬板焊缝，焊缝100%渗透检测。填料函角焊缝高度与内径平齐，便于车加工。

i. 端座部件在立车上找水平，车加工不锈钢内衬平面，加工后厚度≥4mm。以密封面为基准找水平，按图纸要求加工填料函法兰平面和内部各尺寸以及端座外圆直径，保证形位公差符合图纸要求。

j. 加工端法兰螺栓孔和填料函法兰面螺纹孔，定位销孔与壳体安装后配钻。

k. 铣床加工轴承座底板平面后，配钻螺栓孔，确保轴承小支座孔与其一致，检查几何尺寸、同心度、垂直度、光洁度。

7）总装

a. 各部件表面清洗，不锈钢表面酸洗。

b. 检测壳体部件与端盖部件同心度不大于3mm。

c. 配钻端盖与壳体的螺栓孔和定位销孔，装配前对各部件空腔进行吹扫，按顺序安装壳体部件、热轴、端盖、密封装置。

d. 安装上盖部件，进行整体调试。拆除电机、电源，对各轴封、各管口及保温螺钉的螺纹进行保护，碳钢表面喷砂油漆，不锈钢表面酸洗。

e. 做好壳体安装定位标记，转动部位转向标记、吊装标记及安全警告标记。

f. 设备、电机、减速机、随机附件等进行包装发运。

2.6 浮头式换热器制造技术

1. 技术简介

（1）技术背景

在石油、化工、轻工、制药、能源等工业生产中，常常需要把低温流体加热或者把高温流体冷却，把液体汽化成蒸汽或者把蒸汽冷凝成液体。这些过程均和热量传递有着密切联系，因而均可以通过换热器来完成，而适用于不同介质、不同工况、不同温度、不同压力的换热器，其结构型式也不同。按照换热器的结构类型，可以分为：管壳式换热器、固定板式换热器、U形管式换热器、浮头式换热器、重叠式换热器等。而对于不同类型的换热器，其制造特点也会有所不同。本节主要介绍浮头式换热器制作技术。

（2）技术特点

1）严格控制筒体的椭圆度、内外径偏差、错变量、直线度、棱角度等尺寸精度，避免影响壳体与管束的装配。

2）壳程筒体内部的A、B焊缝的加强高度及接管凸起处必须铲磨至与壳体内表面平齐，以利于管束的装进和抽出。

3）管子与管板的焊接及胀管质量控制是换热器中十分重要的结构和环节。作为换热器管程和壳程之间的唯一屏障，确保换热管与管板连接接头的质量，避免管壳式换热器运行失效。

（3）推广应用

浮头式换热器的成功制造，解决了浮头式换热器的整体制造技术及制造过程中遇到的困难，更可以为其他各种类型的换热器制造提供借鉴意义。

2. 技术内容

（1）工艺流程（图2.6-1）

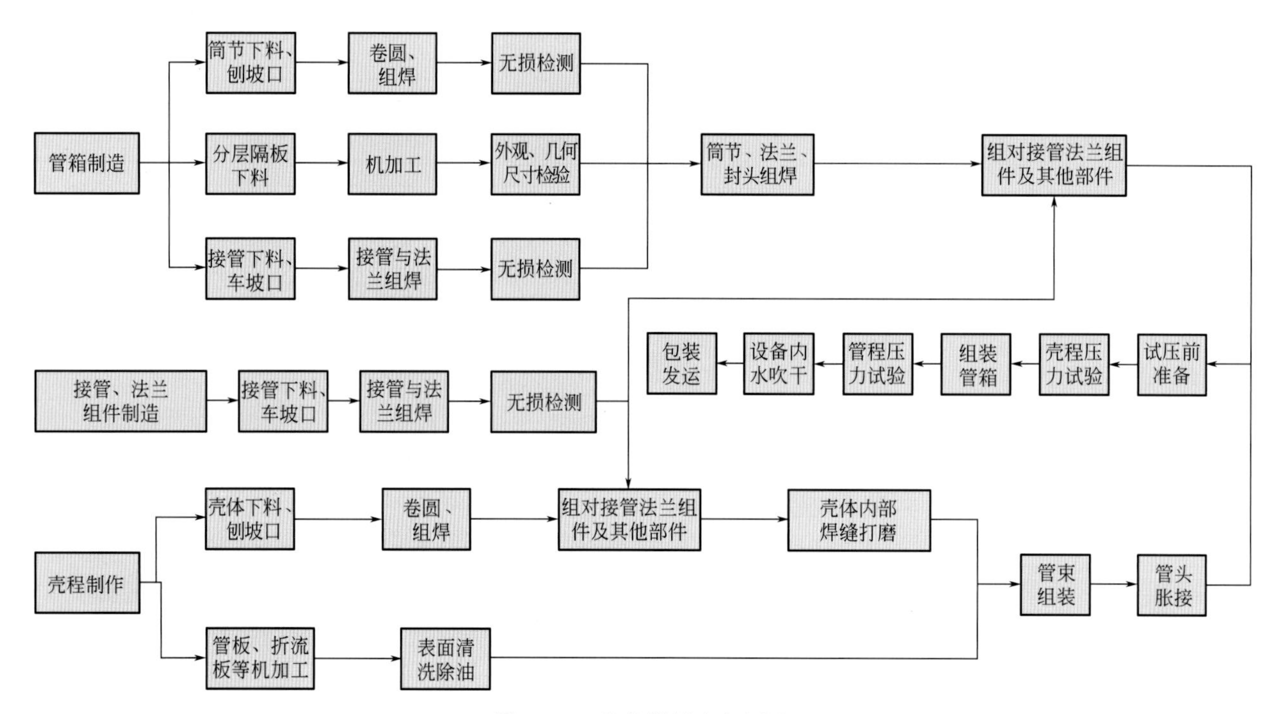

图2.6-1 换热器制造流程图

（2）关键技术介绍

1）设计及制造依据

此浮头式换热器按照《固定式压力容器安全技术监察规程》TSG 21、《压力容器》GB 150.1～150.4 和《热交换器》GB/T 151 进行设计制造。浮头式换热器主要技术参数见表 2.6-1。

浮头式换热器主要技术参数　　表 2.6-1

项目	壳程参数	管程参数
设计压力(MPa)	2	2
设计温度(℃)	200	200
工作压力(MPa)	0.45	0.45
工作温度(℃)	43	143
介质	无危害、非易爆	轻度危害、易爆
焊接接头系数	1.0	1.0
主要受压元件材质	Q345R	Q345R
容器类别	Ⅱ类	

2）设备结构及主体材料

浮头式换热器由封头管箱、壳程筒体、管束、管板、球冠形封头、浮头盖、浮动管板和外头盖等几部分组成，结构特点是两端管板有一端不用壳体固定连接，可在壳体内沿轴向自由伸缩。浮头式换热器有着诸多优点，如介质温差不受限制，可应用于各种较为恶劣的工作场合，在各个领域得到了广泛的应用，同时也存在着结构复杂、制造难度大、浮头端易产生泄漏等问题。浮头式换热器结构示意图见图 2.6-2。

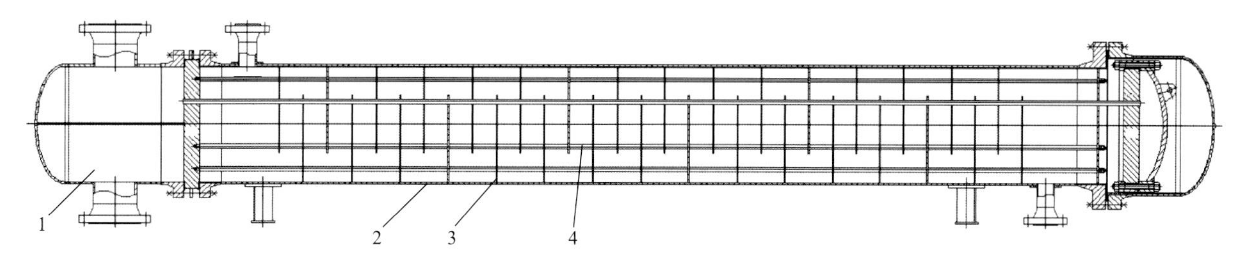

图 2.6-2　浮头式换热器示意图

1—管程；2—壳程；3—折流板；4—管束

3）封头部件制造

① 材料——材料应有质量证明书，满足相应材料标准的要求。

② 成型——封头的成型、加工、验收需满足《压力容器封头》GB/T 25198 的规定。碳素钢、低合金钢的封头、不锈钢复合封头，如采取冷成型，则需要进行消除应力热处理；如采用破坏材料原始供货状态的热成型，则需进行恢复材料性能的热处理。钛复合板封头优先考虑采用冷成型。

③ 无损检测——当封头坯料需要拼接时，拼接焊缝在封头成型后需进行 100%射线检测。

④ 检验、验收——封头制成后按照《压力容器封头》GB/T 25198 的要求进行尺寸和形状检查，按照图样的要求检查封头的最小厚度。

4）壳体部件制造

① 材料——材料应有质量证明书，满足相应材料标准的要求。

② 筒体制造——换热器筒体的制造要点是严格控制其圆度、棱角度，否则会影响壳体与管束的装

配。圆度（圆筒同一断面的最大直径与最小直径之差）$e \leqslant 5\% DN$，且应符合下列规定：

$DN \leqslant 1200$mm 时，其值不大于 5mm；

1200mm$<DN \leqslant$2000mm 时，其值不大于 7mm；

2000mm$<DN \leqslant$2600mm 时，其值不大于 12mm；

2600mm$<DN \leqslant$3200mm 时，其值不大于 14mm；

3200mm$<DN \leqslant$4000mm 时，其值不大于 16mm。

③ 圆筒直线度允许偏差为 $L/1000$（L 为筒体总长）且 $L \leqslant 6000$mm 时，其值不大于 4.5mm；$L>$ 6000mm 时，其值不大于 8mm。直线度检查应通过方位中心线的水平和垂直面，即沿圆周 0°、90°、180°、270°四个方位测量。

5）换热管的制造

① 通常来说，换热管直管或直管段长度大于 6000mm 时许接，对于直管，同一根换热管的对接焊缝不得超过一条；对于 U 形管，对接不得超过两条，拼接管段的长度不得小于 300mm 且应大于管板厚度 50mm 以上，U 形管段及其相邻的至少 50mm 直管段范围内不得有拼接焊缝。

② 管端清理长度为：

a. 对焊接接头，管端清理长度应不小于换热管外径，且不小于 25mm。

b. 对胀接接头，管端清理长度应不小于强度胀接长度，且不得影响胀接质量。

c. 双管板热交换器换热管的管端清理长度按设计文件规定。

6）管束组装

① 将固定管板固定在平台上，左右用支撑固定，电焊配合点固。

② 按图组装拉杆、各折流板、定距管、支撑板、挡管及螺母，保证管孔方位一致。

③ 按焊卡焊接挡管与折流板并清洗管板管孔油污、灰尘。

④ 穿管并将换热管穿过浮动管板，调整固定管板与浮动管板之间距离以及管子伸出管板长度，点固管头。两块管板找正，平行度≤1 mm。

⑤ 组对导流筒、导流筒支持板、滑道、旁路挡板与折流板；防松支耳、起顶板与管板。

⑥ 按焊接工艺卡，管子与管板焊接第一道。

⑦ 按图纸尺寸镗管头，管头伸出长度 3mm。

⑧ 对换热管进行胀接，管子与管板焊接第二道。

7）折流板的加工

① 折流板下料外圆应当适当地留有加工余量，折流板缺口端的边部一般图纸留有半个换热管管孔，下料时缺口端只留有大于 1.5 倍孔桥直径的余量，方便后续钻孔及切除余量。

② 折流板叠齐，并在外圆分数处点焊牢固后再转机加工车间（注意缺口的位置）。

③ 折流板的加工程序为：配钻孔（或采用数控钻）→扩孔→外圆加工→检验。

④ 弓形折流板剪切或切割自上而下顺序逐一编号，对称剪切或切割后打磨去除毛刺，并用油漆标明对应的位置。

8）换热管胀接及管头焊接

换热管与管板的连接方法可以分为强度胀、强度焊、密封焊+强度胀及强度焊+贴胀等方法。

① 胀接不应超出管板背面（壳程侧），换热管的胀接与非胀接部位应圆滑过渡，不应有急剧的棱角。

② 对强度胀接接头，胀前应进行胀接工艺试验，确定合适的胀度。

③ 采用先胀后焊工艺时，不得采用影响焊接质量的润滑剂。

换热管的胀接与焊接顺序一般分为：先胀后焊、先打底+胀接+强度焊、先焊后胀。胀接一般采用液压胀接的方法，液压胀接具有易控制、效率高且不会对换热管造成冷作硬化的特点，普遍用在不锈钢、有色金属换热管、高压厚管板的强度胀接上。

9）水压试验胎具设计

假帽子法兰要与筒体侧法兰相配，法兰外径比标准法兰可适当加大10～15mm，法兰中心距以及孔数孔径可对应的设备法兰保持一致。加工时以假帽子内孔找正，车大法兰密封面及外径见光即可。接着夹持大法兰外圆，车假帽子内孔及密封面外圆。压盖的设计要与假帽子小法兰相配合。压盖法兰上要加工定位止口平台，压盖筒节内外圆都要加工至设计尺寸。浮动端胎具只要是借助于浮动管板外圆和假帽子筒节上加工的密封槽上的调料，依靠拧紧压盖上的螺栓，从而达到密封的效果。图2.6-3浮动管板端水压胎具结构图。

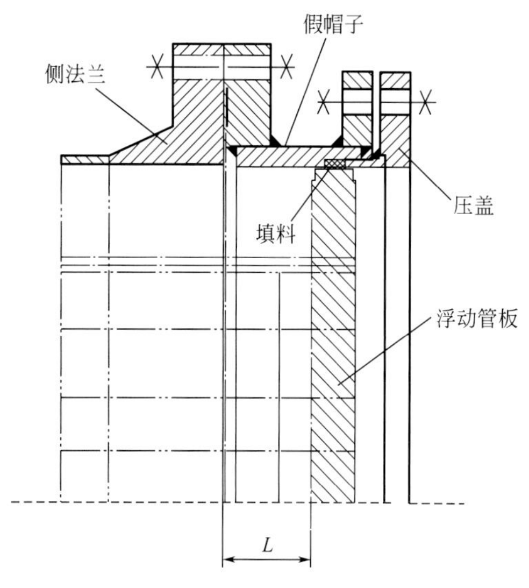

图2.6-3 浮动管板端水压胎具结构图

10）浮头式换热器总装

施工步骤：首先组对壳体环缝、壳体法兰及外头盖侧法兰，点焊固定，焊缝打磨至与母材平齐及无损检测；然后组对接管与法兰，接管与设备内部的焊缝打磨平齐及无损检测；再次组对鞍式支座，管束套入壳体，两端组装试验环，进行水压试验；最后拆掉试压环，组装管箱及浮头盖，进行水压试验，试验合格后组装外头盖，进行水压试验。

2.7 重叠式U形管换热器制造技术

1. 技术简介

（1）技术背景

重叠式U形管换热器顾名思义就是制造两台U形管换热器，将其通过鞍座连接相互重叠，利用接管法兰连接使两台换热器串联起来。U形管换热器的制造对连接管口的伸出高度、法兰中心距离、鞍座的连接螺栓孔距以及焊接变形的控制要求较高，本节结合某200万t/年沥青生产装置，介绍重叠式U形管换热器的制造技术。

（2）技术特点

1）严格控制筒体的椭圆度、内外径偏差、错变量、直线度、棱角度等尺寸精度，避免影响壳体与管束的装配。

2）确保换热器管板和折流板的管孔孔径公差、内孔表面粗糙度、垂直度，以及同心度等技术指标符合偏差要求，解决尺寸精度要求高，难以控制的难点。

3）换热器失效的原因多为管子与管板的连接失效，管子与管板的焊接及胀管质量控制是换热器制作中最重要的环节。作为换热器管程和壳程之间的唯一屏障，确保换热管与管板连接接头的质量，避免管壳式换热器运行失效。

（3）推广应用

2014年公司完成山东高速石化新材料产业基地项目200万t/年沥青生产装置8台重叠式U形管换热器制造，最大单台设备重23.866t，设备使用安全稳定。

2. 技术内容

（1）工艺流程（图2.7-1）

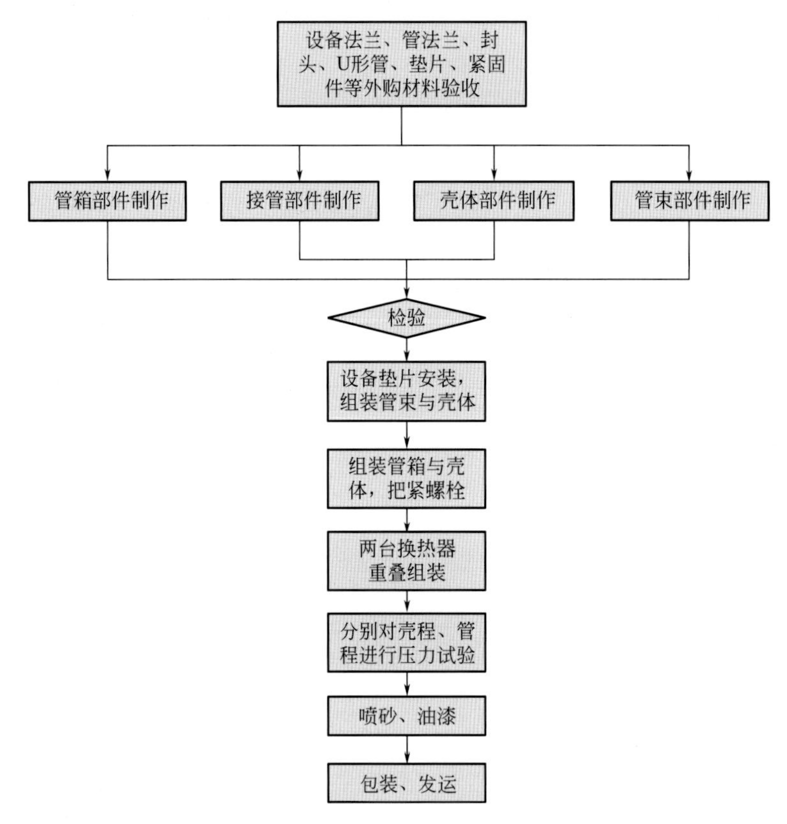

图 2.7-1　重叠式 U 形管换热器制造流程图

（2）关键技术介绍

1）设计及制造依据

本换热器依据《固定式压力容器安全技术监察规程》TSG 21、《压力容器》GB 150.1～150.4 和《热交换器》GB/T 151 进行设计，主要技术参数见表 2.7-1。

换热器主要技术参数　　**表 2.7-1**

项目	壳程	管程
设计压力(MPa)	3.57	3.57
设计温度(℃)	250	200
工作压力(MPa)	1.2/2.33	0.8/1.56
工作温度(℃)	187/120	65/105
介质	减压渣油	热媒水
焊接接头系数	0.85	0.85
主要受压元件材质	Q345R/10/16MnⅢ/20 SA182 F11 CL.2	
容器类别	Ⅱ类	

2）设备结构及主体材料

本重叠式 U 形管换热器是由两台直径大小相同的 U 形管换热器，通过管法兰连接，使两台换热器的壳程与壳程串联，管程与管程串联的结构形式。该结构的连接法兰、连接鞍座均为硬性连接，为了不影响两台换热器的装配，在设备制造过程中，需要控制好连接法兰、连接鞍座的配合尺寸精度满足图纸规定。

换热器内径为 1000mm，总长约 8213mm，主材厚度 18mm，换热管规格为 $\phi25\times2.5$，壳程与管程壳体材料均为 Q345R，换热管材料为 10 号钢，管板材料为 16MnⅢ，设备净质量约 23.866t。换热器示意图见图 2.7-2。

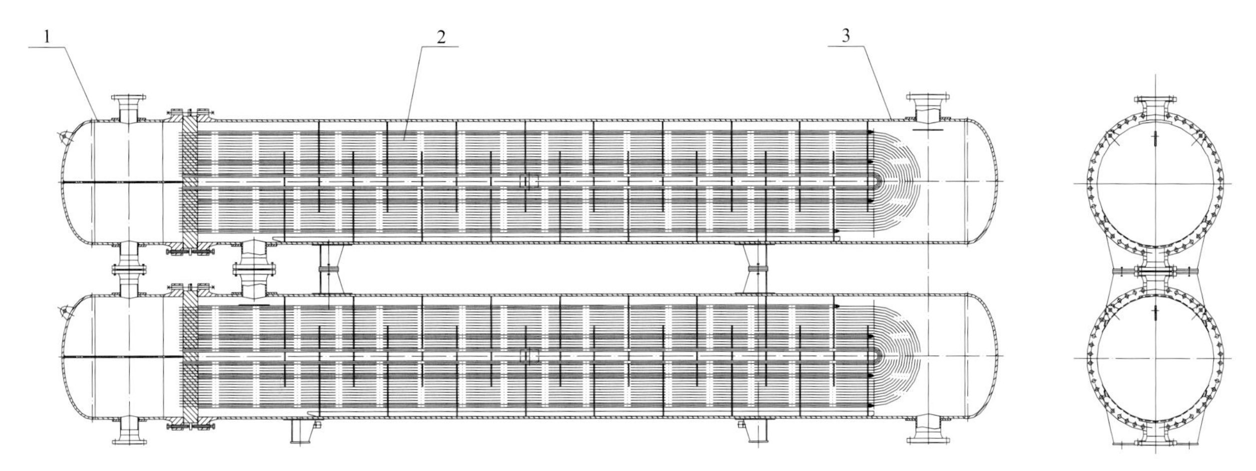

图 2.7-2　重叠式 U 形管换热器

1—管箱；2—U 形管束；3—壳体

3）封头制造

封头规格为 EHA1000×18，材质为 Q345R，采用整板压制成型；按《压力容器封头》GB/T 25198 标准进行制造、检验和验收。

封头加工步骤：原材料入厂验收→下料→冷压成型→切割直边高度和坡口→表面处理→入厂检验。

4）管箱部件制造

管箱部件制造步骤：外购件入厂验收→管箱筒体下料→卷圆→焊接→校圆→A 类焊接接头射线检测→管箱筒体、设备法兰、封头环缝组对→环缝焊接→B 类焊接接头射线检测→划线、开孔→组焊补强圈接管法兰、吊耳（注：两台换热器的连接法兰需采用工装组焊，确保定位尺寸与防止焊接变形）→隔板组对→隔板焊接→焊接接头 MT→热处理→管箱法兰机加工。

5）接管部件制造

管法兰为高颈法兰，法兰与接管的焊接接头属于 B 类焊接接头，本换热器所用的接管公称直径均小于 *DN*250，接管与管法兰组焊后的焊接接头应进行 100%MT 检测，按《承压设备无损检测　第 4 部分：磁粉检测》NB/T 47013.4 Ⅰ级合格。

6）壳体部件制造

板材进场验收合格后，按照工艺文件要求进行划线、切割下料，清理表面及坡口后卷制筒体，为了便于控制筒体与筒体或法兰组对以及与管板、折流板的拼装质量，应对以下内容进行控制：

① 椭圆度

当 *DN*≤1200mm 时，同一断面上的最大内径与最小内径之差，不得大于公称直径 *DN* 的 0.5%，且不大于 5mm。本换热器壳体内径为 1000mm，筒体椭圆度应不大于 5mm。

② 外圆周长

用板材卷制的筒体，其外圆周长允许上偏差为 10mm，下偏差为零；通过控制板材下料尺寸、组对间隙，来保证筒体成型后的外圆周长尺寸在允许公差范围内。

③ 错边量

本换热器的管箱筒体用钢板厚度为 18mm，根据《压力容器》GB 150.1～150.4 标准查得，A 类焊接接头对口错边量应≤3mm。筒体组对时，应按要求检查焊接接头的对口错边量符合标准规定。

④ 直线度

壳体长度为 6546mm，长度方向分为三段筒节组焊成型，其直线度允许偏差应不大于 6.5mm。

直线度检查应通过方位中心线的水平和垂直面，即沿圆周 0°、90°、180°、270°四个方位测量。

⑤ 其他要求

筒体与法兰装配时，应保证法兰端面与筒体轴线垂直，并且螺栓孔应跨中分布。

筒体内部的纵、环焊缝余高及接管凸起处必须铲磨至与筒体内表面平齐，以便于管束的安装。

壳体部件制造步骤：筒体板下料→单节筒体卷制→焊接→校圆→A 类焊接接头射线检测→壳体环缝组对→焊接→B 类焊接接头射线检测→划线、开孔→组焊补强圈、接管组件、防冲板鞍座（注：两台换热器的连接法兰和连接鞍座需采用工装组焊，确保定位尺寸与防止焊接变形）→打磨有碍管束拆装的壳体内部焊缝余高。

7）管束部件制造

① 管板、折流板加工

a. 管板采用整体锻件制造，材料为 16MnⅢ，正火状态供货。材料应符合《承压设备用碳素钢和合金钢锻件》NB/T 47008 标准规定。

b. 管板车加工完成经检查合格后，与折流板进行对合（正面对合或反面对合），在保证对合后板与板之间同心度的同时要防止缝隙的存在，避免在钻孔过程中切屑挤入缝隙中。管板加工应控制以下指标的精度：管板、折流板的管孔孔径公差；管孔内孔表面粗糙度；垂直度；管板、折流板同心度等。

c. 板的管孔应尽量采用数控钻床进行加工，以满足其管孔尺寸精度和垂直度要求，正式加工前采用在模拟试件上试钻的方法确定加工精度能够满足要求。折流板及支持板采用与管板配钻工艺，保证其管孔与管板的同心度要求。

d. 将折流板叠置钻孔时，应逐块做好序号标记和正反面标记。完成钻孔后，每块折流板正反面的管孔均需倒角，清除毛刺、油污等，以防穿管时损伤和污染管子的外表面。

e. 孔桥的宽度偏差应满足图纸和相关规范要求。

② U 形换热管加工

a. 换热管规格为 $\phi 25\times2.5$ 的冷拔管，材质为 10 号钢，且不允许拼接。

b. 对换热管所做的水压试验、超声波检测、涡流检测等要求特别加以关注，必要时还需去除管子两端的试验盲区。

c. U 形换热管弯制一般应采用冷弯。弯曲半径大于或等于 2.5 倍换热管外径的 U 形管，弯管段的圆度偏差应不大于换热管名义外径的 10%；弯曲半径小于 2.5 倍换热管外径的 U 形管，弯管段圆度偏差不大于换热管名义外径的 15%。

对应力腐蚀有要求时，对碳钢和低合金钢管的冷弯 U 形管弯管及与弯管相邻的至少 150mm 直管段进行清除应力处理。

③ 其他零件加工

拉杆、定距管等零件加工应符合图纸要求。

④ 管束的组装

为便于装配，管束的组装应在专用平台上进行。在平台上进行划线定位，根据划线位置放置固定管板，按预先的方位将管板装在支架上，确保管板平面垂直于工作平台。

管束部件制造步骤：各相关零件加工→管板固定，组装拉杆、定距管、折流板、滑道→穿 U 形管→平管头→管头焊接→管头气密性试验→管头贴胀。

管束的组装过程中还应注意以下内容：

a. 连接部位的换热管和管板孔表面应清理干净，不得留下有影响胀接或焊接质量的毛刺、铁屑、锈斑、油污等。

b. 穿管时不应强行组装，换热器表面不应出现凹瘪或划伤。

c. 拉杆上的螺母应拧紧。

8）换热管与管板的连接

管子与管板的连接形式为：强度焊+贴胀。强度焊+贴胀的制作顺序可分为先胀后焊和先焊后胀两种。

① 先胀后焊

采用先胀后焊工序，由于胀接时在管端及坡口处将留下大量油污及铁锈等杂物，尽管焊前要进行清洗，但由于管桥较窄，加之管子伸出管板等原因，难以保证坡口的彻底清洗。当焊接时，这些遗留杂物将发生剧烈的化学变化，水分和空气因受热而局部膨胀，并在管子与管孔的间隙内形成压力，由于胀后背面堵死，这些带压气体只能从焊道一侧排除，焊接时处于熔融状态下的金属无强度可言，气体便很容易穿过焊道，尤其在收弧处更是如此。气体冲出焊道使焊缝金属呈沸腾状，造成焊缝高低不平，甚至呈蜂窝状。同时，还使焊缝表面氧化，造成未熔合等缺陷。在焊缝冷却过程中，有的气体未能及时逸出焊缝表面，从而在焊缝内部形成气孔。另外，焊接时产生的高温会导致已胀接的部位变形，使胀接过程中产生的残余应力和弹性变形有所消失，从而可能使胀紧力减小甚至消失。

② 先焊后胀

焊前管板坡口容易清洗干净，焊接时管子与管板间隙处的空气可以从正、反两侧排除，对于防止焊缝产生气孔及保证焊接接头的质量十分有益。同时，后胀可以使胀口胀后的残余应力不会松弛，避免了因焊接高温的影响而发生松弛。但是对于焊接性较差的管子与管板接头，胀接时焊道容易产生微裂纹，甚至于将焊道胀裂。对于这种情况，应采用深度胀（即管口 10～15mm 不胀），使胀接部位避开焊道，从而减小胀接对焊道的影响，这也是先焊后胀工艺的最大不足之处。根据研究表明，采用先胀后焊工艺，管子与管板焊后的泄漏率比采用先焊后胀工艺要高出 10 倍左右，而且检验结果表明，焊缝外观均匀，有金属光泽，成型美观，着色检查的气孔与未熔合现象很少。

综上分析，在设计和制造时，应优先考虑采用先焊后胀工序。

① 焊接

a. 对强度焊接及内孔焊的焊缝，应做焊接工艺评定。

b. 焊接接头的焊脚尺寸应符合设计文件规定。

c. 管子和管板焊接最主要的问题是焊接缺陷，应采取有效的预防措施，主要有：

换热管穿管前对换热管两端进行除锈、除污等处理，处理长度不小于两倍管板厚度，同时对管板进行清理；

检查坡口尺寸及换热管外伸长度是否符合工艺要求；

焊接前根据焊接工艺评定编制焊接工艺并严格执行；

对容易产生裂纹的材料，可以采用焊前贴胀以减小管子与管孔的间隙；

对允许进行热处理的管板，进行焊前预热和焊后热处理；

有缺陷的焊缝，应清除缺陷后补焊。

为防止焊接时造成管板变形及减少残余应力，应合理安排管束的焊接顺序，比如焊接时可以从中央开始呈放射形在对角区域内依次焊接，如图 2.7-3 所示。

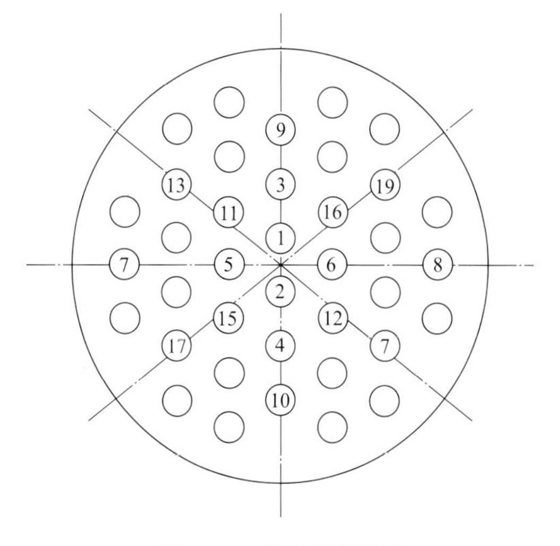

图 2.7-3　管束焊接顺序

② 胀接

a. 管束安装与胀接时，应保证管板与管子垂直，两管板平行，检查时测量四点。当两管板间距 $DN<1000$ 时，允许偏差不大于 2mm；当两管板间距 $DN\geqslant1000$ 时，允许偏差不大于 3mm。

b. 胀管后管板密封面不平度要求：当 $DN\leqslant800$mm 时，不得超过 1mm；当 $DN>800$mm 时，不得超过 2mm。

c. 为保证胀接质量，无论是采用机械胀接还是液压胀接，设备胀管都要通过模拟试验确定胀接工艺参数。试胀后，应对试样进行密封试验、拉脱力试验和解剖检查。密封试验应在专用装置上进行水压密封性试验，检查胀接接头的严密性。拉脱试验是检验管子与管板脱力时所需之力大小的试验，贴胀时拉脱力应大于 1MPa，强度胀时拉脱力应大于 4MPa。解剖检验是把管接头分解后检查胀口部分是否有裂纹、皱纹、切口和偏斜等缺陷，胀接过渡部分是否有突变，喇叭口根部与管壁的结合状态是否良好等，然后检查管板孔与管子外壁的接触表面的印痕和啮合状况。

9）热处理

换热器管箱需按照图样要求进行焊后消除应力热处理。

通常碳钢、低合金钢制的焊有分程隔板的管箱，在施焊后应进行消应力热处理，热处理后加工密封面。对于管箱需进行焊后热处理时，其法兰密封面需留有余量，待热处理后再对密封面进行精加工。

10）压力试验

压力试验是对设备整体强度所进行的验证性试验，同时也是对设备的焊缝、法兰的密封面所进行的渗漏试验，这是确保设备安全使用的及其重要的质量控制环节。

在压力试验前，对开孔补强圈焊缝先通入压缩空气进行检漏。

① 换热器压力试验，应先对壳程进行压力试验，检查壳程受压元件、焊缝及连接部位，同时检查换热管与管板的连接接头；然后对管程进行压力试验，检查管程受压元件、焊缝及连接部位。

② U 形管换热器压力试验的重点是检查管子/管板连接接头的致密性和可靠性。除进行常规的压力试验之外，通常还须利用壳程壳体对管子/管板连接接头作氨渗漏检查。

③ 重叠式换热器接头试压单台进行，当两台重叠连通后，管程和壳程试压在重叠后进行。

11）总装

管箱、壳体、管束部件加工→外观、几何尺寸总检→安装设备垫片，组装管束与壳体部件→组装管箱部件与壳体部件，把紧连接螺母→按图组装两台换热器重叠→壳程水压试验→管程水压试验→喷砂→喷漆→包装运输。

2.8 钛钢复合板蒸发罐制造技术

1. 技术简介

（1）技术背景

蒸发罐主要用于化工制盐行业，其介质为氯化钠溶液，该溶液对碳钢材料腐蚀性强，故不能采用纯碳钢材料作为主材。钛材耐盐浆性能优异，设计单位在设计蒸发罐时，通常选用钛钢复合材料作为主材，基层碳钢材料作为承压材料使用，钛复层起到耐腐蚀作用。

钛复合板容器按照《钛制焊接容器》JB/T 4745 进行制造、检验和验收。材料的成型、组对、错边量、焊接等各方面要求均较碳钢容器更加严苛。本章主要介绍大型钛钢复合板蒸发罐的制造技术。

（2）技术特点

1）针对钛钢复合板钢层与钛层对热成型进行热处理温度的不同要求，制定适宜的加热温度，确保封头的成型质量。

2）钛钢复合板筒节卷制容易出现分层，卷圆次数不宜过多，尽量一次成型，减少来回碾压。

3）钛材与钢材无可焊性，需采用剔边、基层焊接加贴条密封焊相结合的焊接结构。

4）钛材焊接采用氩弧焊焊接，焊接过程中容易吸收空气中的氧气和氢气，导致焊缝发生氧化和氢脆，在钛焊接时需要采用惰性气体氩气进行双面保护，焊后焊缝应呈银白色。

（3）推广应用

2013年公司完成江苏井神盐化股份有限公司热泵盐钙联产技术改造项目中关键设备4台蒸发罐的制造，单台重112.4t，为首次制作钛钢复合板容器，设备运行安全稳定。

2. 技术内容

（1）工艺流程（图2.8-1）

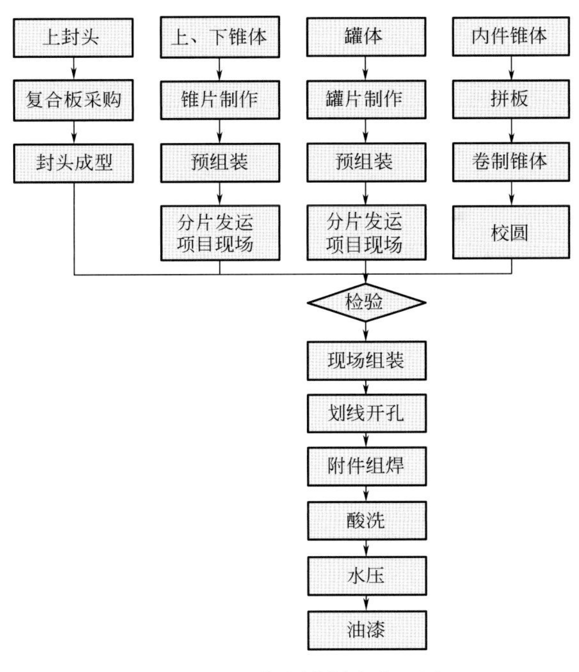

图2.8-1 蒸发罐制造流程图

（2）关键技术介绍

1）设计及制造依据

蒸发罐按《压力容器》GB 150.1～150.4、《钛制焊接容器》JB/T 4745的要求进行设计、制造、检验和验收。焊接应符合《压力容器焊接规程》NB/T 47015及《钛及钛合金复合钢板焊接技术要求》GB/T 13149的规定。焊接接头形式和尺寸除图中注明外，A、B类焊接接头的坡口形式及尺寸应符合《钢制化工容器结构设计规定》HG/T 20583的规定，其余焊接接头均应符合《气焊、焊条电弧焊、气体保护焊和高能束焊的推荐坡口》GB/T 985.1中的有关规定；角接接头的高度应为较薄板的厚度，且应以圆角过渡。主要技术参数见表2.8-1。

蒸发罐主要技术参数 **表2.8-1**

项目	参数
设计压力(MPa)	－0.1/0.18
设计温度(℃)	160
工作压力(MPa)	－0.088/0.15
工作温度(℃)	144
介质	NaCl溶液
焊接接头系数	0.85
主要受压元件材质	TA10＋Q345R
容器类别	—

2）设备结构及主体材料

蒸发罐的主要材质为 TA10＋Q345R 复合板、厚度为 2＋20；立式安装，由悬挂式支座安装在混凝土框架上。

3）原材料质量控制

① 钛材的原材料摆放应严格与其他材料分开，所有钛板材料贴牛皮纸保护。

② 材料到厂后，材料检验员按照相关标准和协议，根据提供的质量证明书，逐项核对该材料的化学成分和力学性能等项目的检验，对材料的外观和几何尺寸进行核实，查看实物的各项标记确保质量证明书的真实性与一致性，并做好记录，校验是否符合图样以及订货合同的要求。

③ 经确认的材料，再经材料责任人审核后由库管员进行必要的标识（任务号、材质、规格、移植号），然后由材料检验员做好确认标识。

④ 经材料检验员确认、按制度要求需要复验的主要受压元件材料以及所有的钛材，复合板必须进行取样复验。

⑤ 化学分析的试样用钻屑的方法获取，取得的试样须摆放在指定的试样袋中，该试样袋要有明确的标识（任务号、材质、规格、移植号），然后由材料检验员交化学分析室。

⑥ 力学性能与化学成分试样通过剪切的方法进行取样，要注意加工余量保证去除热影响区，试样落料前要先移植标识后剪切，剪切后试样按工艺加工成型，并交理化性能实验室。

⑦ 材料检验员根据理化实验室出具的力学性能和化学分析报告最终判定材料是否接收，复验结果合格后方可使用。不合格的材料按相应管理制度执行。

⑧ 操作人员在领用材料时必须根据冷作工艺卡和焊接工艺指导书填写领料单进行领料，领料过程中检验员和库管员必须进行监督检查，领料必须严格依据排版图，确保所发料与工艺要求一致。

⑨ 在制造过程中的各个环节（如落料、成型、焊接、机加工、校形、酸洗等）有可能将标识的内容去除之前，坚持“先移植标识，后进行工序加工”的原则，务必保证工件在制造的全过程中标识完整，清晰可辨。

⑩ 设备制作完工后，材料检验员根据实际用料情况提供完整的材料使用情况一览表，并用简图标识出所用的材料，以备审查。

材料标识的规定：

a. 内容：任务号、材料牌号、规格、移植号（对于具体的工件要有件号）。

b. 位置：按公司内部的有关标识及技术条件的规定。

c. 标识工具：用记号笔标记，对于焊材、管材或小件不便书写的可用挂牌的方式进行标记。

⑪ 材料代用：容器受压元件的代用须由本公司提出建议和变更申请，并经焊接责任人员会签，同时报设计单位审批。经审批的材料代用文件均须送达有关部门（含设计、技术、生产、检验、库房），以保证材料领用、发放和监督检验的准确性。

⑫ 焊接材料（焊条）应具有质量合格证明书。焊条质量合格证明书应包括熔敷金属的化学成分和机械性能；低氢型焊条还应包括熔敷金属的扩散氢含量。当无质量合格证明书或对质量合格证明书有疑问时，应对焊接材料进行复验。

⑬ 焊接材料应存放于专用的焊材一、二级焊材库房中，焊材入库应严格验收，并做好标记。焊接材料库房应按管理要求设置。

a. 焊材库必须干燥通风，库房内不得放置有毒气体和腐蚀性介质；

b. 焊材库房内温度不得低于 5℃，空气相对湿度不应高于 60％，并做好记录；

c. 焊材存放，应离开地面和墙壁的距离均不得少于 300mm，并应严防焊材受潮；

d. 焊材应按种类、牌号、批号、规格和入库时间分类存放；

e. 建立焊材领用台账，对每次焊材领用的数量、规格、牌号、批号、时间、焊接部位，由领用人签字后发放，以保证领用的焊材的可追溯性。

4）划线、下料及开孔加工

① 按照蒸发罐图纸、工艺管口方位图及工艺排版图的要求在设备上依次划出所有工艺管口位置线及其他设备外表面附件位置线，并打上样冲眼作为标记。

② 罐顶的现场开孔是在制作的过程中在地面先开工划线组装接管法兰，然后再统一吊装。

③ 罐壁的现场开孔是通过对设备筒节的四等分，再依次将各管口的分度线划出，并做好0°、90°、180°、270°标记后，再依据管口方位定位。

④ 采用等离子切割开孔的方式对各管口进行开孔，开孔尺寸比实际需要的开孔尺寸单边小5mm左右。切割开孔前，应在设备内对开孔部位的钛复层表面刷涂高温防氧化涂料，并在切割开孔时用防飞溅保护罩对开孔部位进行有效保护，防止气割飞溅烫伤钛复层表面。

⑤ 等离子切割开孔后，先采用机械打磨的方式去除氧化边，并打磨焊接坡口成型。

⑥ 钛材上画线使用记号笔，只有在以后的加工工序中能够去除的部分才允许打冲眼。能用剪切下料的全部在剪板机上进行，坡口加工在刨边机或铣边机上进行，坡口尺寸严格按照图纸要求进行，并保证坡口的成型质量，为后续的焊接工作创造良好条件。复层边缘100mm范围内应进行100％UT探伤，边缘50mm内应进行100％的渗透检测探伤，以检查复合板剔边后的质量。

⑦ 对于无法进行机械加工的材料，可用火焰切割等方法下料（如设备的开孔部分）。另外，要避免火花溅落在钛材料表面，火焰切割的边缘部位再用机械加工方式修磨以去除污染层。

⑧ 只能使用不含铁离子的尼龙渗合氧化铝的砂轮（或钛丝刷）打磨，并不得有过热现象。

⑨ 切割完毕对坡口表面进行着色检验，以检查是否有分层、裂纹等缺陷。

5）封头的制作

① 封头压制

钛钢复合板材料冷冲压对其贴合强度要求较高，且易出现不贴合现象，一般考虑使用热成型。成型前将工件及模具表面清理干净，同时为防止钛表面氧化，在加热前应在钛复层表面涂高温防氧化涂料。

封头成型温度过高会影响材料的机械性能，温度过低会造成复合板复层分离。根据这些特点，经过大量热处理试验，选定加热温度为850℃，最终保证封头一次成型合格。压制后对变形过渡区及直边进行100％渗透检测探伤（本项目设备的渗透检测检查必须在24h后检查，以便发现延迟裂纹，下同），以确保成品封头没有裂纹产生。

② 封头外形尺寸的控制

封头成型后的最小厚度不得小于图样规定的要求；用弦长相当于封头直径的样板检查内表面的形状公差，其最大公差符合：

外凸不得大于1.25％，内凹不得大于0.625％；

封头直边倾斜不得大于1mm；

封头直径公差－3～＋3mm，最大与最小差不得大于6mm。

6）筒（锥）体的制作

筒体采取在工厂内下料、刨边、拼接、包装，再运输到施工现场进行卷制、组装、焊接。

① 筒体的下料

复合板下料前根据要求进行材料标记移植，并在复层上贴上保护层。筒节的下料严格按筒体的布料图进行下料。下料时复合板的复层向上，在复合板复层上用记号笔号料，进行检查后留出切割余量，采用等离子切割。

② 筒节的刨边

筒节下料后按布料图中的尺寸进行刨边。尺寸检查要求对角线误差小于2mm。

③ 筒体的剔边

在每块板上用记号笔标记出剔边线，剔边后对剔边线50mm宽的范围内进行超声波检测，检查复层贴合情况。在坡口处进行100%渗透检测查看是否有裂纹存在。

④ 筒节的预弯、卷制

为防止筒节纵向棱角度超标，筒体板在整体卷圆之前，应预先对两端200mm范围进行压制，压制圆弧半径与筒体要求尺寸一致。卷板前应保证卷板机辊轴表面干净，钛板表面贴纸保护，以防钛板受污染。

筒体板卷制一般采用冷卷或加热温度在400℃以下卷制。卷制复合板时不应在同一区域往复成型。在卷制弯曲半径较小的钛钢复合板圆筒时，一次压下量不宜过大，以防复层剥离。

⑤ 筒体尺寸的控制

a. 筒体圆度、错边量的控制

筒节应在纵缝焊接前后分别进行校圆，以控制筒节的椭圆度。

筒体的纵向、环向接头的对口错边量 b（图 2.8-2）的控制应符合表 2.8-2 的规定。

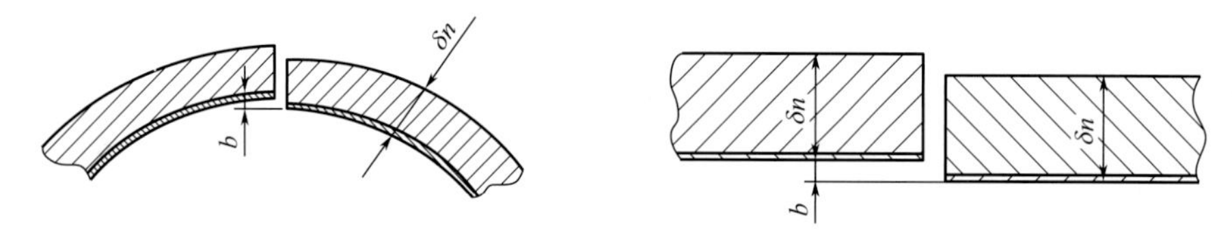

图 2.8-2 钛-钢复合板对口错边量

钛-钢复合板对口错边量规定（mm） **表 2.8-2**

对口处钛覆材厚度 δS	焊接接头的对口错边量 b	
	纵向接头	环向接头
≤2	≤0.6	≤0.8
>2～≤4	≤0.8	≤1.0
>4～≤10	≤δn/5，且≤1.5	≤1/5δn
>10～≤20	≤δn/7，且≤2.4	≤1/5δn

b. 筒体棱角度的控制

在焊接接头环向形成的棱角 E（图 2.8-3），用弦长等于 1/6 内径 Di，且不小于 300mm 的内样板或外样板检查，其 E 值不应大于（$\delta n/10+2$）mm，且不大于 4mm。

在焊接接头轴向形成的棱角 E，用长度不小于 300mm 的直尺检查，其 E 值不应大于（$\delta n/10+2$）mm，且不大于 4mm。

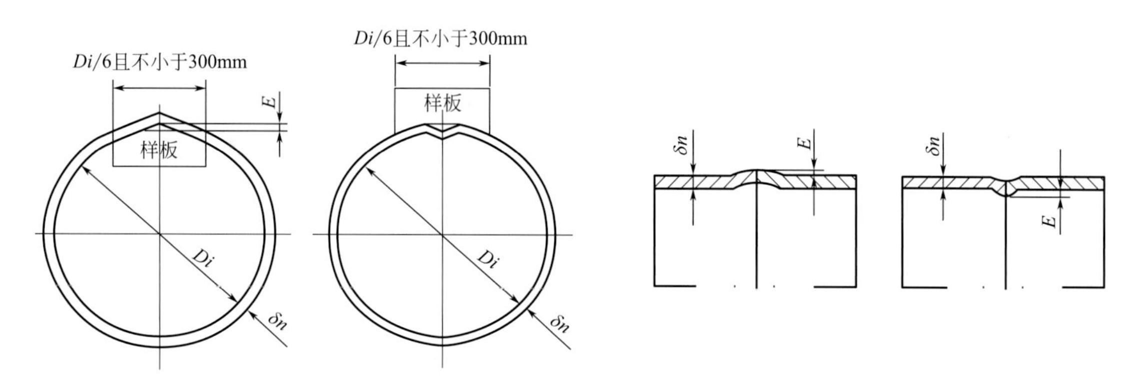

图 2.8-3 焊接接头环向和焊接接头轴向棱角 E

⑥ 筒节的焊接

蒸发罐筒体的焊接严格按照《压力容器焊接规程》NB/T 47015 要求进行焊接工艺评定试验，编制焊接工艺指导书。对于钛钢复合板设备的基层焊接，工厂内主要采用手工电弧焊和埋弧自动焊，项目现场主要采用手工钨极氩弧焊和手工电弧焊，在焊接过程中既要保证基层的焊接质量又要做好复层的保护措施。

⑦ 筒节的检测

筒节的 A、B 类焊接接头的无损检测均按《承压设备无损检测　第 2 部分：射线检测》NB/T 47013.2 中射线检测的有关规定制定，检测长度为每条焊接接头长度的 20%且不得少于 250mm，技术等级为 AB 级，检测结果以Ⅲ级合格。

7）纵、环焊缝贴条

① 筒体和封头内表面钛复层应进行贴条，且每道环焊缝贴条之间用银钎焊封焊隔开，按图样规定设置检漏嘴。

② 根据蒸发罐的结构特点，结合公司制造钛设备成熟专有技术及质控要点，钛复层贴条形式设计采用图 2.8-4 的结构形式。

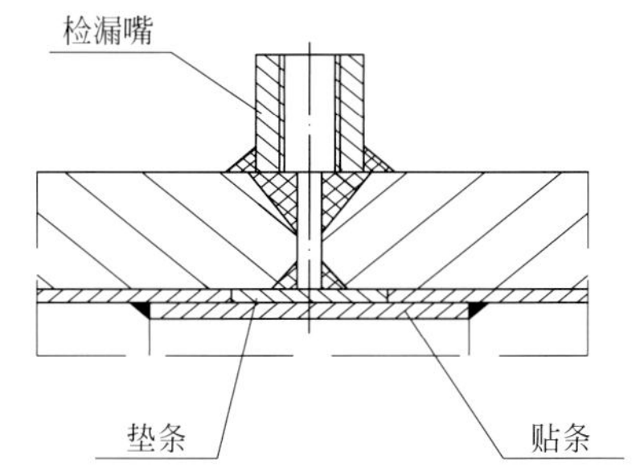

图 2.8-4　钛复层贴条结构图

钛贴条宽度按凹槽实际尺寸下料，控制装配间隙（0～0.5mm），工装压紧后定位点焊，钛贴条与复材间采用自熔及填丝焊接，熔深≤$2\delta n/3$。

贴条装配：采用工装卡具将钛贴条压紧贴实，再次用丙酮进行严格清理并点固，同时对钛焊丝进行清理。采用不熔透焊，要控制焊接线能量，以防止铁熔入焊缝中。垫板也可采用钛垫板，要确保复层与垫板焊后表面平齐，焊缝高出部分修平。

T 形接头钛贴条质量控制要点：对于纵环焊贴条 T 形交接处，为了保证焊接密封性，对 T 形接头处覆盖加强板（图 2.8-5），检漏嘴设置在距 T 形缝 50～100mm 范围内，钛合金 T 形接头的施焊前必须通过检漏嘴提前通氩气保护，避免施焊时钛合金焊缝氧化。

8）焊接质量控制

① 碳钢罐体焊接质量控制

现场环缝组焊可以采用手工氩弧焊打底，手工电弧焊填充盖面，氩弧焊打底焊接坡口如图 2.8-6 所示。

双面焊必须严格清根（打磨至正面焊缝金属），防止夹杂及未焊透。单层焊道避免多次焊接或中断，对冷裂纹敏感的焊件应及时采取后热、缓冷等措施。焊接过程中，严格控制线能量及层间温度，防止咬边、飞溅、夹杂及加大焊缝热影响区，改变焊缝组织和降低接头力学性能，重新施焊时仍须按规定温度预热。

② 钛材焊接质量控制

焊前清理：对接头两侧的钛复层材边缘进行 100%渗透检测探伤，机械抛光处理后，再用丙酮等清洗干净。

密封焊缝应进行二层施焊，每焊一层必须进行表面颜色检查（银白色、浅草黄色为合格），并严格按焊接工艺执行。焊接电流的选择应在保证被焊工件较为熔合的情况下尽量采用小电流，并严格控制焊接的层间温度不超过 60℃。

控制装配间隙（0～0.5mm），工装压紧后定位点焊，壳体板对接时的定位点焊须在全保护下进行，以确保焊点银白色。定位焊点在正式焊接前应打磨处理干净。

焊缝表面温度在 300℃以上时，应进行双面氩气保护（测氧仪测量保护罩内的氧含量，控制在 200ppm 以下），以防止钛材在空气中的氧化污染。

焊接前开始充气，氩气纯度大于 99.99%。焊炬应与工件保持垂直，避免空气混入；保护气应由底

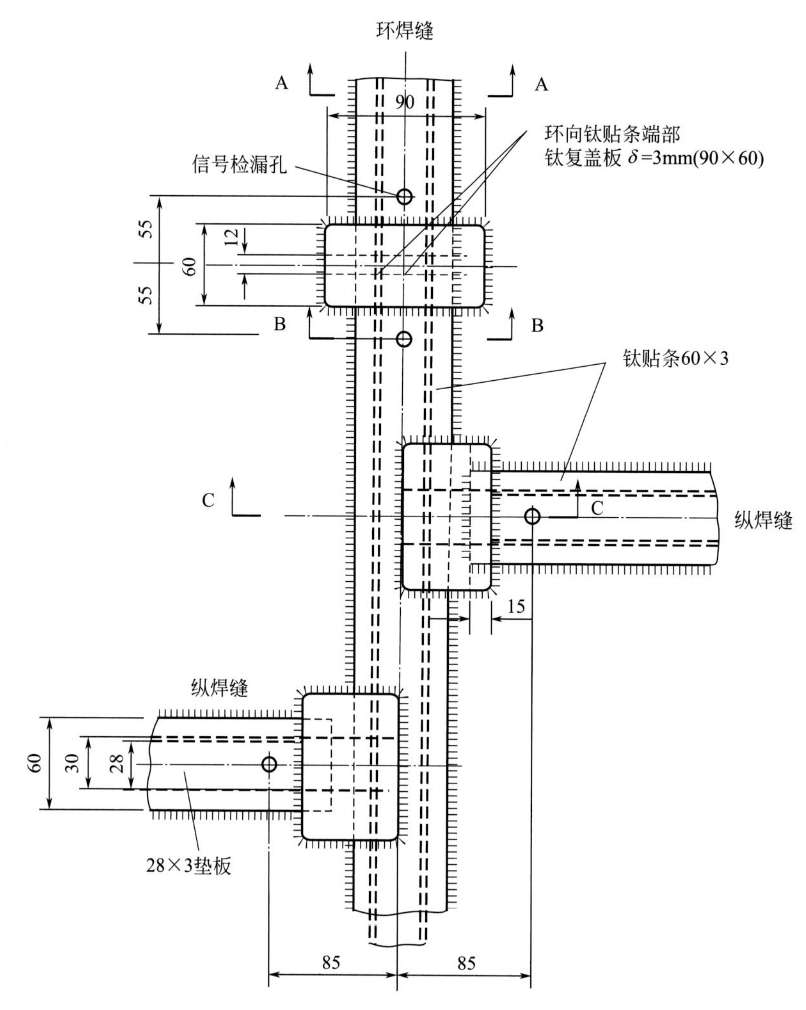

图 2.8-5　T 形接头结构示意图

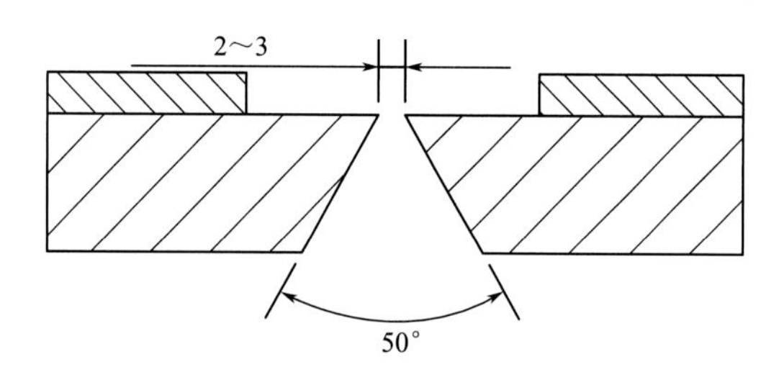

图 2.8-6　氩弧焊打底焊接坡口示意图

部进入，顶部排出。电弧熄灭后焊炬与保护罩继续充气至少 5s。焊缝表面的颜色为银白色或浅草黄色，对于不合格的焊缝颜色应打磨去除后再焊。

9）设备总装

① 清查核对零部件是否符合其图样及工艺要求。

② 设备采用卧式组装方式，利用专用工装按排版图和管口方位图进行筒体、锥体及封头的环缝组对。

③ 环焊缝组对利用撑圈工装控制筒体圆度及直线度。

④ 设备划线开孔要严格检查，开孔时，内表面进行防污染保护。每个接管、人孔上都应设置检漏嘴。

⑤ 罐体的开孔接管，应符合下列要求：

a. 开孔接管的中心位置偏差≤10mm，接管外伸长度允许偏差为±5mm；

b. 开孔补强圈的曲率应与开口处的罐体曲率相同；

c. 开孔接管法兰的密封应平整，不得有焊瘤和划痕，法兰密封面应与接管的轴线垂直，倾斜不应大于法兰外径的1%，且不得大于3mm，法兰的螺栓孔应跨中安装；

d. 罐壁高位人孔及高液位报警器接管开孔内表面应与罐内壁齐平。

10）检验控制

① 设备焊缝无损检测

蒸发罐设备的所有焊缝严格按照设备的技术要求和检验计划对筒体的焊缝进行无损检测。蒸发罐整体吊装就位后，设备钛焊缝表面（特别是内表面）100%渗透检测，Ⅰ级合格。

② 焊后修补

对深度超过0.5mm的划伤、电弧擦伤、焊疤等有害缺陷应打磨平滑，打磨修补后的钢板厚度，应大于或等于钢板名义厚度扣除负偏差值。

缺陷深度或打磨深度超过1mm时，应进行补焊，并打磨平滑。

焊缝内部的超标缺陷在焊接修补前，应探测缺陷的埋置深度，确定缺陷的清除面，清根的深度不宜大于板厚的2/3，当采用碳弧气刨时，缺陷清除后应修磨刨槽。

11）压力试验

① 蒸发罐在30m高空状态下，满装水时，设备的自重超出基础承载能力，不便于进行水压试验，因此设备进行气密性试验。

② 压力试验前应注意以下几点：

a. 所有附件及其他与罐体焊接的构件全部制造完毕，检查合格；

b. 压力试验前，罐体的几何尺寸及焊接质量、安装前后的无损检测应按前述有关规定全部检查合格，且原始资料齐全准确；

c. 所有与严密性试验有关的焊缝，均不得涂刷油漆；

d. 检查所有的管口是否封闭严实，做好试验准备。

12）蒸发罐体酸洗及防腐

① 为清除铁污染及获得清洁表面，按图纸要求应进行酸洗钝化处理。

可采用下述配方的酸洗液进行酸洗：HNO_3（浓度65%）20%（体积比）+HF5%+H_2O 75%（可用NaF代替）。

由于设备内表面积大，处理时应分片分时进行，确保钛材表面能得到充分清洗和及时清洗。酸洗钝化处理完毕后应进行铁离子污染试验，无蓝点为合格。

② 按图纸要求进行防腐处理，涂层外观均匀，无明显皱皮和流挂；焊口和附件补刷漆膜完整；漆料、稀释剂和固化剂的种类和质量必须符合设计要求；严禁误涂、漏涂；涂层表面应无脱皮和反锈现象。

2.9 大型设备现场热处理施工技术

2.9.1 大型设备现场卧式热处理技术

1. 技术简介

（1）技术背景

热处理是消除压力容器整体或部件残余应力，改善或恢复材料力学性能及提高耐腐蚀性能的重要手段，也是制造最后阶段的关键工序。传统热处理施工需使用大型热处理设备，例如砖砌燃气热处理炉、拼装式电阻炉等。化工容器在往超高、超大、超重的趋势发展，由于运输困难，需要项目现场制造，受现场气源、电源等多种资源限制，衍生了新型热处理方法，例如内部电加热法、内部燃油燃烧法等。本技术结合某 50 万 t/年丙烷脱氢项目，采用以现场壳体内腔为炉膛的燃油内燃热处理法，节省了现场砖砌或拼装热处理炉的成本，施工更加方便快捷。

（2）技术特点

1）利用制造设备的内腔为热处理炉膛，解决了现场砖砌或拼装热处理炉的难题，节约了制造成本。

2）采用燃油为加热介质，便于采购，解决现场受电、气及其他加热资源的限制问题，易于施工。

3）采用内部燃油燃烧法，解决大长径比塔器设备现场热处理的难题，缩短工期，节约成本。

（3）推广应用

本技术在河北海伟交通设施集团有限公司 50 万 t/年丙烷脱氢项目中应用，顺利完成两台大型分离塔（约 2000t）的现场卧式热处理，设备质量可靠，运行稳定。

2. 技术内容

（1）工艺流程

燃油内燃法热处理工艺流程如图 2.9-1 所示。

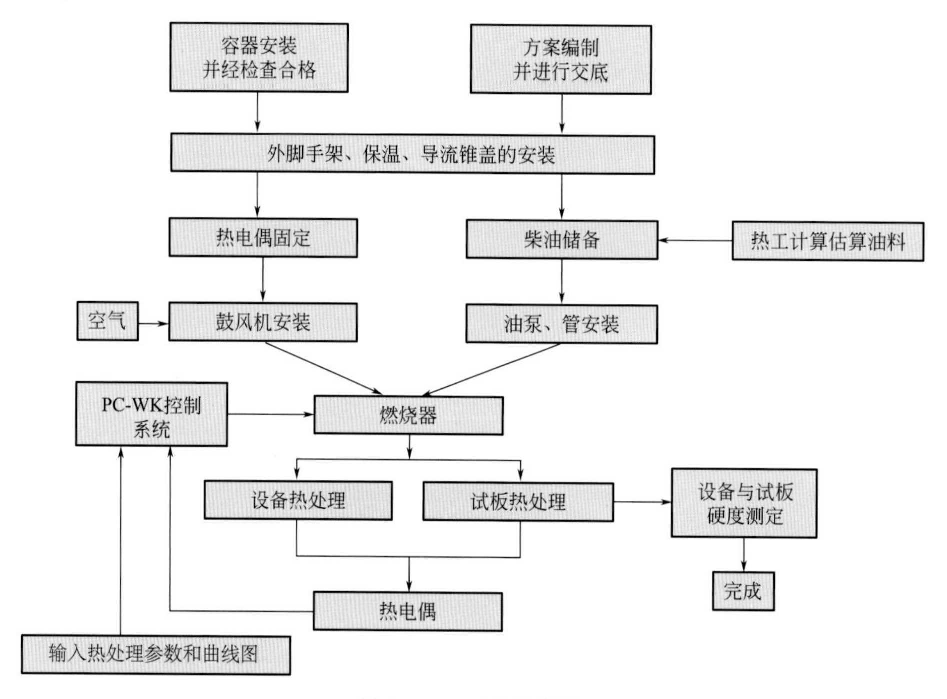

图 2.9-1　工艺流程图

（2）关键技术介绍

1）热处理前准备工作

① 筒体及预焊件等部件必须根据工艺要求全部焊接完毕，经外观检查和无损探伤检测合格后，记录在案，以备热处理完成后再次复查。

② 产品试板焊接应检验合格，试板在筒体壁板上可靠固定。

③ 热处理时筒体受热膨胀，有碍膨胀的管件和物体必须拆除，防止阻碍合理热变形。

④ 热处理系统装置必须全部安装好，各系统应提前调试完毕。

⑤ 应掌握相关气象资料，热处理施工必须考虑防风、防雨、防火、防爆等安全措施。

2）热处理装置系统的准备

燃油内燃法热处理装置一般由燃料油系统、压缩空气系统、温度测量系统、形态测量系统和排烟系统组成。

① 燃料油系统

燃料油系统是将燃烧器和炉体相连接，通过油泵加压后供给燃烧器喷嘴，被压缩空气雾化后由点火器引燃，燃烧器上的鼓风机风量按预先设定的风油比助燃。燃烧时所需的燃气重量一般依据塔器热处理的重量、大小、保温棉厚度和受热面积等参数进行热工计算，确定热处理最大耗油流量和单台塔器热处理总耗油量吨位。

② 空气压缩系统

压缩空气系统的压缩空气由空气压缩机供给，压力控制在0.05～0.08MPa，压缩空气在燃烧器喷嘴内将燃油雾化。

③ 温度测量测温点的布置

温度测量监控系统由热电偶、补偿导线和一套PC-WK型集散控制系统组成，对温度进行智能化测量和控制。按照《承压设备焊后热处理规程》GB/T 30583的要求，相邻测温点的间距不小于4600mm。

④ 热电偶的安装

测温用的热电偶用螺柱固定于塔器外表面上，如图2.9-2所示，烟道气和试板应单独设立热电偶。固定测温热电偶的压板工装应焊接在容器外表面，焊接要符合焊接规范要求，热处理后清除压板工装，并用砂轮机打磨塔器表面。

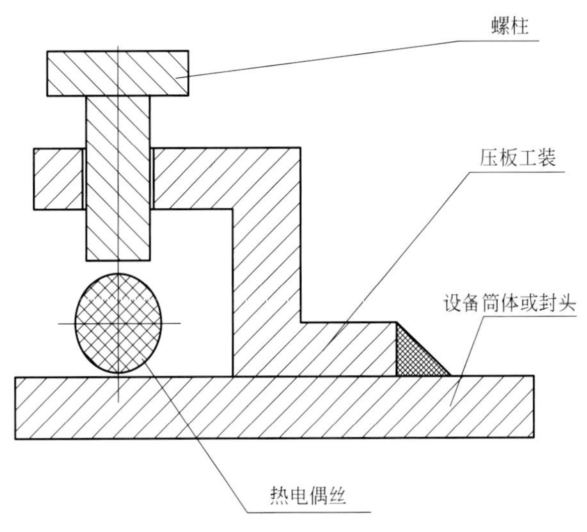

图2.9-2 热电偶固定示意图

⑤ 温度监测

温度监测配置两套系统，一套是长图自动平衡记录仪1台，共可记录24个测温点，另一套是微机集散型温度监控系统，3s扫描一个测温点巡回检测各测温点的温度，并与设置的热处理工艺曲线进行比较，从而向燃烧器给出具体燃油控制量，同时按工艺要求每30min打印1份各点温度的报表。

3）保温面的安装

绝热措施所用材料为硅酸铝针刺毯，保温层厚度100mm。绝热层铺设时，相邻两层接缝错开，接头部位应严密，绝热施工应自上而下逐层进行。铺设时，均应用22号铁丝在扁铁上固定牢靠。保温被与壁板之间局部间隙不得大于10mm。绝热层在热处理过程中，不得松动、脱落，确保热处理工艺的正常进行。

4）临时封头的安装

采用厚度为10mm钢板焊装成的类似于漏斗的工装作为临时封头，最大外径为塔器的外径，临时下封头底部开有一个直径为ϕ600mm的人孔，用于连接燃烧器高速喷嘴，通过焊接的方式将临时封头与平台进行连接。在吊装和焊接过程中需保证临时下封头的中心线与平台中心线重合。

5）防变形支撑架的安装

对于大长径比的塔器内部应用钢管呈米字形进行支撑，防止筒体由于重力及热应力作用发生变形。支撑为4根直径为50mm钢管焊装成的类似于米字形的工装，长度与塔器直径一致，每隔5～6m的距离固定于筒体内侧。具体形状如图2.9-3所示。

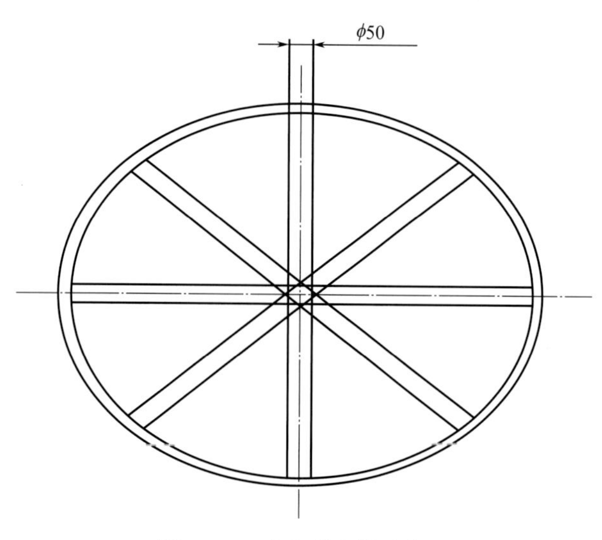

图2.9-3 米字形支撑示意图

6）试板与塔体壁板同步热处理

产品试板经检验合格后固定于筒体内，采用相同工艺进行热处理。

7）热处理工艺参数及筒体分段长度的确定

① 热处理工艺参数的确定：压力容器产品按照《压力容器焊接规程》NB/T 47015和《承压设备焊后热处理规程》GB/T 30583的相关要求确定工艺参数。

② 筒体分段要求：为了保证不同长度卧式塔器的热处理质量及效率，分段筒体长度控制30m以内。

8）内燃法热处理的操作过程

① 点火：开液化气阀门，启动空压机及油泵。先开燃烧器进风阀，用单头烤把点燃燃烧器，然后打开喷嘴雾化剂阀门，再开启进油阀门送0号柴油，点燃喷嘴。

② 升温：调节鼓风机烧嘴的风速及油量，观察火焰呈白色为宜。当接近400℃时按照相关的工艺要求控制各个热处理工艺参数。

③ 恒温：当达到恒温（一般是620℃）时，应密切观察仪表记录，调节风油比，让升温速度平滑过渡至恒温范围内。恒温时严格监视各点温度变化，力求缩小温差，使温差保持在40℃以内。

④ 降温：降温时将火焰熄灭，关闭烟囱和其他所有进出气口，观察降温速度，若有超差趋势，可点火或打开蝶阀进行温度调节，将其控制在热处理工艺参数内。

2.9.2 大型设备现场立式热处理技术

1. 技术简介

（1）技术背景

在国内装置建设的大型化发展趋势下，压力容器设备也在朝着大型化飞速发展。由于设备直径大，受运输限制，塔器的主体制造及总装通常需在现场进行，由于现场塔器高度超过100m，卧置时占用场地较多，决定采用立式热处理。结合某90万t/年丙烷脱氢项目的制造经验，总结形成大型设备现场立式热处理技术。

（2）技术特点

1）设计了立式热处理专用内部支撑，解决了支撑管变形的问题。

2）设计了热处理底座滑动装置，解决了热处理下部边缘无法移动导致变形的问题。

3）采用了分段高温烟气热处理工艺系统，解决了现场热处理温度控制的问题。

（3）推广应用

本技术在青岛金能新材料有限公司90万t/年丙烷脱氢项目，东莞巨正源科技有限公司120万t/年丙烷脱氢高性能聚丙烯项目中成功应用，有良好的应用效果。

2. 技术内容

（1）工艺流程

1）在下封头段热处理时，选取合适的管口安装燃烧器，在顶部采用自制堵板封堵，烟气由顶部设置的排烟口排出。以壳体内部为炉膛，壳体外部用保温材料进行绝热保温，选用0号轻柴油（随气温选用标号）为燃料，通过喷嘴将燃料油喷入并雾化点燃。通过风机送风助燃，产生高温气流，在壳体内壁对流传导，升温到热处理所需的温度，见图2.9-4。

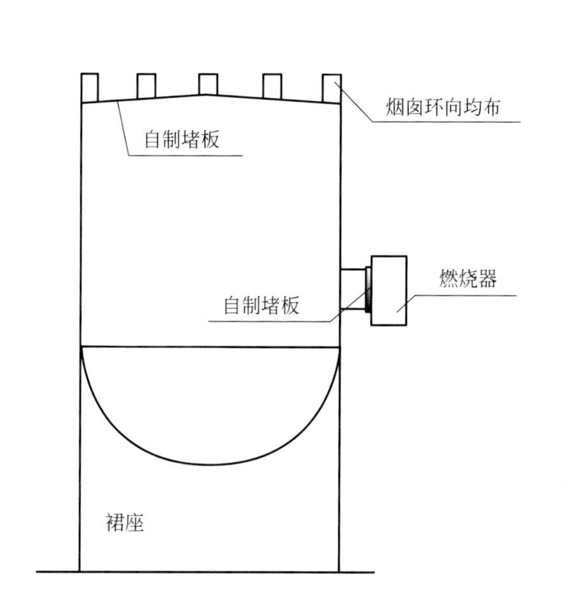

图2.9-4　下段热处理示意图

2）考虑到塔体超高，为使热处理时各个部位温度更加均衡，采用进一步分段热处理方法，合拢缝进行电加热处理。

3）其他各段热处理时在组装平台下部中心开口，平台上部铺设保温棉，由燃烧室燃烧产生高温烟气，通过管道经过开口，输送进壳体内部（图2.9-5）。

4）烟气进入壳体内部后，通过热风分配器，对热风进行分配，并形成旋流，增加烟气传热系数，提升加热效率。

5）沿顶部封堵端盖周围均匀设置若干排烟口，排烟口总面积大于燃烧器进风口面积，避免烟气加热筒体出现温度盲区，热处理时根据温度记录仪显示温度，出现温度偏差时及时调整相应排烟口的排放面积，控制筒体温度。

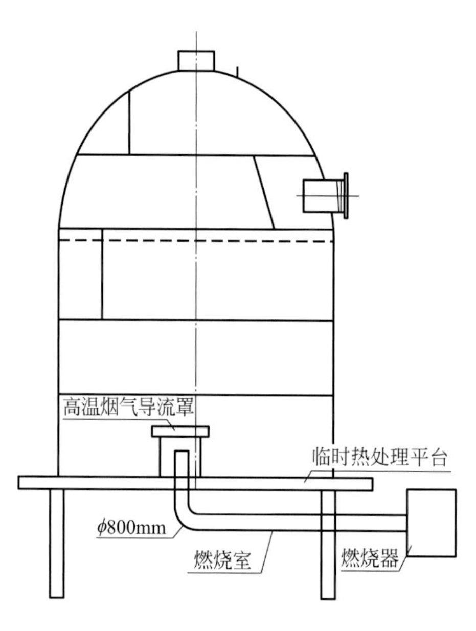

图 2.9-5 中段热处理示意图

6）合拢焊缝采用微电脑控制履带式加热片进行加热，焊缝正面和背面均进行保温处理。

（2）关键技术介绍

1）分段高温烟气热处理工艺系统

① 保温系统

根据施工规范及热工计算，选用硅酸铝针刺毯被作为保温材料，其耐高温度大于 1000℃。保温系统绝热工程施工包括保温骨架安装及绝热层敷设等工艺过程。

② 加热与控制系统

加热与控制系统采用欧科燃烧器，燃料采用 0 号柴油通过油泵送油，由电磁阀控制经喷嘴后喷出，雾化的燃烧油经自动点火器点火燃烧。燃烧器上的风机按预先设定的风油比助燃。

③ 温度监测系统

配置连续自动记录仪，自动记录壳体的温度。记录系统的巡检时间间隔为 3s，即每 3s 巡检一个测温点，自动记录温度值，并生成“温度-时间”曲线。另外，还设置了人工观测记录岗，时刻监视温度曲线的变化，并对各测温点温度进行记录，具体记录方法为：在控温期间的各阶段每 30min 记录一次各点的温度。

2）热处理防变形措施

热处理时，设备的最高温度将达到 600℃，如此高的温度，会产生变形。通过直径膨胀量，可以计算出该设备在热处理时产生的形状变化，计算公式见式（2.9-1）：

$$\Delta d = a \times d_0 \times (t_1 - t_0) \tag{2.9-1}$$

式中 Δd——直径膨胀量（mm）；

a——轴承钢线膨胀系数，1.25×10^{-5}/℃；

d_0——初始直径（mm）；

t_1——变化后的温度（℃）；

t_0——初始温度（℃）。

Q345R 材料的线性膨胀系数在 600℃时，为 14.6×10^{-6}，筒体直径为 11900mm，变化温度为 580℃，经计算，热处理时筒体半径膨胀量 49mm。可以看出，筒体在热处理时会产生很大的变形。根据现场实际情况，选取了2种对热处理变形控制较好的措施，一是设置内部支撑，二是设计支撑底座滑动装置。

① 设置内部支撑

由于设备在热处理时，筒体的下端部在支墩上摆放，可以产生拘束力，减少筒体的变形，但是由于上端部是分段筒体，无封头支撑，所有分段筒体的上端口会因无支撑而产生热处理变形。针对此难题，对筒体上端口增加支撑，增加拘束力，防止变形。

与传统的内、外加强圈结构相比，米字形支撑结构支撑分布比较均匀，支撑和拆卸均比较方便，支撑时对设备壳体母材的损伤较小。

米字形支撑中各支撑管通过中心盖板进行连接，形成一个整体，在热处理时，筒体变形的力会均匀地分布给各支撑管，不会造成单个支撑管受力过大，导致断裂，从而使支撑管失效，造成设备壳体的变形过大。具体形状见图2.9-6。

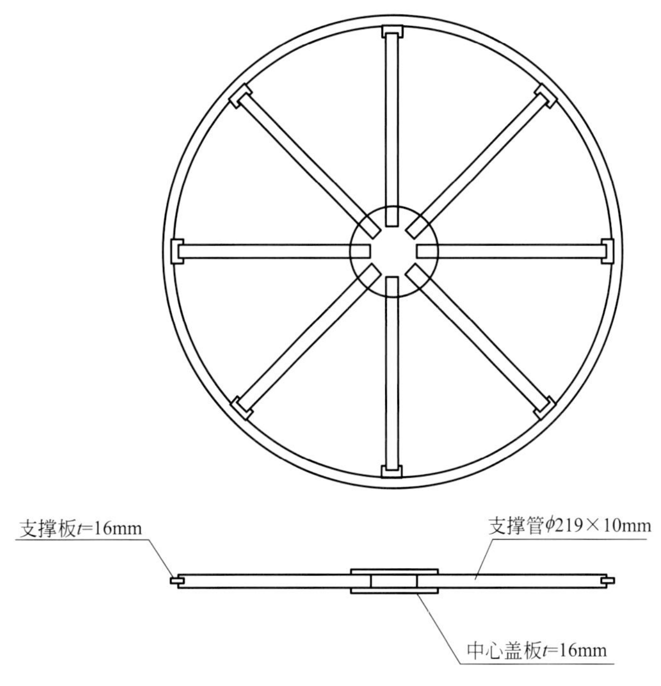

图2.9-6　米字形支撑示意图

此类米字形支撑对于防止设备热处理变形十分有效。直径不相同的筒体，只需要修改支撑板的尺寸就可以达到使用效果。使用完成后，只需将支撑板拆除换新，就可以继续使用，提高循环利用的经济效益。

通过在分段筒体的上端口增加米字形支撑，筒体上端部的热处理后的椭圆度小于25mm，达到了施工要求，见图2.9-7。

② 设计支撑底座滑动装置

热处理时筒体因温度升高而产生变形，直接将筒体放置在支墩上（图2.9-8），与支墩接触的筒体下边缘无法自由移动，会阻碍筒体下边缘自由膨胀变化，使筒体下边缘周边产生不均匀变形，降温时同理也会造成下边缘变形，从而使下边缘处筒节椭圆度超标。

考虑筒体下边缘无法移动，由于筒体重量大，且与支墩接触面过小，导致摩擦阻力过大，筒体在热处理的温度变化时，无法自由变形。设计支撑滑动底座，使用滑块（图2.9-9）可以将滑动摩擦改为滚动摩擦，从而减小移动阻力。将筒体放在盖板上，然后将钢珠放置在盖板下面，通过这种方法，将滑动摩擦改为滚动摩擦，从而使筒体下端部可以自由移动，见图2.9-10。

图 2.9-7　现场实施图

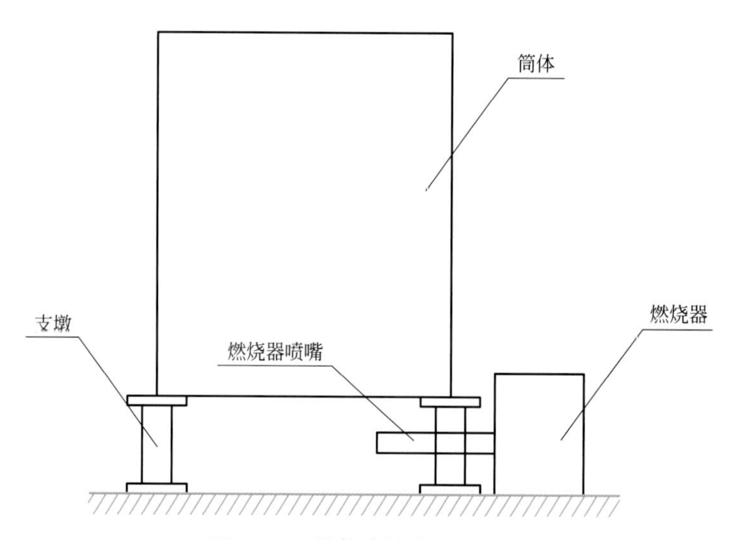

图 2.9-8　筒体直接放置于支墩

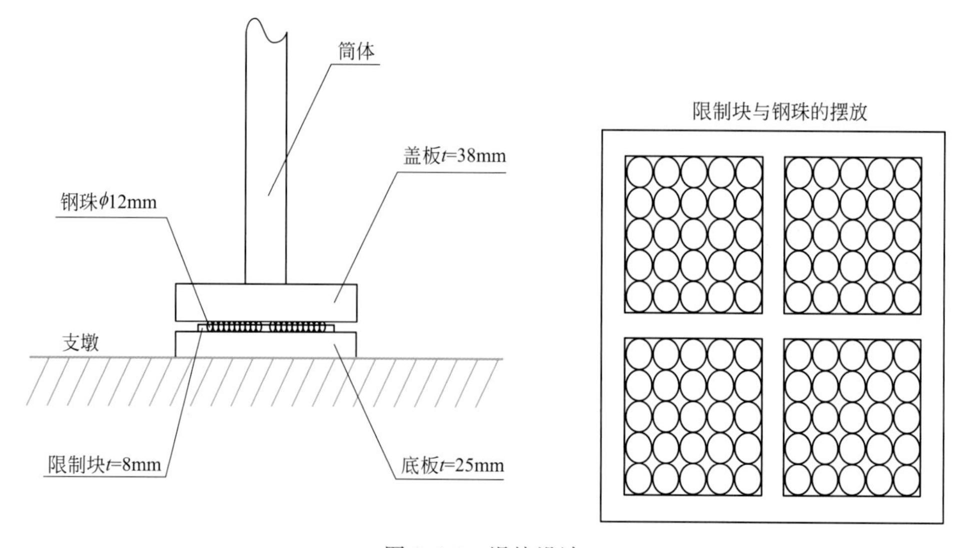

图 2.9-9　滑块设计

图 2.9-10　支座滑动实物图

测量实际使用后底板上的移动划痕（图 2.9-11），长度在 40mm 左右，释放大部分支撑约束力。经热处理后尺寸测量，与支墩相接触的筒体椭圆度满足设计要求。

图 2.9-11　底板划痕图

2.10　大型设备现场压力试验施工技术

1. 技术简介

（1）技术背景

压力试验是容器制造完成前最重要的一道工序，它不仅能检验设备密封性能及设备整体强度和可靠性，还可以矫正设备的形状，改变应力的分布。另外从断裂力学的角度看，在缺陷尖端施以超出正常操作范围的高应力，以便在尖端区域留下残余压缩应力，使之在正常操作时，裂纹难以展开，即预应力防脆断措施。

压力试验分为液压试验、气压试验及气液组合压力试验，一般设备的液压试验的试验压力为 1.25 倍的设计压力，气压及气液组合压力试验为1.1倍的设计压力。由于压力试验的试验压力要比最高工作压力高，所以应该考虑到压力容器在压力试验时有破裂的可能性，如果设备出现泄露，其危险性较大。尤其是大型设备的压力试验都是在设备装置现场进行试压，安全要求极高。本节以某大型塔器为例，分别对现场液压及气液组合试压两种方式进行介绍。

（2）技术特点

1）使用经纬仪对现场超大型设备进行观测，监控设备变形量通过设备变形来保证安全。

2）阐述现场压力试验安全技术要求，规避安全风险。

（3）推广应用

本技术应用于2014年河北海伟石化50万t/年丙烷脱氢装置、2017年恒力石化130万t/年C3/IC4混合脱氢装置，2019年青岛金能90万t/年丙烷脱氢装置的现场制造，设备压力试验安全稳定。

2. 技术内容

（1）试验前的准备工作

1）待试验的设备本体及与本体相焊的内件、附件焊接完毕，应经过热处理及各类检测合格。

2）待试验的设备按规定摆放好，底座采用必要措施加固稳定。

3）对现场试验施工及技术人员进行技术和安全交底。

4）划定试压区域，清理该区域内与试压工作无关的设备和物品。

5）选定试压表安装点和压力观测点。

6）选定试压气体进气口、排气口，并安装必要的试压管线。

7）选择合适的压力表进行安装。

8）安装打压设备。

（2）压力表选用

试验用的压力表不少于2块，并经过校验合格，精度不低于1.6级，盘面尺寸为ϕ100mm，量程完全相同（量程为容器试验压力值的2倍）。由于试压在现场进行，压力表装设的位置要便于观察，避免受到光照及振动的影响。

压力表的校验、维护及使用应符合国家计量部门规定，校验合格的压力表应铅封。对刻度不清、玻璃破裂、泄压后指针不回零位、未经校验合格及未铅封的压力表均不允许使用，在试验过程中，如发现2个压力表指针均失灵，必须立即停泵检查。更换压力表时，必须先卸压或者关闭压力表管路上的闸阀。

（3）试验介质

1）液压试验：

液压试验应采用清洁水，对奥氏体不锈钢制设备，水压试验后，应进行抹擦去除水渍，防止氯离子腐蚀。对于无法抹擦的设备，水压试验应采用净化水，水中氯离子含量不得超过25ppm。

2）气液组合试验：

气液组合试验的气体介质为干燥洁净的空气、氮气或其他惰性气体。

（4）试验步骤

1）液压试验：

① 在设备顶部设排气口，往设备内注入液体介质，确认设备注满，气体全部排净，且壁温与水温相同后，缓慢升压。

② 将压力升至设计值，确认无泄漏后，继续升压到规定的试验压力，根据容积大小保压10～30min，然后降至设计压力保压进行检查，保压时间不少于30min。检查期间压力应保持不变，不得采用连续加压以维持试验压力不变的做法。液压试验完毕应将容器卸压至零。液压试验完毕后，应用压缩

空气将其内部吹干。

③ 塔类设备和球罐的试验压力应以其顶部压力表的指示为准。

④ 球罐试验前应完成基础的二次灌浆，并达到强度要求，支柱拉杆应放松到自由状态，充水过程中应注意各支柱沉降是否均匀，试验时应记录基础沉降量和回弹数值。

2）气液组合试验：

① 设备内充入压缩空气。

充气时仔细观测筒体自身因充气量变化而引起的形变，在设备外部设2个观测点，使用经纬仪对塔体中间筒节进行观测。

在设备未充气，以及试验压力分别为10%、50%、60%、70%、80%、90%和100%时对筒体外壁的变形量进行观测。由于设备主梁上长圆形螺栓孔的调节量为60mm，为慎重起见，观测时一旦发现筒体外壁的形变超过30mm，立即停止充气，出具处理方案。若形变低于30mm，则继续试压，并对检测数据进行详细记录。如有泄露，立即停止压力试验工作。

② 开始升压至试验压力10%，保压5min，对所有焊接接头和连接部位进行初次检查；确认无泄漏后，继续升压至试验压力50%；无异常现象，按10%试验压力逐级升压，直至试验压力100%，保压10min；降至设计压力，保持足够时间进行检查，检查期间压力应保持不变。试验过程中如有泄漏，应停泵泄压，不得带压检修；缺陷消除后，应重新进行试验，见图2.10-1。

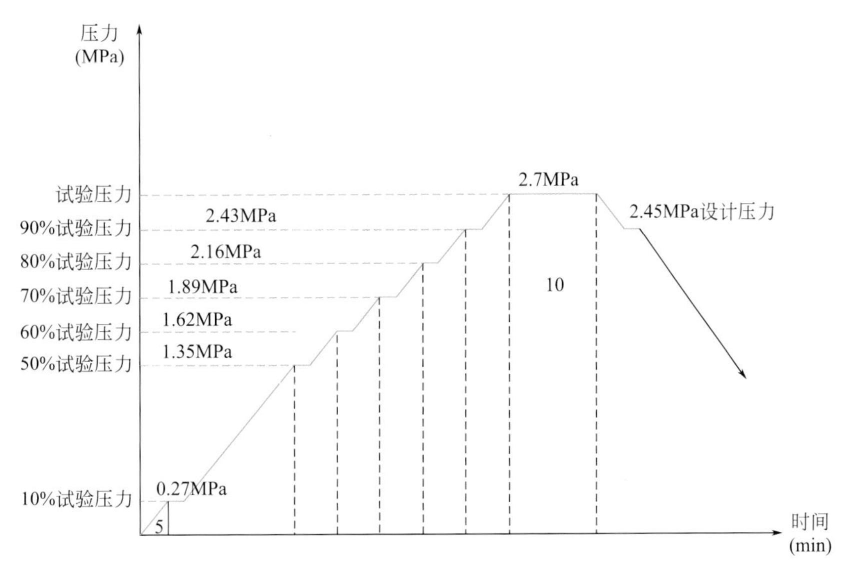

图2.10-1　青岛金能分离塔气压试验曲线

③ 对夹套进行试压时，必须符合图样上规定的压差要求，如果图样上没有规定或规定不明确，应校核内筒在试验压力下的稳定性。如果内筒不能满足稳定性要求，则需在内筒保持一定压力，避免整个试验过程中因内筒和夹套的压差过大致使内筒出现失稳。

（5）试验合格标准

在试验过程中，容器无异常响声，经肥皂液或其他检漏液检查无漏气，无可见的变形。

（6）风险识别和应急措施

1）试压人员缺乏经验。试压前对现场操作人员进行技术交底，在观察密封面是否泄露时，严禁正对密封间隙，所有试压工作，必须由有工作经验者负责。

2）摔倒、绊倒、人员受伤。清除试验区周围所有散乱的、不必要的物品，试压管线、气管线等盘绕整齐，预留出安全撤出路径。选择正确工具进行连接，连接时注意人员站位。

3）设备摆放不规范。确保所有连接处的紧固的软管线试压必须采取加固措施。试压要在试压区进行或用试压挡板将四周围起。试压设备的进口或出口不得暴露在外部或朝向人员。对试压区进行控制，使用警示带、标识等。

4）打压期间压力释放伤人。设备打压和保压期间，设备2m以内严禁长时间逗留。清理试压场地内一切与试压无关的设备。打压设备操作人员全程在岗，一旦有紧急情况出现，第一时间停泵。打压期间，现场保持有一辆车备用，以备不时之需。

5）泄压期人员受伤。确认压力降至为零时，方能进行其他活动。泄压结束前，任何人不得进入试压区。泄压前，保证喷射方向不朝向试压人员。

（7）安全防护

为了避免出现影响安全的事故发生，现场须采取以下防范措施：

1）在设备周围40m范围内设置试压区，布置警戒线，并在设备试压时离设备2m范围内不允许有人。

2）安全管理部门派专人进行现场监督。

3）在警戒线以外借助望远镜观察压力表压力的升降。

4）所有工作人员必须穿戴好劳保用品，佩戴好安全帽，严格遵守有关安全操作规程，确保人身和设备的安全。

5）施工人员必须严格遵守公司以及现场的各项管理规定和安全劳动生产纪律。

6）试验压力不得超过试验记录规定的压力。试验过程中，如有泄漏，不得继续操作，待恢复后重新进行操作。

7）施工中，如发现有安全隐患或其他危险时应急时向相关人员和负责人报告，不得强行操作。

8）严禁酒后作业和施工过程中嬉戏打闹。

第3章

风电塔筒制作关键技术

3.1 大直径薄壁风电塔筒制作技术

1. 技术简介

（1）技术背景

根据风电行业经验，筒体壁厚与外直径比值小于 0.01 时被称为薄壁塔筒，受自重影响，筒体会发生变形。某风电项目塔筒筒体外直径范围为 3276～5500mm，筒壁厚度范围为 12～36mm。因筒体厚径比小，制作过程中，单节筒体卷制时因变形难以合圆，环缝组对时难以准确定位，防腐时筒体与滚轮架接触位置产生局部变形。通过设计制作新型工装及优化制作工艺，形成了“大直径薄壁风电塔筒制作技术”。

（2）技术特点

1）卷圆环节，设计制作合圆导向工装，以防止大直径薄壁筒节因自重而产生的偏心变形，完成筒节卷制合圆。

2）环缝组对环节，设计制作带滚轮的 C 形吊钩，利用行车和滚轮架，采用三点整体支撑法消除大直径薄壁筒节因自重而产生的严重变形，完成环缝的组对。

3）防腐环节，设计制作多点支撑滚轮架组，避免大直径薄壁筒体防腐过程中因钢砂自重而发生局部变形，完成筒体防腐。

（3）推广应用

考虑到风电行业的发展趋势，筒体的厚径比会越来越小，本技术可作为未来大直径薄壁风电塔筒制作方法的先河推广使用。对于其他行业的同类型项目，也可参照使用。本技术已应用于盱眙高传观音寺三河农场官滩 99MW 风电场项目，设备已投入使用，运行安全稳定。

2. 技术内容

（1）工艺流程

本工艺流程如图 3.1-1 所示。

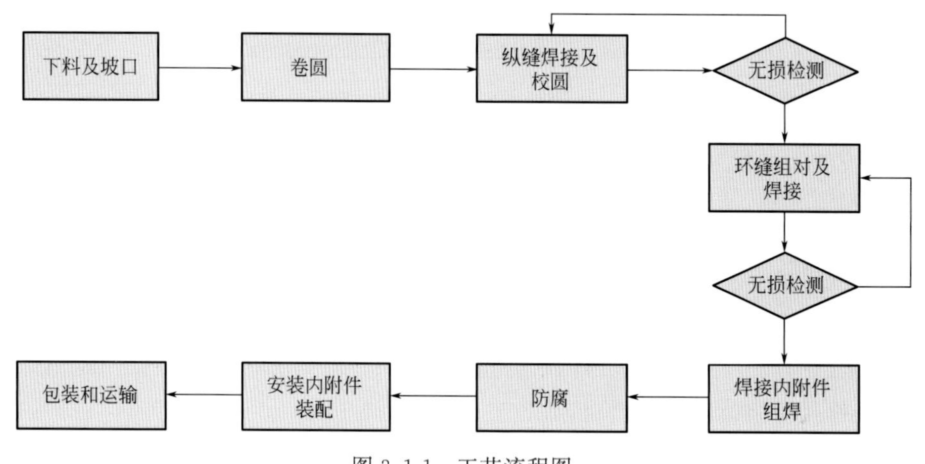

图 3.1-1　工艺流程图

（2）关键技术介绍

1）下料及坡口

下料及筒体板开坡口流程如下：

原材料进场验收→进料→按排版图下料→做好材料标记移植→尺寸检验→按焊接工艺卡开制坡口→

清理坡口氧化渣→坡口检验→合格后交下一道工序。图 3.1-2 为数控切割下料过程。

图 3.1-2　数控切割下料

2）卷圆

大直径薄壁塔筒厚径比小，采用常规方法卷制时，筒体会因自重而偏心变形，致使卷圆工作无法完成，如图 3.1 3 所示。

图 3.1-3　筒体自重偏心变形

在卷板机卷制方向一侧设计制作合圆导向工装，导向工装使用 H 型钢制成，位于卷板机卷出口侧，高度约 3m（略高于筒体半径），工装横梁上设置一组滚轮，用于钢板导向，以防止筒体偏心变形，如图 3.1-4 所示。

图 3.1-4　卷圆导向工装

实际卷圆过程中，通过导向工装的滚轮支撑筒体，防止筒体因自重而导致的偏心，卷圆工作顺利完成，如图 3.1-5、图 3.1-6 所示。

图 3.1-5　导向工装纠正筒体偏心

图 3.1-6 导向工装使卷圆完成

3）纵缝焊接及校圆

① 纵缝焊接

筒节纵缝采用埋弧焊焊接，采用 Y 形坡口双面焊，内壁焊接完成后，外侧清根露出焊缝坡口金属后再焊接。

施焊前应加引弧板及收弧板，选用与母材相匹配的焊接材料，不得在非焊接部位及母材上引弧，由引弧造成的表面缺陷要修磨光滑，并进行磁粉探伤。

焊接完成后应及时清理焊缝面的熔渣及两侧的飞溅物，并转入下一道程序。

② 校圆

单节筒节经外观检查合格后，需进行单节筒节校圆，用内卡样板进行校验，直至达标为止。

4）环缝组对及焊接

① 环缝组对

单节管摆放时会因自重而发生弹性变形，如图3.1-7所示，当相邻的两节单节管均发生严重变形时，强行组对将导致点焊处出现较大应力，使单节管环缝组对难以进行。

图3.1-7　筒节因自重发生严重变形

为了解决单节管组对问题，需要在筒节顶部加一个支撑点，以此来消除筒节的下垂；根据单节管的尺寸，设计了带滚轮的C形吊钩，C形吊钩设计图及实物图如图3.1-8、图3.1-9所示。组对时利用行车配合C形吊钩来进行操作。实际生产中采用三点整体支撑法，消除了筒节的下垂，顺利地完成单节管的组对，如图3.1-10、图3.1-11所示。

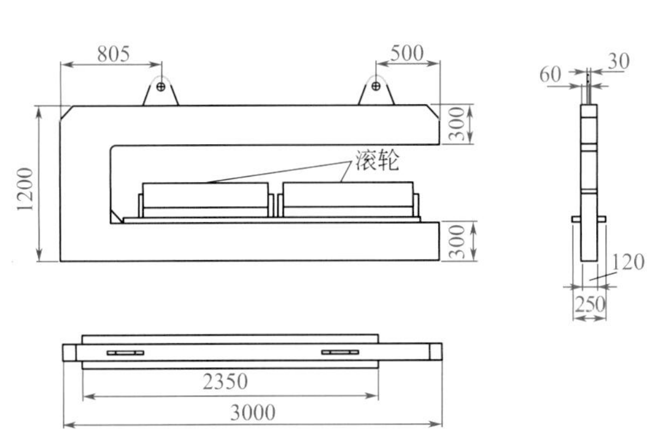

图3.1-8　带滚轮的C形吊钩设计图

图3.1-9　带滚轮的C形吊钩实物

图 3.1-10　行车配合 C 形吊钩进行组对

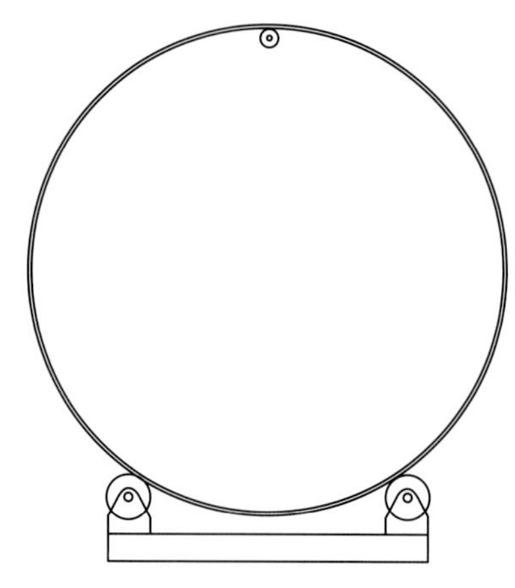

图 3.1-11　三点支撑示意图

② 环缝焊接

整段筒体的钢板与法兰全部组对完成后，开始进行筒节对接环缝的焊接，环缝采用埋弧焊焊接，采用 Y 形坡口双面焊，内壁焊接完成后，外侧清根露出焊缝坡口金属后再焊接。

需严格按照焊接工艺卡要求进行施焊，一条焊缝要连续焊完，不能间断。焊接完成后应及时清理焊缝面的熔渣及两侧的飞溅物，按照相关工艺要求做无损检测，经检测合格转入下一道程序，如图 3.1-12 所示。

图 3.1-12　环缝焊接

5）焊接内附件组焊

① 按加工图纸焊接内附件，然后报检安装尺寸，确认无误后焊接。

② 内附件的焊接在塔筒主体完工后进行。

③ 内附件焊接采用手工电弧焊或气体保护焊。

④ 内附件不得位于塔筒的主焊缝上。

⑤ 内附件焊缝要求光滑平整，无漏焊、烧穿、裂纹、夹渣等缺陷。

⑥ 所有内附件的角焊缝经外观检查合格后，进行 100%MT/PT 检测，见图 3.1-13。

图 3.1-13　焊接内附件组焊

6）防腐

① 喷砂除锈

所有喷涂表面应在塔筒及附件焊接完毕后整体进行喷砂除锈，以增强涂层与基体金属间的附着力。当环境相对湿度大于 80%或金属表面温度低于露点温度 3℃时，不能进行喷砂等表面清理施工，若已完成喷砂等表面清理施工，也要等相对湿度低于 80%后重新进行表面清理。

喷砂完成后，除去喷砂残渣，使用真空吸尘器或无油无水分压缩空气，除去表面灰尘；喷砂完成后应及时收砂，并经尘砂分离器分离。清洁的好砂可以回收，废砂及尘埃应及时清除出系统。

塔筒厚径比小，采用传统滚轮架喷砂时，筒节会因钢砂自重而使局部变形，考虑到筒体比较长以及为了防止筒体因钢砂自重而局部变形，设计将喷砂滚轮支架加长，同时采用多点支撑法。设计的多点支撑滚轮架组，如图 3.1-14 所示。采用此新型喷砂滚轮架，使得塔筒受力均匀，降低接触点局部的受力，喷砂工作得以顺利进行，筒体未发生变形。

图 3.1-14　多点支撑滚轮架组

② 油漆涂装

喷砂除锈 4h 内应完成油漆涂装，涂料防腐施工单位应具备相应涂料涂装资质，其相关设备应具有合格证明；涂装施工人员应经过专业培训并取得上岗证及行业资质证明。

油漆涂装应在厂房内进行，室内空气流通，光线明亮，操作区地面清洁干净，不得在喷涂过程中扬起灰尘，且应能在涂料施工和固化期间保持干净、通风及适合的温度湿度要求，操作区不得从事喷漆以外的工作。

每层漆膜厚度都应进行检验并形成记录。漆膜厚度要求在不小于整体涂覆面积 90%的范围内达标，剩余面积的漆膜厚度应达到规定厚度的 90%。单个涂层干膜厚度最高不得高于规定最小膜厚的 2 倍。

漆膜厚度、光泽度等均应达到技术要求，涂装均匀，无明显起皱、流挂等现象，附着良好。油漆涂装见图 3.1-15。

图 3.1-15　油漆涂装

7）安装内附件装配

① 安装内附件（平台板等）应进行预拼装。

② 附件装配前应去除毛刺、飞边、割渣等。

③ 门板装配应保证与塔体贴合紧密，开启顺利且无阻涩现象。

④ 梯子及梯筒支撑应安装牢固，上下成直线。

⑤ 塔筒平台面板与平台梁间在装配时放置厚度为 5mm 的橡胶垫。

⑥ 附件装配时螺栓连接部位的螺栓紧固力矩需符合设计图纸的要求。

8）包装和运输

为防止大直径塔筒运输过程中变形，塔筒法兰面采用 10 号槽钢制成米字形支撑固定（图 3.1-16），支撑的水平部分必须为一个整体，所有支撑和法兰之间的连接螺栓要保证紧固，途中不松动。

塔架外表面油漆完全固化后，在装车前需进行清扫，并在筒体外表面通体包装防尘布；考虑到运输中可能因风阻而造成包装损坏，还需要使用收紧带或抱箍进行捆扎。每段塔架内附件及电气件安装完好后，塔架的两端口须使用封头布进行封堵，确保运输过程中的防雨、防尘和防盗。封头布须捆绑牢固，途中不得出现破损、吹落；禁止在运输途中人为划伤或者去除封头布（图 3.1-17）。

图 3.1-16　法兰米字形支撑加固

图 3.1-17　运输示意图

3.2　大直径工装法兰应用技术

1. 技术简介

（1）技术背景

常规的涂装施工直接将塔筒置于胎架或滚轮架上进行，主体涂装施工完成后需对塔筒外壁架位区域进行二次油漆施工。目前风电塔筒制造项目由陆上风电逐步向海上风电过渡，大直径海上风电塔筒逐步成为主流，其制造过程中提高了对涂装防腐施工质量的要求，工装法兰技术也应运而生。

（2）技术特点

1）工装法兰技术：采用了工装法兰及使用与之匹配的凹槽型滚轮架对塔筒进行涂装防腐作业，避免了塔筒外壁架位区域油漆修补，缩短了整体涂装施工周期，提高了涂装报检一次合格率。

2）针对大直径海上风电塔筒项目，对所用工装法兰进行相应的结构改造，通过增加支撑及加强筋，提高了大直径工装法兰自身强度，以便于安装。

（3）推广应用

本项技术在泰国 HNM 项目、泰国 GNP 项目、河南周口太康项目等国内外风电项目塔筒制造中应用，大直径工装法兰也已在申能二期临港项目、越南薄寮、朔庄项目等海上风电项目制造中实施应用，各项目均运行良好。该技术的实施增强了塔筒外壁的防腐效果，提高了塔筒外观的美观度，降低了油漆施工的返修率。

2. 技术内容

（1）工装法兰结构设计

1）环板结构

为保证两侧环形板在水平转动过程中平稳，两片环形板外直径须相同，侧面示意图如图 3.2-1 所示。

滚轮架滚轮槽深 100mm，环形板外半径大于法兰外半径（R）200mm 以上，以保证安全距离。环形板内径只需稍小于法兰最小内径即可，但考虑到装置的通用性（适用于不同规格的法兰），可适当减小环形板内半径，建议小于最小法兰内半径（r）200mm。环形板连接孔位置根据上下口法兰孔位置确定，每个法兰均匀选择 8 个法兰孔。为保证装置稳定性，需增加十字形支撑，支撑厚度与环板相同，宽度为 200mm，各连接处焊接需全熔透。

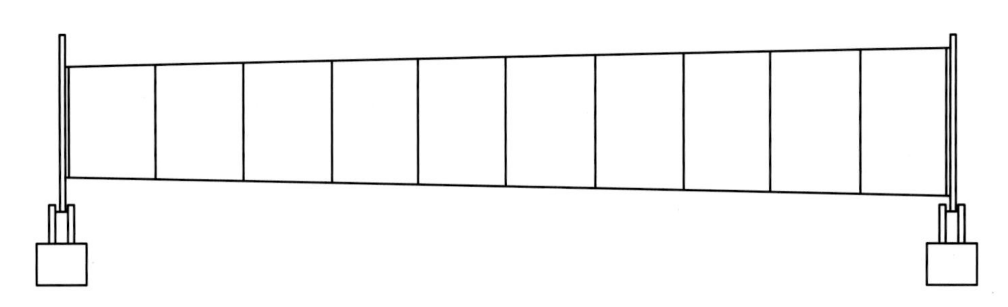

图 3.2-1　工装法兰安装图

综上，环形板规格如图 3.2-2 所示。

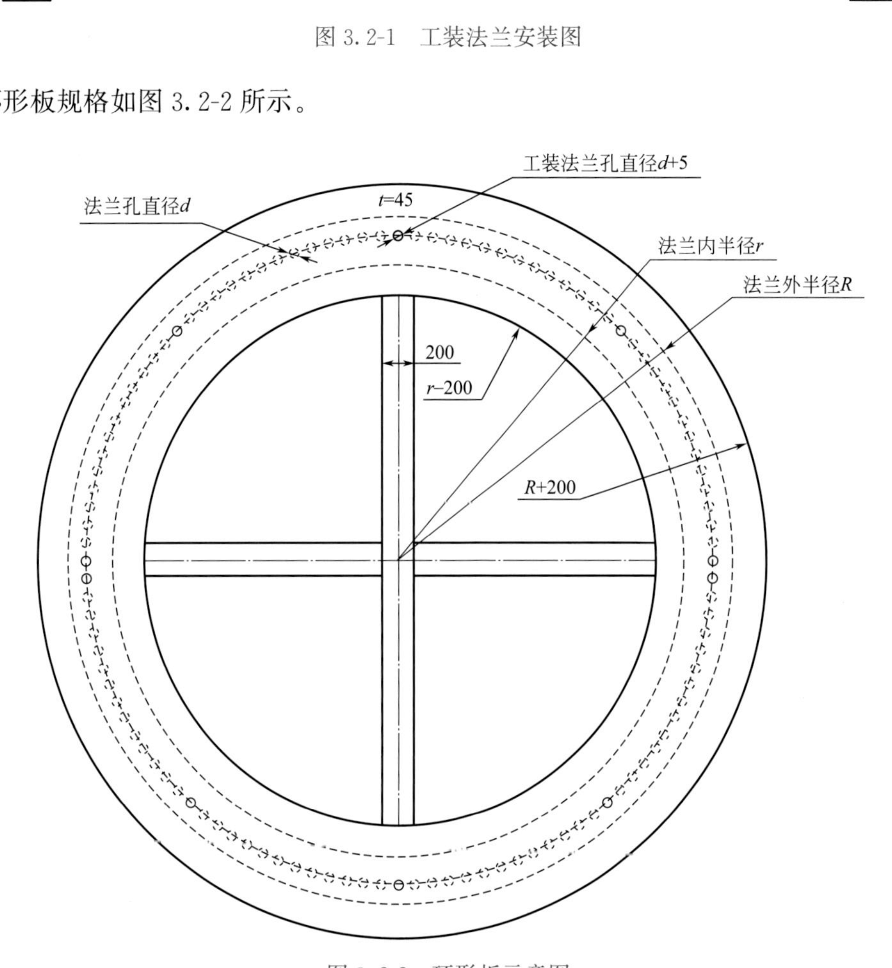

图 3.2-2　环形板示意图

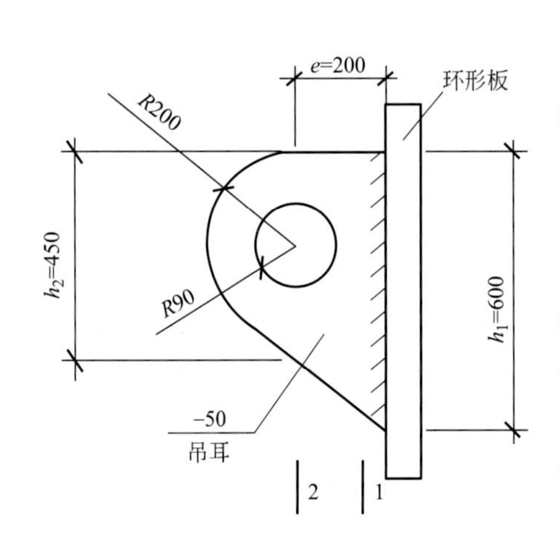

图 3.2-3　工装法兰吊耳示意图

2）吊耳尺寸

吊钩直径为 ϕ150mm，吊耳内直径为 ϕ180mm。吊耳具体样式如图 3.2-3 所示。

（2）工装法兰制作

1）下料

按照下料程序进行钢板下料工作。下料完成后应按照下料参数表检测钢板的各个尺寸，确保钢板下料满足要求，并且将钢板信息进行移植，确保钢板信息可追溯性。

下料完成后按照下发的坡口图开坡口，然后将坡口打磨光滑，不得有毛刺、割渣等缺陷。

2）环形板组焊

① 将下料好的拼板组对，单侧点焊，注意满足椭圆度与平

面度要求；

② 焊前必须清理焊缝及边缘30mm的水、油和锈；

③ 将组对完成的环形板放置在合适位置，调整埋弧焊机枪头高度及位置，进行施焊；

④ 焊接过程中不允许停顿，焊缝与母材必须圆滑过渡；

⑤ 按照相应焊接作业指导书的工艺参数要求进行焊接；

⑥ 所有焊缝余高需磨至母材平齐。

3）环板开孔

通过CAD软件进行1：1实际放样绘图，每片工装法兰按筒体法兰孔所在位置均布8个孔位，通过数控软件排版，进行火焰切割成孔，考虑到工装法兰的通用性，后期可增开一定数量的孔位。

4）吊耳焊接

① 将下料好的吊耳与焊接完毕的环形板按图纸组对，单侧点焊，注意满足垂直度要求；

② 焊前必须清理焊缝及边缘30mm的水、油和锈；

③ 将组对完成的吊耳与环形板放置在合适位置，调整埋弧焊机枪头高度及位置，进行施焊；

④ 焊接过程中不允许停顿，焊缝与母材必须圆滑过渡；

⑤ 按照相应焊接作业指导书的工艺参数要求进行焊接。

5）焊缝无损检测

焊缝焊接完成后要进行焊缝质量检验，焊缝不应有裂纹、夹渣、气孔、咬边，弧坑等缺陷，熔渣、外毛刺应清理干净，外形尺寸超出规定值时，应进行修磨。

焊缝外观检查合格后进行无损检测，要求超声波检测验收按照《承压设备无损检测 第3部分：超声检测》NB/T 47013.3 Ⅰ级执行，磁粉探伤验收标准按照《承压设备无损检测 第4部分：磁粉检测》NB/T 47013.4 Ⅰ级执行。

按照既定尺寸逐步制作成型的工装法兰，如图3.2-4所示。

图3.2-4 工装法兰

（3）大直径工装法兰结构设计

1）结构外形设计

对大直径工装法兰结构外形进行改进，改用6向支撑对环板进行加强，考虑到支撑的对接节点，中间设置直径为ϕ1000mm的圆盘，支撑及圆盘厚度与环板厚度一致，支撑宽度为200mm，各连接处焊接需全熔透。结构外形改进如图3.2-5所示。

2）增加支撑筋板

改造后的工装法兰直径过大，所以在工装法兰的支撑的外侧表面，分别焊接了6根竖直加筋，以防止法兰环板翘曲变形，同时增加了支撑的强度，如图3.2-6所示。

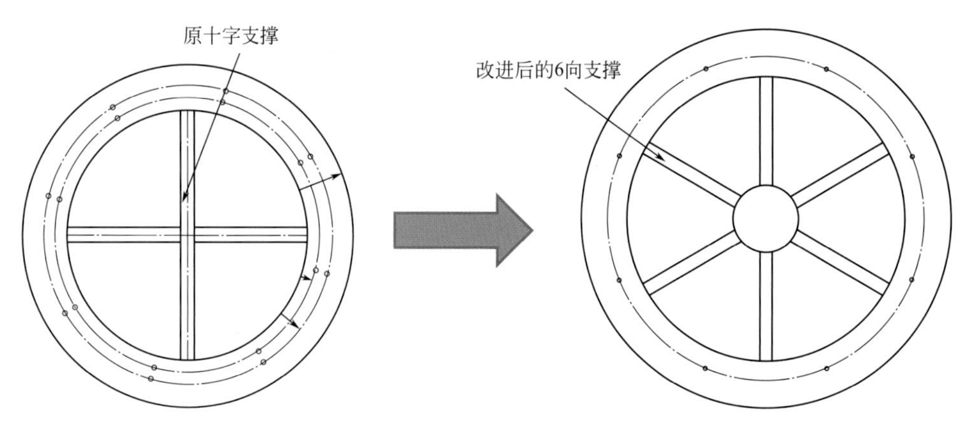

图 3.2-5　结构外形改进

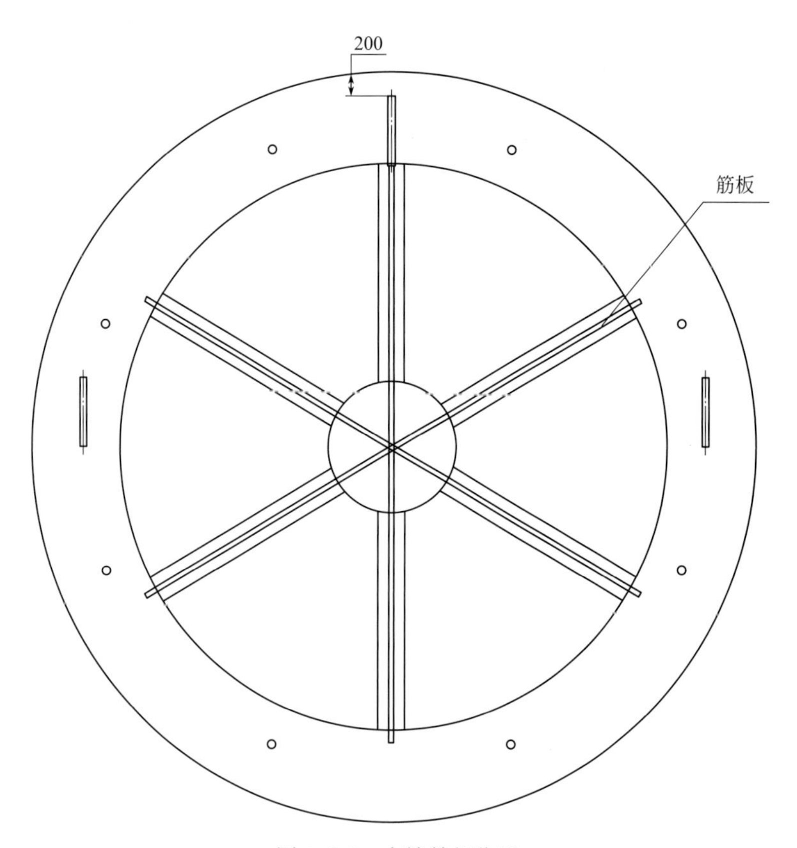

图 3.2-6　支撑筋板位置

3）增加辅助吊耳

大直径工装法兰外径过大，吊运塔筒过程中，行车吊运高度不足，因此，在原吊耳左右各 90°的位置需增加焊接辅助吊耳，以保证行车有足够的起吊高度，见图 3.2-7。

（4）工装法兰的安装使用

1）制作完成的环板平放于塔筒一端的地面上，与筒体保持合适的吊装距离，吊耳朝上；

2）吊装半径范围内需禁止无关人员走动，并拉好警戒线；

3）环板吊起过程中需配备一名专业起重指挥员与两名专业的起重工，以及一名专业的行车驾驶员；

4）起重工安装卸扣，需保证卸扣螺栓安装可靠，不得出现脱落情况；

5）在法兰上标出需穿螺栓的孔位，以便于工装法兰安装；

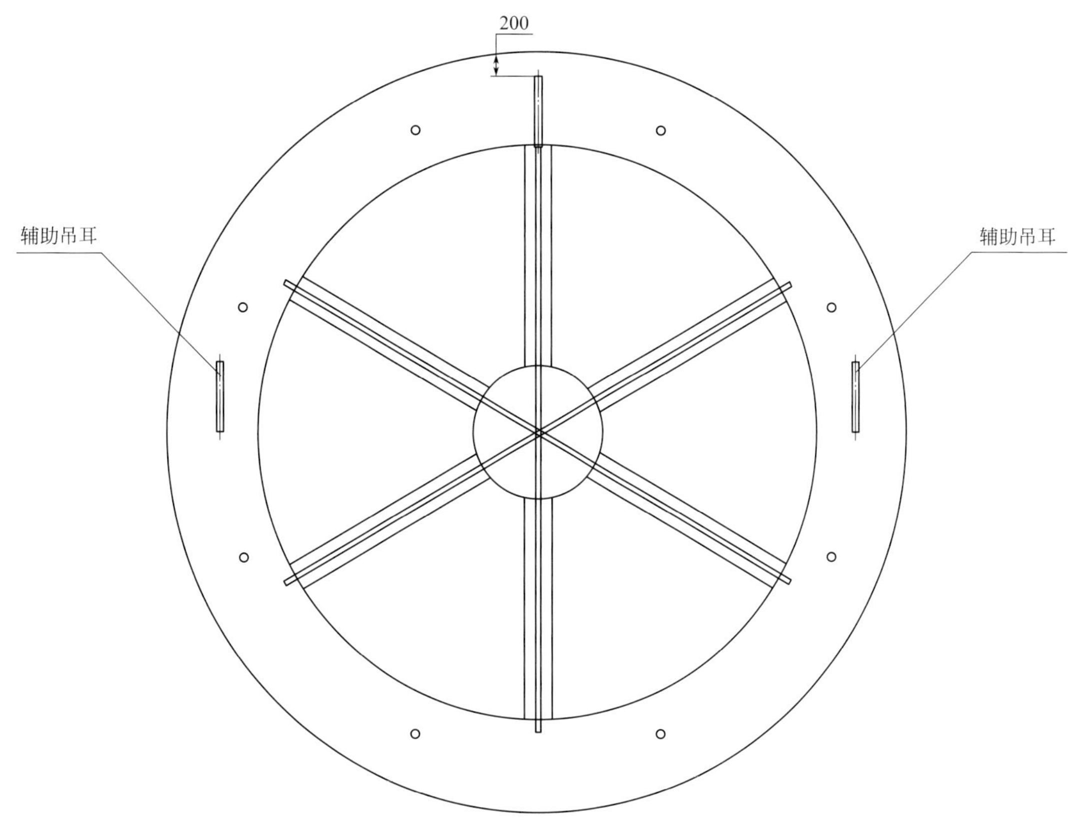

图 3.2-7　增加辅助吊耳

6）起重指挥员指挥行车驾驶员进行起吊，起吊过程需缓慢匀速进行；

7）至工装法兰完全竖直且离开地面后，调整环板方位，缓慢移至塔筒法兰附近（图 3.2-8）；

图 3.2-8　改造后的法兰吊运

8）先安装一个孔位，穿好螺栓，螺母不要完全拧紧，然后安装其他孔位，为防止局部螺栓受力过大，对称处螺栓需同时拧紧（图 3.2-9）；

图 3.2-9　改造后的工装法兰试装

9）待所有螺栓拧紧后，解开卸扣，对各螺栓二次紧固，然后进行另一个环板的安装（图 3.2-10）；

图 3.2-10　对改造后的工装法兰螺栓进行紧固

10）完成工装法兰安装（图 3.2-11）；

11）将装好工装法兰的塔筒吊装置于滚轮架上；

12）于滚轮架上进行完成涂装作业（图 3.2-12）；

13）待油漆干后，拆除工装法兰。

图 3.2-11　改造后的工装法兰完成安装

图 3.2-12　使用改造后的工装法兰完成涂装作业

3.3　法兰平面度焊前控制技术

1. 技术简介

(1) 技术背景

塔筒制作过程工序关键点除了原材料质量、焊接、防腐等，另一个关键质量控制点为法兰平面度控制，法兰平面度控制是至关重要的一个环节，是保证现场安装质量及风电塔筒安全运行的前提。目前国家提倡高质量发展，对产品质量要求越来越高，而塔筒法兰平面度常规控制方法为焊后通过火焰烘烤筒体来校正法兰平面度，高温后钢板母材性能将可能发生改变，且高温后钢板表面将出现凹凸不平的现象，严重影响筒体性能及外观。通过焊前控制法兰平面度，保证焊后一次合格，通过此方案既可以提高工效，又可以保证塔筒质量。

（2）技术特点

1）法兰焊前平面度控制对组装工序质量要求高，需严格控制筒节与筒节组对间隙，避免因组对间隙不均匀造成焊后收缩变形不均匀，影响法兰平面度。

2）塔筒所有筒节与上下法兰按照技术要求组装合格后，先焊接筒体钢板之间环缝（上下法兰与筒体之间两条环缝不焊接），通过组装上下法兰来保证筒体焊接过程中整个塔筒的刚度，避免出现因筒体自重变形造成偏心、同轴度、筒体椭圆度超标等问题。

3）筒节环缝结束后，对法兰平面度进行测量，根据风塔项目设计单位技术规范要求或图纸要求的法兰平面度值，为法兰与筒体两侧环缝焊接变形预留 0.5mm 左右的平面度，合理设定法兰焊前平面度控制值。若焊前平面度测量值超标，则需根据测量数据对法兰与筒体组装进行调整，保证法兰平面度在设定值范围以内，达到法兰焊后平面度一次合格的效果，避免因整段塔筒环缝一次性焊完不均匀收缩变形，造成后续法兰平面度超标。采用常规烤火校正法兰平面度，严重影响塔筒整体质量。

4）在保证法兰平面度符合要求的基础上，还需考虑法兰内倾度的控制，制定法兰环缝焊接顺序，内侧起焊，内外侧交替焊接，保证法兰焊后不外翻且符合技术规范要求，避免因常规焊接顺序造成法兰外翻而使用火焰校正。

（3）推广应用

经过泰国 GNP 风电项目实践证明，公司已熟练掌握风塔焊前法兰平面度控制技术。该技术在行业内首创，该方案完全避免了火焰校正筒体的现象，后续在来安风电项目、太康新蔡项目、越南风电等二十多个风电项目上运用到该技术，为风塔制造领域积累丰富的经验。自该技术实施以后，法兰焊后的平面度均一次测量合格，加工效率得到了提升。该技术替代了火焰校正的方法来保证法兰平面度，加快了制作进度，避免了辅材及人工浪费。该技术满足设计要求的同时，方便了现场安装，促进了风塔行业的质量改进。

2. 技术内容

（1）工艺流程

由于风塔底段均有门框，门洞的开设与门框的焊接使筒节钢板受热收缩造成与法兰的组对间隙不受控制从而影响法兰平面度，因此对于塔筒的焊接流程调整如图 3.3-1 所示。

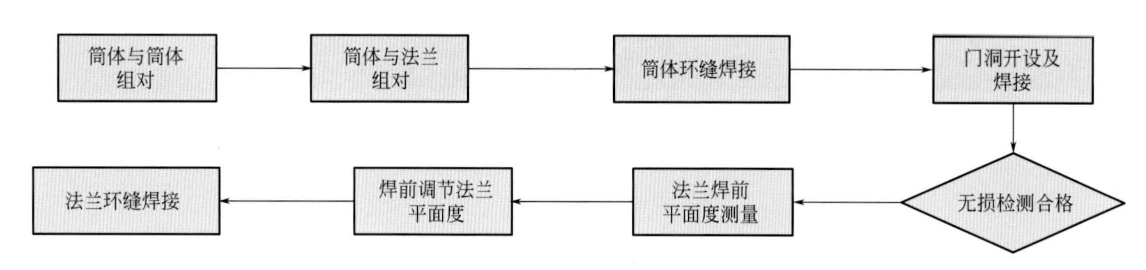

图 3.3-1　工艺流程

（2）关键技术介绍

1）筒体与筒体组对

根据筒体组对工艺，对单管进行组对，组对前测量单管周长，一方面保证相邻筒节大小口组对正确，另一方面保证组对错边量符合规范要求，按照规范要求进行点焊，确保点焊长度≥100mm，点焊间距≤300mm，点焊质量保证无焊瘤、夹渣、气孔、裂纹等缺陷，见图 3.3-2。

2）筒体与法兰组对

分别在法兰与筒体的 0°方向和 180°方向做组对标记，将自由状态下的法兰按照组对标记与筒体进行组对，根据法兰与筒节之间的组对间隙长度决定调整方式。采用修整筒体坡口的方法保证筒节与法兰最大间隙不超过 2mm，如图 3.3-3 所示。

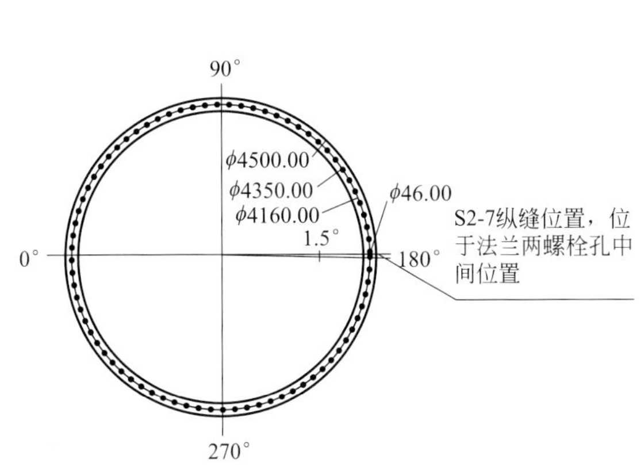

图 3.3-2　组对

图 3.3-3　根据标记组对

① 法兰与筒节组对时，整条环缝的组对间隙长度较短（小于周长的一半）时，间隙部位采用气体保护焊打底再用埋弧焊进行环缝焊接，见图 3.3-4、图 3.3-5。

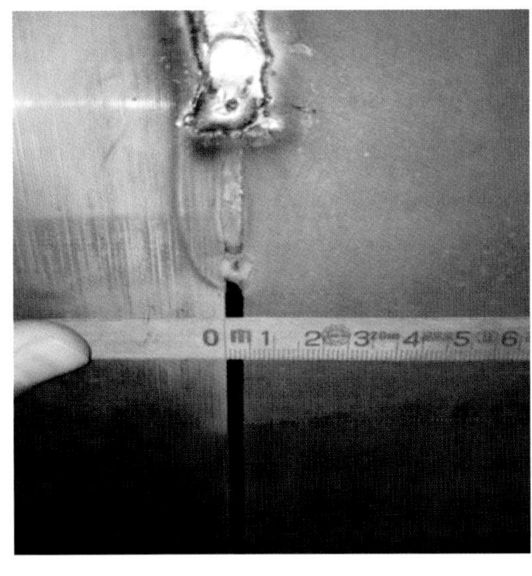

图 3.3-4　间隙部位较短

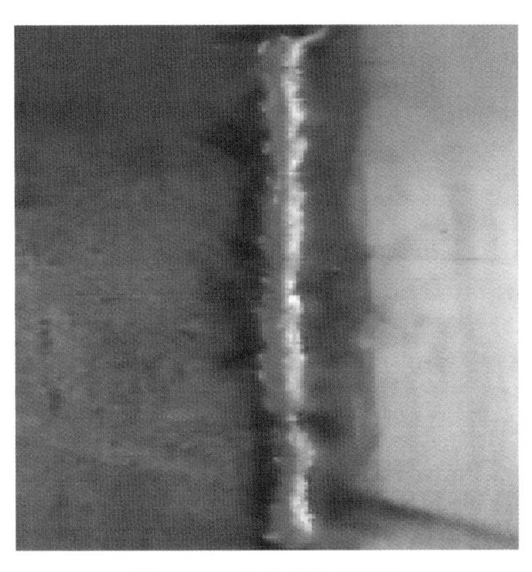

图 3.3-5　气体保护焊封底

② 当间隙长度较大（大于周长一半）时，对无间隙位置的筒体坡口进行打磨处理，保证筒节与法兰组对间隙在 0～2mm，见图 3.3-6、图 3.3-7。

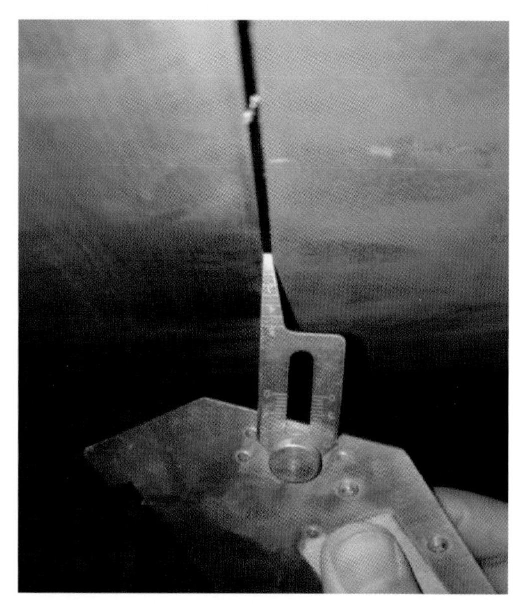

图 3.3-6　间隙部位较长

图 3.3-7　打磨修整无间隙处

③ 当组对间隙为理想状态（组对间隙为 0 时）则直接进行环缝，见图 3.3-8、图 3.3-9。

图 3.3-8　检验尺

图 3.3-9　测组对间隙

3）筒体环缝焊接（除了两条法兰环缝）

环缝焊接时严格按照焊接工艺施焊，焊前打磨清理焊缝两侧氧化皮、水、油、锈等杂物，按照工艺要求对焊缝进行焊接并严格控制焊接参数，避免热输入不均匀造成法兰环缝收缩不一致使法兰变形，进而影响筒体同轴度、法兰平面度，见图 3.3-10。

4）门洞开设及焊接

底段塔筒环缝焊接后根据图纸确定门框位置，对筒体进行门洞切割并加工坡口，保证后续焊接，焊前对门框焊缝按照焊接工艺要求进行预热，焊接时严格按照焊接工艺要求进行施焊，采用多层多道焊

图 3.3-10　筒体环缝焊接

接，并严格控制层间温度，避免因局部热输入过大造成焊接收缩变形严重，焊接完成后根据规范要求进行后热处理，见图 3.3-11、图 3.3-12。

图 3.3-11　门洞切割

图 3.3-12　门框预热

5）无损检测

对所有焊缝（除了法兰环缝）进行无损检测，见图 3.3-13，对需要返修的按照工艺要求进行返修，复探合格方可进入下道工序。

图 3.3-13　无损检测

6）法兰焊前平面度测量

每段筒体除两条法兰环缝外其余环缝无损检测合格后，根据《法兰平面度测量作业指导书》对法兰平面度焊前测量，见图 3.3-14。

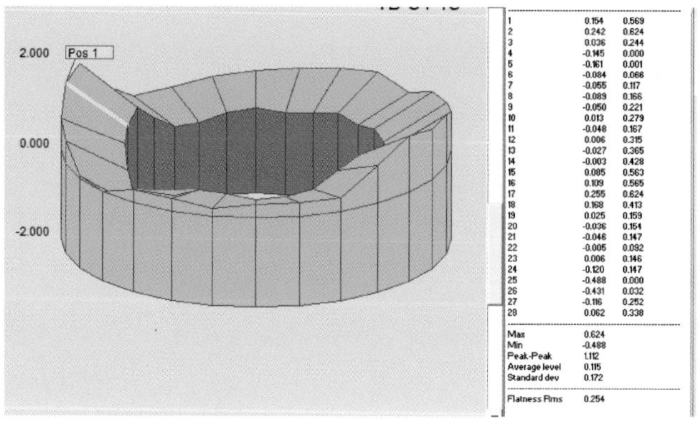

图 3.3-14　法兰焊前平面度测量

7）焊前调节法兰平面度

根据技术规范要求的法兰平面度值设定焊前两法兰平面度值，对焊前法兰平面度进行测量，当超出焊前法兰平面度设定值时，需对法兰与筒体进行调整，达到焊前平面度设定值。

① 设定焊前平面度值

通过随机抽查现场数据分析，法兰平面度焊前测量合格标准控制在一定的数值以内，焊后平面度测量数据基本符合规定要求（以法兰平面度要求 2mm 为例，通过长期经验数据积累，当焊前数值控制在 1.6mm，焊后平面度基本合格），要求车间严格按照该要求控制平面度。当法兰焊前平面度调至一定的数值后测量人员在筒节上做上“可焊”标记，焊工看到标记方可施焊，见图 3.3-15～图 3.3-17。

图 3.3-15　法兰焊前平面度测量

图 3.3-16　测量结果

② 法兰焊前调整

对焊前法兰平面度超出设定值的法兰将根据测量数据计算调节量，在需要调节的位置标注调节量，在筒体内侧焊接辅助挡板，使用千斤顶将待调节部位调至目标位置，然后点焊固定，保证焊前法兰平面度符合设定值，方可进行下道工序，见图 3.3-18。

8）法兰环缝焊接（内侧起焊，内外侧交替焊接）

法兰平面度调整合格后即可焊接，焊接时考虑到焊接顺序将影响法兰内倾度问题，法兰与筒体焊接时，内侧起焊，内外侧交替焊接法兰环缝，并严格按照焊接工艺施焊，严禁出现热输入不均匀造成焊缝收缩变形，避免法兰内倾度不符合要求而采用火焰校正焊缝，见图 3.3-19。

图 3.3-17　法兰焊接允许标识

图 3.3-18　焊前法兰平面度调节

图 3.3-19　法兰环缝焊接

3.4 风电塔筒基础环变位系统在焊接中的应用

1. 技术简介

(1) 技术背景

风电塔筒基础环是整个风电塔筒的根基，它承受着塔筒、主机的重力，风荷载和运行时叶片转动的交变荷载，基础环的质量是整个风电机组安全运行的前提。基础环直径一般大于4m，筒体壁厚范围为40～70mm，基础环筒体与下法兰之间的全熔透T形接头焊缝的焊接一直是基础环制作过程中的重点与难点。

由于结构原因，基础环筒体与下法兰全熔透T形接头焊缝焊接一般采用手工气体保护焊，受焊工技能水平因素影响较大，焊缝返修率高，且焊缝外观质量、焊缝凹面成型无法满足要求。因此设计并制作一套基础环变位系统，通过将基础环筒体与下法兰全熔透T形接头的焊接位置由平角改为船形，用全自动埋弧焊替代手工气体保护焊，从而提高了焊接效率和焊缝质量。

(2) 技术特点

1) 通过改变基础环焊接时的摆放位置，提高构件稳定性及焊接时操作安全性；

2) 通过工装的设计，使单个基础环独立摆放，减少焊接过程中两个基础环底法兰相互固定组对及拆除的工序，简化了工艺步骤；

3) 通过优化基础环筒体与下法兰焊缝的焊接位置，由船形焊缝替代平角焊缝，采用全自动埋弧焊替代手工气体保护焊，焊缝表面美观，且有效地提高了焊缝质量。

(3) 推广应用

基础环变位系统的设计和应用，解决了风力发电机组基础环底筒体与下法兰的焊接过程中的难题。通过该技术的推广应用，提高了焊缝一次合格率，并为公司承接风电塔筒项目提供技术支持，提高公司行业内竞争力。本技术已应用于深能义和风电场二期工程(150MW)、襄州峪山风电项目等项目，各项目运行良好。

2. 技术内容

(1) 工艺流程

本工艺流程如图3.4-1所示。

图3.4-1 工艺流程图

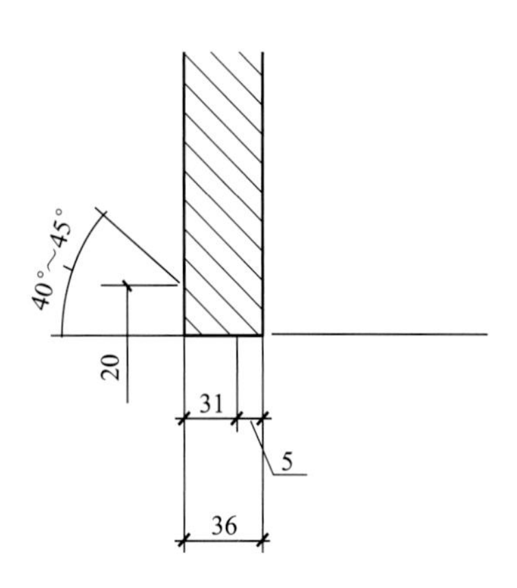

图3.4-2 坡口示意图

(2) 关键技术介绍

1) 焊接角度

首先需根据焊接工艺及坡口特点，确定基础环焊接最合适的角度。为此，分别在5°、10°、15°、20°位置进行施焊。

① 坡口

坡口尺寸如图3.4-2所示。

② 焊接参数控制

a. 电流电压

电源极性选择直流反接，焊丝H10Mn2，ϕ4.0埋弧焊丝，焊剂牌号为SJ101，根据焊接工艺评定，按表3.4-1所示的焊接参数进行焊接。

焊接参数表　　表 3.4-1

焊道	焊接工艺	焊材规格（mm）	电流（A）	电压（V）	电流种类/极性	焊接速度（cm/min）
1	SAW	ϕ4.0	550～600	28～30	DCEP	36～40
2～3	SAW	ϕ4.0	600～650	30～32	DCEP	35～40
4	SAW	ϕ4.0	650～720	32～34	DCEP	38～45
清根						
5	SAW	ϕ4.0	600～650	30～32	DCEP	35～40
6～7	SAW	ϕ4.0	650～720	32～24	DCEP	38～45

b. 摆放角度

如图 3.4-3 和图 3.4-4 所示，坡口角度为 40°，焊接角度分别按 5°、10°、15°、20°进行焊接。

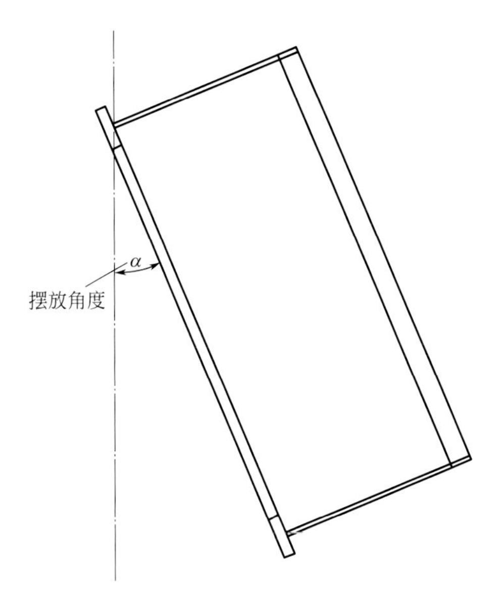

图 3.4-3　基础环摆放示意图

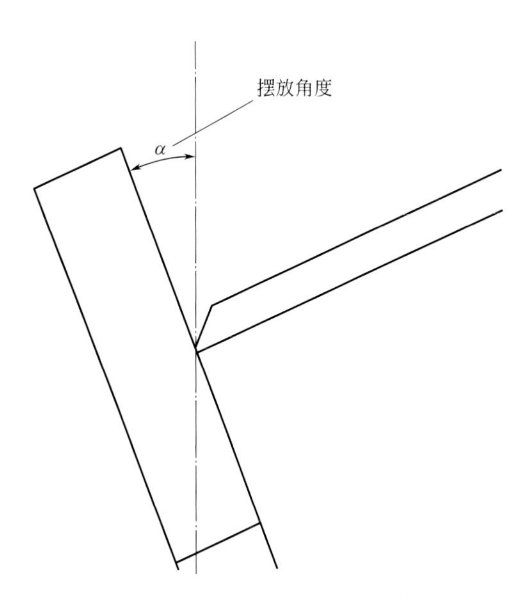

图 3.4-4　基础环摆放角度示意图

③ 焊缝检验

分别按预设角度位置进行焊接。各角度焊缝外观检验结果如表 3.4-2 所示。

外观检验结果　　表 3.4-2

编号	偏转角度	焊缝有无缺陷	具体缺陷情况	是否合格
1	5°	有	存在气孔及咬边，熔敷区金属不均匀，一侧焊脚高度不满足要求	否
2	10°	有	存在咬边，熔敷金属不均匀	否
3	15°	无	熔敷金属不均匀	是
4	20°	无	无明显可见缺陷	是

对 3、4 两组焊缝进行无损检测，结果如表 3.4-3、表 3.4-4 所示。

第 3 组焊缝无损检测结果　　表 3.4-3

试样编号	试样尺寸(mm×mm×mm)	温度(℃)	开槽位置	冲击吸收功(J)	平均值(J)	备注
T-3-1	10×10×55	0	焊缝	59		
T-3-2	10×10×55	0	焊缝	29	43	合格
T-3-3	10×10×55	0	焊缝	41		
T-3-4	10×10×55	0	热影响区	72		
T-3-5	10×10×55	0	热影响区	76	79	合格
T-3-6	10×10×55	0	热影响区	89		

第 4 组焊缝无损检测结果　　表 3.4-4

试样编号	试样尺寸(mm×mm×mm)	温度(℃)	开槽位置	冲击吸收功(J)	平均值(J)	备注
T-4-1	10×10×55	0	焊缝	36		
T-4-2	10×10×55	0	焊缝	47	46	合格
T-4-3	10×10×55	0	焊缝	55		
T-4-4	10×10×55	0	热影响区	77		
T-4-5	10×10×55	0	热影响区	71	80	合格
T-4-6	10×10×55	0	热影响区	95		

结果表明，当偏转角度小于 10°时焊缝不合格，当偏转角度为 15°时焊缝无损检测合格，外观无明显缺陷但熔敷金属不均匀，影响焊缝美观，当偏转角度为 20°时焊缝质量合格，焊缝外观质量最好，即当坡口角平分线位于竖直方向时进行焊接时熔敷区最为均匀，于是，在坡口角度为 40°时，最合适的焊接角度为 20°。当偏转角度在坡口角度一半±5°范围内进行焊接时焊缝质量可满足要求，为了焊缝美观，偏转角度应尽量接近坡口角度的一半。

2）变位系统的受力分析

根据前述变位系统设计思路及焊接角度制定，针对变位系统进行受力分析。

系统受力分析：

由于此滚轮装置此前是基础环承重装置，于是可以认为本装置的承重能力满足基础环重量要求，下面做失稳计算。

① 受力平衡验算

为保证基础环在变位系统上保持 20°位置转动时不失稳，则需要保证基础环不沿斜面下滑。受力如图 3.4-5 所示。

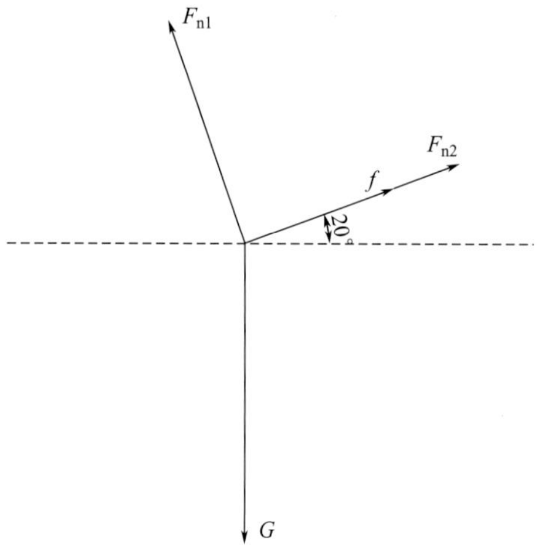

F_{n1}

F_{n2}

f

20°

G

图 3.4-5　受力图

其中 G 为基础环总重力，F_{n1} 为皮轮对基础环的支撑力，F_{n2} 为导向轮对基础环的支撑力，f 为皮轮对基础环的静摩擦力。

受力分析可得

$$F_{n1}=G\times\cos20° \tag{3.4-1}$$

式中　G——基础环总重力，根据图纸可得 $G=88497\text{N}$；

F_{n1}——皮轮对基础环的支撑力。

计算得 $F_{n1}=83160\text{N}$。

查得橡胶与铁板的静摩擦系数为：$\mu=0.8$；

于是最大静摩擦力：

$$f_{max}=\mu\times F_{n1} \tag{3.4-2}$$

式中　μ——基橡胶与铁板的静摩擦系数，取0.8；

f_{max}——皮轮对基础环的最大静摩擦力。

计算得 $f_{max}=66528N$；

当 $(f+F_{n2})=(G\times\sin20°)=30268N$ 时，基础环会保持受力平衡。其中 f 与 F_{n2} 均为反作用力，$(f+F_{n2})$ 取值范围为：$0\leqslant(f+F_{n2})\leqslant(f+F_{n2})_{max}$；显然，$(f+F_{n2})_{max}\geqslant(f_{max}+F_{n2})\geqslant f_{max}>(G\times\sin20°)$，$(f+F_{n2})$ 为反作用力，其取值大小应始终等于作用力且不大于最大值，于是可得 $(f+F_{n2})=(G\times\sin20°)$，基础环保持受力平衡。

② 力矩平衡验算

力矩分析如图3.4-6所示，以质心为分析对象，F_1 与 F_2 分别为两组皮轮对基础环的支撑力，合理调整皮轮位置，使质心位置位于两皮轮中点，即 $L_1=L_2$，可使 F_1 和 F_2 对基础环的合力矩为0。重力 G 对基础环力矩为0。

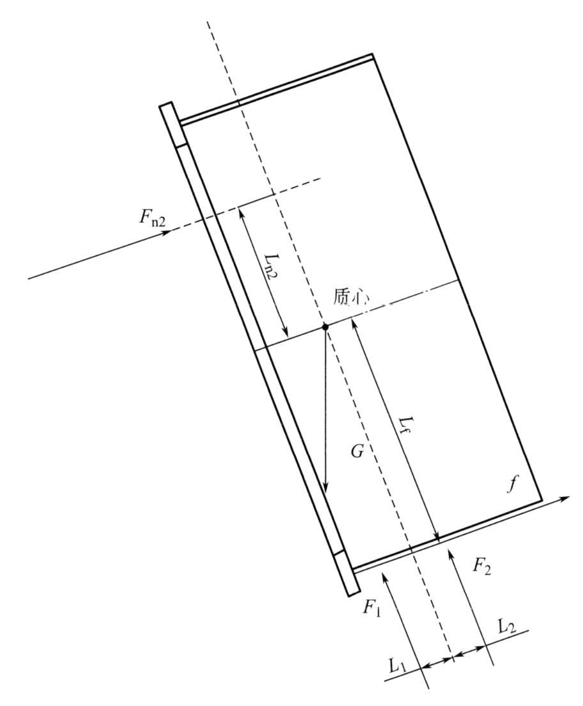

图3.4-6　力矩分析示意图

在受力平衡验算中已得：$f+F_{n2}=(G\times\sin20°)=30268N$。

假设 f 与图示方向相反（即 f 为负值），则基础环有顺时针旋转的运动趋势，而静摩擦力 f 只能与运动趋势方向相反，故假设不成立，于是 f 方向与图中方向一致，即 f 为非负值。于是 F_{n2} 对质心有顺时针的力矩 M_{n2}，f 对质心有逆时针的力矩 M_f。

$$M_{n2}=F_{n2}\times L_{n2} \tag{3.4-3}$$

式中　F_{n2}——为导向轮对基础环的支撑力；

L_{n2}——导向轮对基础环的力臂；

M_{n2}——导向轮对基础环的力矩。

$$M_f=f\times L_f \tag{3.4-4}$$

式中　L_f——皮轮对基础环摩擦力的力臂；

M_f——皮轮对基础环摩擦力的力矩。

于是，F_{n2} 的取值范围为 $0\leqslant F_{n2}\leqslant30268N$；而 $M_{f,max}=f_{max}\times L_f$，其中 $f_{max}=66528N$；由图中几何关系可得：

$$L_{n2} \leqslant L_f$$

于是可得 $M_{n2} < M_{f,max}$；

其中 M_f 为静摩擦力产生的力矩，为反作用力矩，大小取值应始终与作用力矩相等且不大于最大值，于是可得 $M_{n2} = M_f$，基础环保持力矩平衡。

3）变位系统制作

根据设计思路及建模图纸制作变位系统，型材之间所有对接焊缝均为全熔透焊缝，焊接后对焊缝进行无损检测，确保系统安全可靠，如图 3.4-7、图 3.4-8 为变位系统实物图及示意图。

图 3.4-7　变位系统实物图

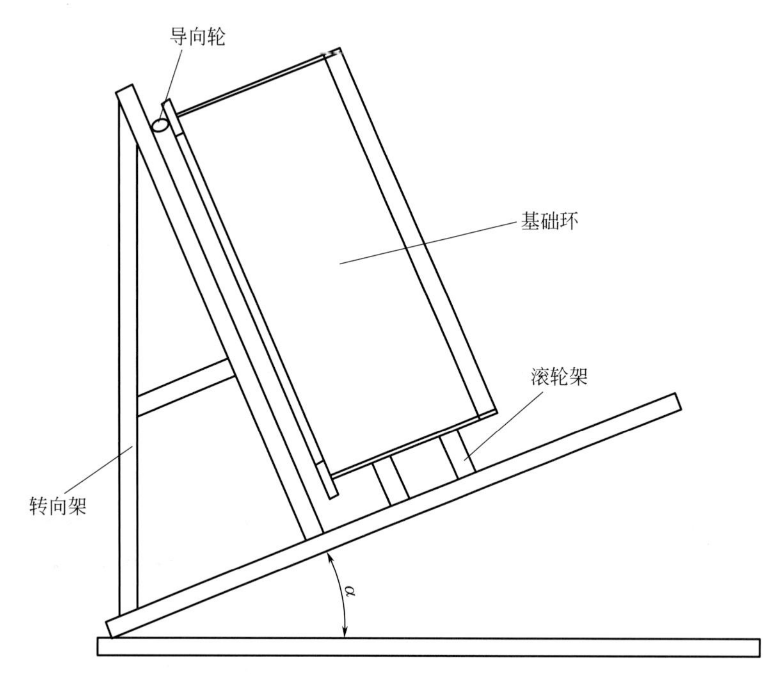

图 3.4-8　变位系统示意图

3.5　风电塔筒埋弧焊无碳刨焊接技术

1. 技术简介

（1）技术背景

埋弧焊焊接工艺是一种生产效率较高的焊接方法，能适用于各种钢铁材料的焊接，其焊接电弧稳定，焊缝成型平整光滑，焊接质量稳定，而且焊接过程中无明弧刺激，劳动条件较好，对焊工技能水平的依赖性也小，焊接过程容易实现自动化，已得到广泛运用。一直以来，为避免焊缝根部缺陷，保证焊缝全熔透，焊缝背面通常采用碳刨清根，清根后还需将焊缝打磨光滑，不仅增加了对焊工碳刨技能水平的要求，同时碳刨清根过程中会产生强光刺激和噪声。而采用无碳刨埋弧焊焊接技术能有效避免环境污染，改善焊工的劳动条件。且根据焊接板厚的范围，发展出单丝无碳刨埋弧焊及双丝双弧无碳刨埋弧焊。

（2）技术特点

1）无碳刨埋弧焊焊接技术均采用X形坡口，双面焊接，焊缝熔敷金属量减少，降低了焊缝中的焊接残余应力。

2）对于板厚$\delta \leqslant 16$mm的钢板焊接，由于双丝双弧埋弧焊焊接时线能量过大，容易导致焊缝出现质量问题，宜采用单丝无碳刨埋弧焊。

3）对于板厚$\delta > 16$mm的钢板焊接，双丝双弧无碳刨焊接线能量满足焊缝质量要求，且焊接平均速度比单丝焊提高150%～180%，改善了单丝焊焊接效率较低的情况，提高了焊接效率，因此宜采用双丝双弧无碳刨埋弧焊焊接。

4）风电塔筒双丝双弧无碳刨埋弧焊焊接采用双焊丝以同一速度且同时从导电嘴向外送出，第一丝采用直流电源，第二丝采用交流电源，焊丝在焊剂覆盖的坡口中熔化，两电弧相互影响，熔深增加，解决焊缝根部未焊透的问题，保证焊缝质量。

（3）推广应用

本技术在河北故城风电、临港一期海上风电、来安风电、太康风电、柘城风电、南京风电、越南宁顺正胜风电等项目中应用，避免车间碳弧气刨产生的噪声污染、空气污染、光污染等环境问题，改善了作业环境，节约了焊材与人工成本，提高了生产效率。应用效果得到业主及车间工人一致肯定。

2. 技术内容

（1）工艺流程（图3.5-1）

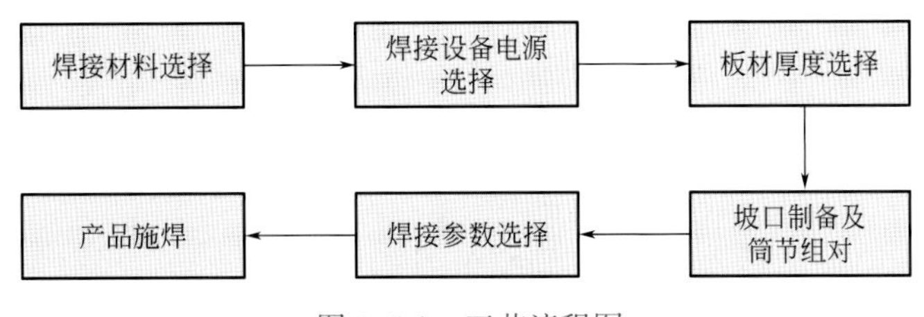

图3.5-1　工艺流程图

1）焊接材料选择

风电塔筒筒体钢板一般为低合金高强度钢，材质大致为Q355NC、Q355ND及Q355NE，一般选用规则为母材与焊材同强度匹配。因风机在运行状态下，焊缝需要承受较大的疲劳荷载，这就要求焊缝具有较高的韧性、塑性及接头抗裂性。同时在焊接刚性大的高强度钢时也需控制焊缝中碳及其他合金元素的质量分数。所以在选择焊接材料时，要综合考虑焊缝金属的力学性能，避免因接头拘束度大产生裂纹，在设计允许范围内还应选用强度稍低于母材的焊接材料，即选用低匹配的接头形式，可大幅度提高焊缝韧性，降低接头裂纹倾向，改善接头焊缝的综合力学性能，埋弧焊焊丝选用型号 H10Mn2 焊丝。

考虑到焊缝金属需要较高冲击韧性，在选用埋弧焊剂时，要求 Mn、Si 含量比值较高，同时为提高生产效率，应尽量选择高速埋弧焊烧结焊剂，因此焊剂选用氟碱型烧结焊剂 CHF101。

无论单丝无碳刨埋弧焊还是双丝双弧无碳刨埋弧焊，在选用焊丝焊剂时的匹配规则相同，即都可选用 H10Mn2 的埋弧焊丝及 CHF101 氟碱型烧结焊剂。

2）焊接设备电源选择

双丝双弧埋弧焊接时采用一个交流电源，一个直流电源，第一丝采用直流，第二丝采用交流。单丝埋弧焊接时采用直流电源。

3）板材厚度选择

单丝无碳刨埋弧焊适用于所有风电塔筒筒体钢板厚度，但是针对厚度大于 16mm 的塔筒筒体钢板，焊接效率相对较低。因此在塔筒筒体钢板厚度大于 16mm 时，宜采用双丝双弧无碳刨埋弧焊。

4）坡口制备及筒节组对

单丝无碳刨埋弧焊及双丝双弧无碳刨埋弧焊焊接时，反面都无需清根，对接坡口应选用 X 形坡口，为保证焊缝全熔透，要求焊缝钝边较小，在板厚≤16mm 时，钝边为 5mm，板厚＞16mm 时，钝边为 2mm。对接焊缝内外坡口的角度及深度，根据不同板厚，具体形式如图 3.5-2 所示。

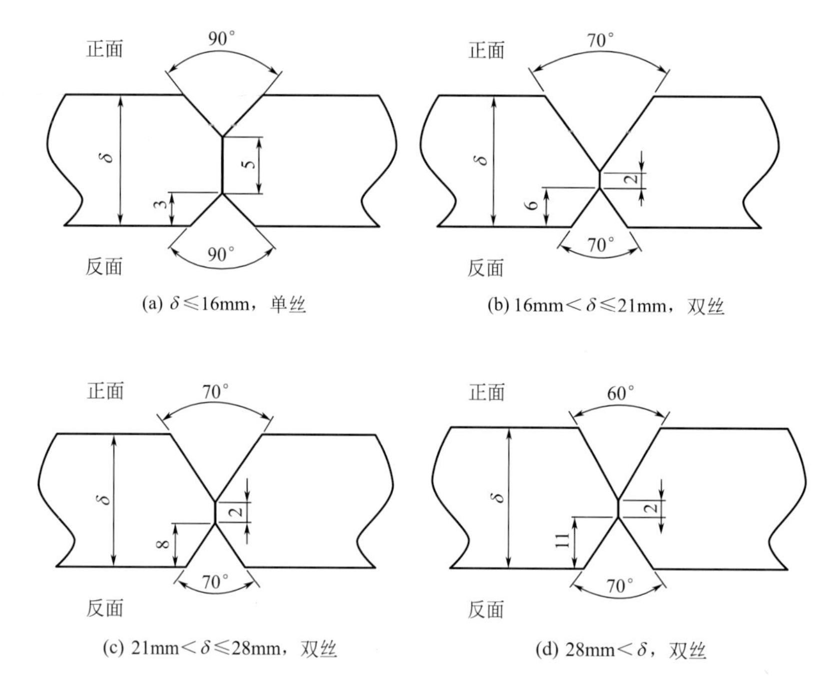

图 3.5-2　焊缝坡口形式

钢板采用数控火焰切割机进行数控下料，如图 3.5-3 所示。

采用半自动火焰切割机进行坡口加工，通过调整半自动的割嘴，可同时对板材的上下坡口进行切割，如图 3.5-4 所示。

钢板下料结束后，对塔筒单个筒节进行卷圆，保证纵缝组对满足规范要求，如图 3.5-5 所示。

塔筒对接焊缝组对完成之后进行焊缝焊接，里口采用气体保护焊打底，保护气体为 100%CO_2，气体流量 18～25L/min，打底完成之后在同一侧采用埋弧焊进行填充盖面，待里口焊接完成后，外口再使用埋弧焊填充盖面，具体焊接顺序如图 3.5-6 所示。

图 3.5-3　钢板下料

图 3.5-4　坡口加工

图 3.5-5　钢板卷圆组对

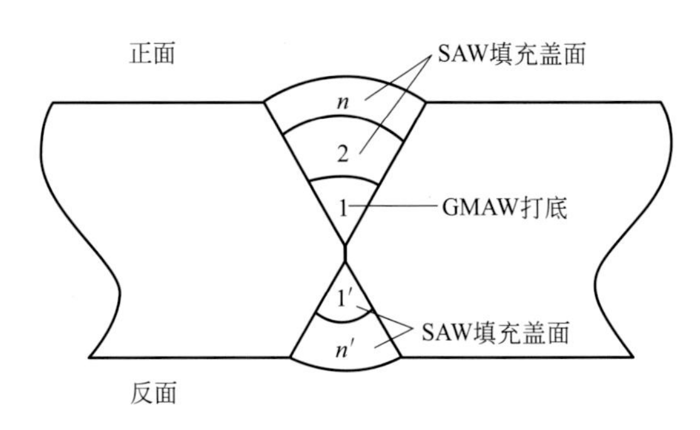

图 3.5-6　焊接顺序

5）焊接参数选择

根据《承压设备焊接工艺评定》NB/T 47014 的要求，进行焊接工艺评定试验后，确定焊接参数如下：

① 塔筒钢板厚度 $\delta \leqslant 16$mm 时采用单丝无碳刨埋弧焊焊接，具体工艺参数如表 3.5-1 所示。

焊接工艺参数表　　**表 3.5-1**

焊道	焊接方法	牌号	直径	极性	电流(A)	电压(V)	焊接速度(cm/min)	线能量(kJ/cm)
1	GMAW	ER50-6	1.2	直流反接	220～240	26～28	30～32	≤13.44
2	SAW	H10Mn2	4.0	直流反接	530～560	26～28	40～45	≤23.52
	反面清理							
3	SAW	H10Mn2	4.0	直流反接	550～600	30～34	40～45	≤30.60

② 塔筒钢板厚度 $\delta > 16$mm 时采用双丝双弧无碳刨埋弧焊焊接，具体工艺参数如表 3.5-2 所示。

焊接工艺参数表　　**表 3.5-2**

<table>
<tr><th>焊道</th><th>焊接方法</th><th>牌号</th><th>直径</th><th>极性</th><th>电流(A)</th><th>电压(V)</th><th>焊接速度(cm/min)</th><th>线能量(kJ/cm)</th></tr>
<tr><td>1</td><td>GMAW</td><td>ER50-6</td><td>1.2</td><td>直流反接</td><td>220～240</td><td>26～28</td><td>30～32</td><td>≤13.44</td></tr>
<tr><td>2</td><td>SAW</td><td>H10Mn2</td><td>4.0</td><td>直流反接</td><td>500～550</td><td>24～28</td><td>45～50</td><td>≤20.53</td></tr>
<tr><td rowspan="2">3</td><td rowspan="2">SAW</td><td>H10Mn2</td><td>4.0</td><td>直流反接</td><td>680～720</td><td>30～34</td><td>92～98</td><td>≤16</td></tr>
<tr><td>H10Mn2</td><td>4.0</td><td>交流</td><td>580～620</td><td>32～35</td><td>92～98</td><td>≤14.15</td></tr>
<tr><td rowspan="2">4</td><td rowspan="2">SAW</td><td>H10Mn2</td><td>4.0</td><td>直流反接</td><td>680～720</td><td>32～35</td><td>82～86</td><td>≤18.43</td></tr>
<tr><td>H10Mn2</td><td>4.0</td><td>交流</td><td>620～680</td><td>36～40</td><td>82～86</td><td>≤19.9</td></tr>
<tr><td></td><td>反面清理</td><td></td><td></td><td></td><td></td><td></td><td></td><td></td></tr>
<tr><td>5</td><td>SAW</td><td>H10Mn2</td><td>4.0</td><td>直流反接</td><td>700～770</td><td>32～36</td><td>40～45</td><td>≤41.58</td></tr>
<tr><td rowspan="2">6</td><td rowspan="2">SAW</td><td>H10Mn2</td><td>4.0</td><td>直流反接</td><td>630～680</td><td>32～36</td><td>92～98</td><td>≤15.96</td></tr>
<tr><td>H10Mn2</td><td>4.0</td><td>交流</td><td>580～620</td><td>36～40</td><td>92～98</td><td>≤16.17</td></tr>
</table>

6）焊接过程

埋弧焊焊接时需在对接焊缝两端加上引、熄弧板。

单丝无碳刨埋弧焊焊接时，要求焊丝对准焊缝中心，实际焊接过程如图 3.5-7 所示。

双丝双弧无碳刨埋弧焊焊接时，双丝成直线排列，焊丝间距 10～30mm，要求双丝皆对准焊缝中心，防止焊接时焊丝偏离焊缝中心而产生焊缝咬边或未焊透等缺陷。实际焊接过程如图 3.5-8 所示。

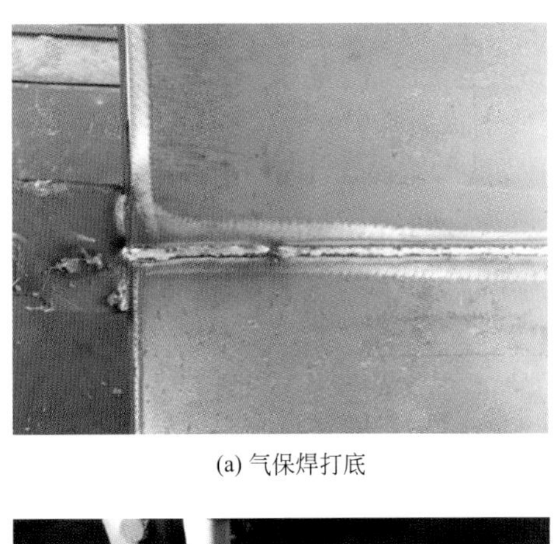

(a) 气保焊打底

(b) 单丝焊接填充盖面

(c) 反面焊接

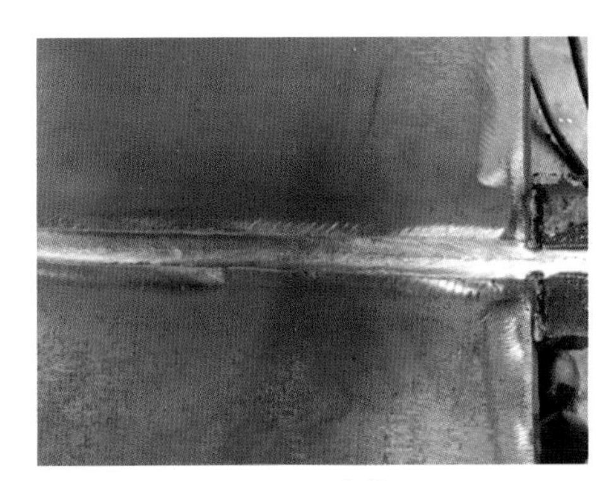

(d) 成型

图 3.5-7　单丝焊接过程

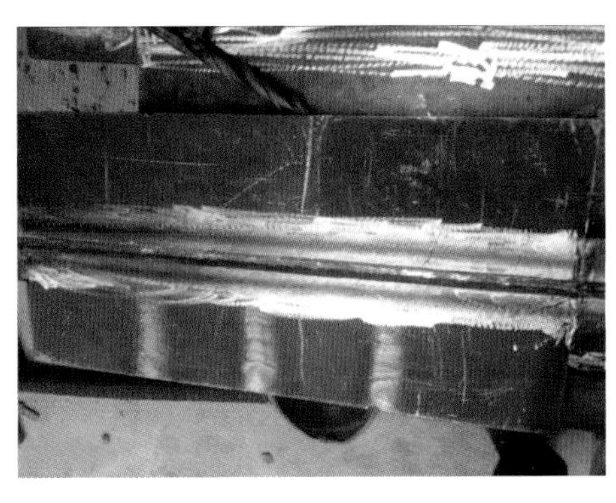

(a) 气保焊打底

(b) 双丝焊接填充

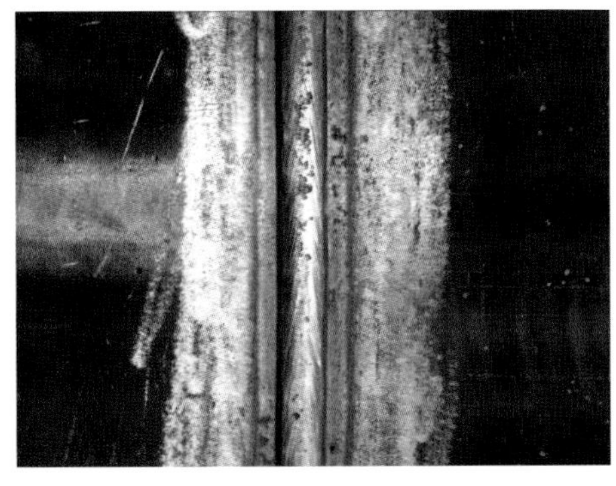

(c) 盖面

(d) 成型

图 3.5-8　双丝焊接过程

（2）关键技术介绍

1）埋弧焊碳弧气刨清根缺点：弧光刺眼、声音刺耳、烟尘刺鼻，降低了工人的劳动条件，增加了焊接工作周期，见图 3.5-9。

图 3.5-9　碳弧气刨清根过程

而采用埋弧焊无碳刨焊接技术，在焊缝正面焊接完成之后，反面直接埋弧焊焊接，避免了碳弧气刨产生的噪声污染、空气污染及光污染，极大地改善了工人的工作环境、降低了工人的劳动强度。

2）风电塔筒板厚≤16mm 时，采用单丝无碳刨埋弧焊，焊接时采用单电源直流反接，相较于双丝双弧无碳刨埋弧焊，焊接热输入不会过高，能较好地保证焊缝质量。

风电塔筒板厚>16mm 时，采用双丝双弧无碳刨埋弧焊，焊接时两焊丝并列，以同一速度向外送丝，两电弧互相影响，焊缝熔池加深。相较于单丝无碳刨埋弧焊，双丝双弧无碳刨焊接效率较高，但是焊接时焊缝线能量较大，容易导致焊缝焊接残余应力增加，影响焊缝的力学性能及抗裂性，因此在采用双丝双弧无碳刨埋弧焊焊接时，要严格按照焊接工艺参数要求控制焊接线能量，保证焊缝质量。

3.6　塔筒门框制作技术

1. 技术简介

（1）技术背景

风电塔筒门框可分为三类：整体下料类、整体锻造类、钢板拼焊类。目前，风电塔筒项目门框制作工艺，除了部分风塔设计厂家要求门框整体锻造或者整体切割下料外，大部分风塔设计厂家均要求使用钢板拼焊门框，所使用的钢板厚度一般大于 60mm，钢板拼焊门框分为左右对称的两个分片，按尺寸弯曲后对接焊接，制作完成的门框两端形状均为半椭圆，门框分片弯曲成型是门框制作过程中的关键步骤。

（2）技术特点

1）风电塔筒门框卷制工艺，适用于风塔设计厂家将门框焊缝定于椭圆顶点处及直边处（当门框圆弧端点曲率大于卷板机辊子直径时），分别将两片半门框卷制成半椭圆形。通过增加压块，利用废料接料等方式，实现了门框制作安装的全过程质量控制，减少了工期风险。

2）风电塔筒门框冲压制作工艺，适用于风塔设计厂家将门框焊缝定于椭圆直边处，在模具制作时，减小外模的曲率半径，让料板冲压后“过度”变形，给料板预留一定的回弹余量，满足设计尺寸要求。为保证安全性和退模顺利，在模具上加焊钢筋，同时在模具两侧增加导向保护装置。该工艺制作效率高、性价比高、能耗低以及成型效果好。

（3）推广应用

风电塔筒门框卷制工艺已在太康、新蔡项目，柘城项目以及鹤峰走马项目等风电项目中成功应用，各项目运行良好，本技术的投入保证了门框制作全过程的质量控制。风电塔筒门框冲压制作工艺已在黄龙山风电项目、襄州峪山风电项目中成功应用，各项目运行良好，本技术的投入提高了门框的制作效率，保证了生产周期，提升了企业的行业竞争力。

2. 技术内容

（1）门框卷制工艺流程

工艺流程如图 3.6-1 所示。

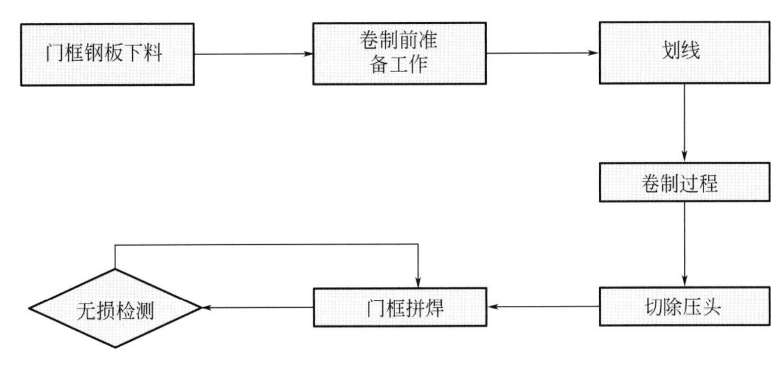

图 3.6-1　工艺流程图

① 门框材料下料

计算出半门框板理论净长度，为保证压头切除时避开焊缝，半门框板坯料每端需有 50mm 加长，因此半门框板下料长度确定为理论净长度加长 100mm，将门框钢板按此尺寸进行下料切割。

② 卷制前准备工作

以椭圆顶点为卷制中心，压块由于重力作用一直会保持在最低处，半门框板所能卷制的极限位置为最低点处，取此最低点为半门框板端点。根据加工经验，坯料每端需留 250mm 卷制余量，以满足卷制工艺要求，如图 3.6-2 所示。

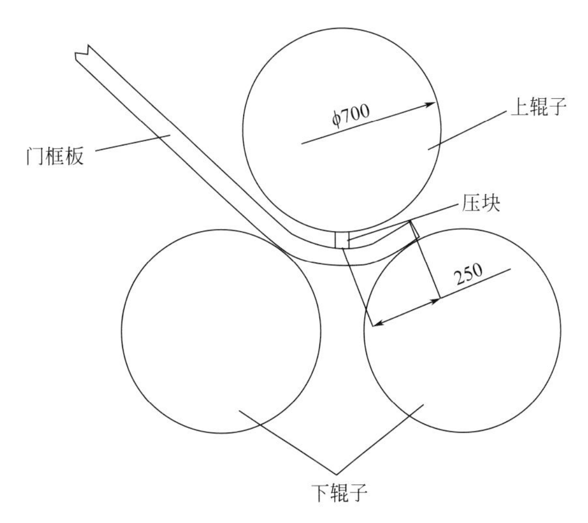

图 3.6-2　门框卷制加长尺寸示意图

由于半门框板下料时每端已加长 50mm，还需在坯料两端各焊接加长 200mm，以保证门框板长度尺寸满足卷制要求。如图 3.6-3 为加长拼接示意图。

为保证同一门框的两片半门框板弧度一致，可将两块半门框板点焊在一起卷制，同时为方便吊运和

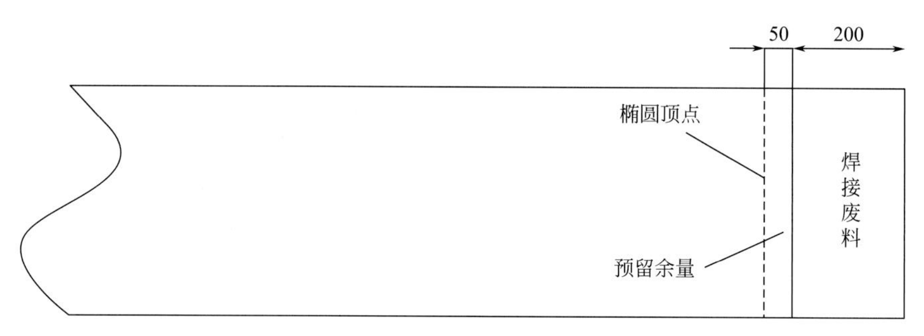

图 3.6-3　门框加长示意图

卷制过程的调整，在坯料两端焊接吊耳，提高生产效率，如图 3.6-4 所示。

图 3.6-4　预处理后的坯料

③ 划线

通过计算，在半门框上标出直段与弧段的切点，并以此作为卷制的起点。

④ 卷制过程

a. 制作弧度靠板

通过 CAD 软件进行 1∶1 实际放样绘图，数控软件排版，靠板外轮廓与门框内轮廓一致，使用等离子切割钢板下料，完成弧度靠板的制作。

b. 增加压块，降低卷板机卷制直径范围的下限

门框尺寸如图 3.6-5 所示，通过计算椭圆顶点曲率直径为 500mm，门框板厚为 62mm，能满足此卷制厚度的卷板机最小辊子直径为 700mm，无法满足门框板卷制要求（图 3.6-6）。

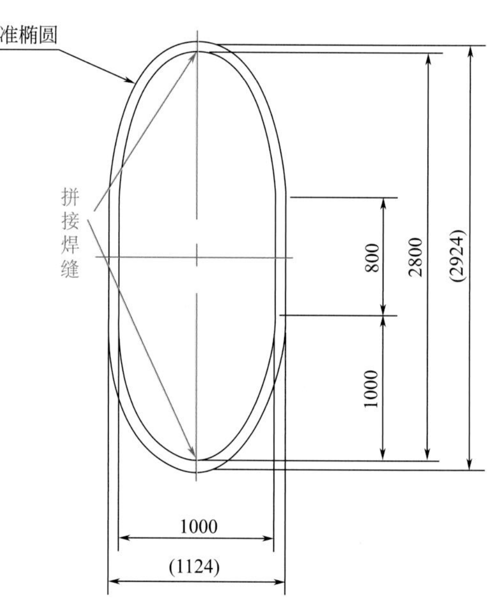

图 3.6-5　门框尺寸图

通过增加一块压块，降低卷板机卷制直径范围的下限，使卷板机能够满足所需门框尺寸的卷制要求，图 3.6-7 为增加压块后的门框卷制示意图，通过压块的

设置，使得在卷制过程中可以更精确地调整各点的弧度，以满足图纸尺寸要求。

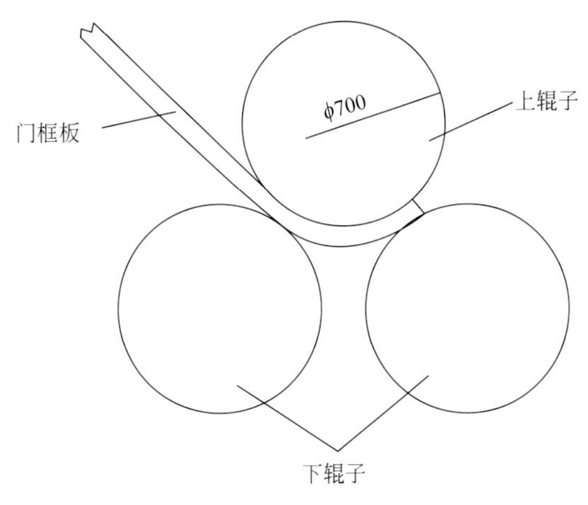

图 3.6-6　门框卷制示意图

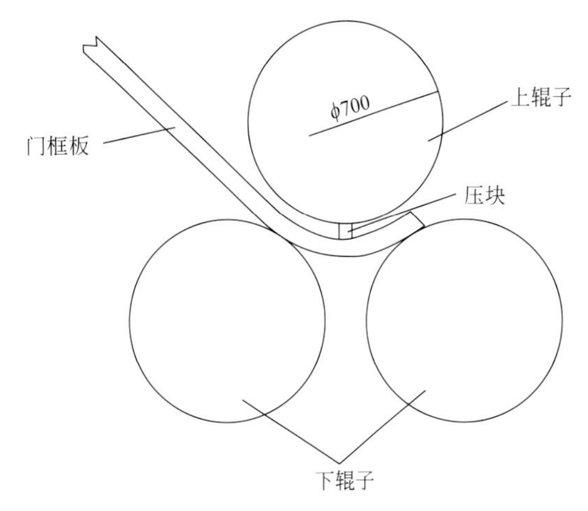

图 3.6-7　增加压块后的门框卷制示意图

c. 卷制

如图 3.6-8 所示，从确定的起卷点开始卷制，将门框板初步卷制成弧形。然后使用压块（图 3.6-9）进一步卷制，卷制过程中实时使用弧度靠板进行比对检测，当出现门框板弧度与靠板不一致时，在不一致的点位做好标记，然后对标记处进行局部卷制，重复以上步骤，最终得到正确的弧度。门框板端部直径小于卷板机辊子直径的弧段，使用压块进行局部施力，保证局部弧度满足门框弧度要求，重复以上步骤对门框板另一端进行卷制。

图 3.6-8　初步卷制图

图 3.6-9　加入压块

⑤ 切除压头

从门框椭圆顶点处进行切割，并将各点焊处切割打磨。

⑥ 门框拼焊

对门框接头处进行破口打磨，清理焊缝及边缘 50mm 水、油和锈，焊前进行预热处理，组对时紧贴不留间隙，在外口点焊固定，采用气保焊进行焊接，先焊里口，待里口成型后，外口碳弧刨清根，然后气保焊焊接，焊缝全熔透。

⑦ 无损检测

对门框拼缝进行无损检测，按照规范标准进行 UT、MT 检测。

（2）门框板冲压制作工艺流程

工艺流程如图 3.6-10 所示。

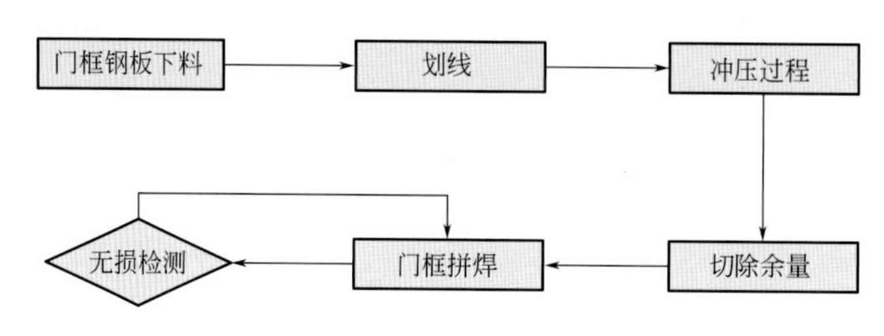

图 3.6-10　工艺流程图

① 门框钢板下料

为保留偏差余量，将门框钢板按理论净尺寸两端加长 25mm 进行下料切割。

② 划线

通过计算，在半门框上标出直段与弧段的切点，并以此作为冲压的起点。

③ 冲压过程

a. 制作模具

先使用 100mm 厚度以上钢板下料，通过 CAD 软件进行 1∶1 实际放样绘图，数控软件排版，按门框内外轮廓分别制作内外模具，设计示意图见图 3.6-11、图 3.6-12，实物图见图 3.6-13、图 3.6-14。

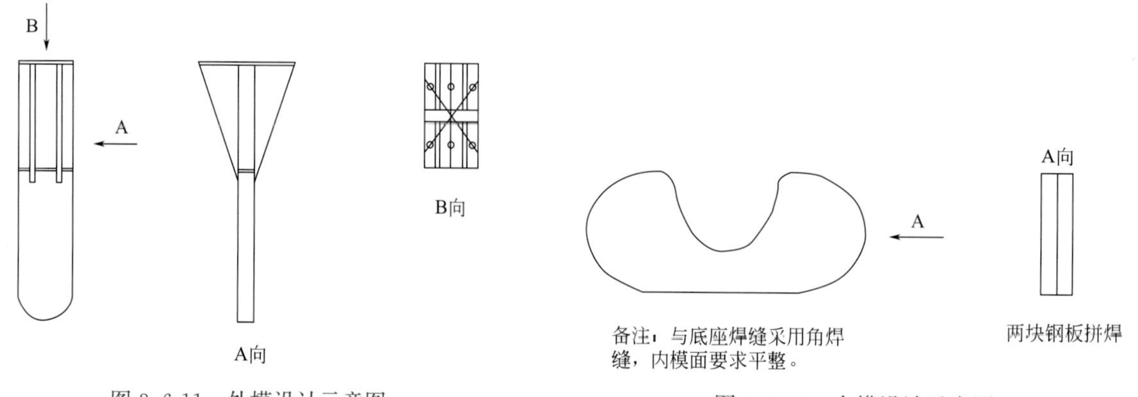

图 3.6-11　外模设计示意图　　图 3.6-12　内模设计示意图

图 3.6-13　内模实物

图 3.6-14　外模实物

按照门框内外弧尺寸，减小外模曲率半径，让料板冲压后“过度”变形，预留回弹余量。

b. 冲压

从确定的冲压点开始缓慢冲压，见图 3.6-15，将门框板初步冲压成型，注意控制冲压速度，以防母材撕裂。然后使用弧度靠板（图 3.6-16）对椭圆度进行比对检测，反复冲压比对最终得到正确的弧度，重复以上步骤对门框另一块门框板进行冲压。

图 3.6-15 冲压过程

图 3.6-16 使用弧度靠板进行校对

④ 切除余量

冲压完成后对门框板长度进行计算核对，在正确位置切除留有的余量，并将门框板两端进行坡口的打磨。

⑤ 门框拼焊

对门框接头处进行坡口打磨，清理焊缝及边缘 50mm 范围内的水、油和锈，焊前进行预热处理，组对时紧贴不留间隙，在外口点焊固定，采用气保焊进行焊接，先焊里口，待里口成型后，外口碳弧刨清根，然后气保焊焊接，焊缝全熔透。

⑥ 无损检测

对门框拼缝进行无损检测，按照规范标准进行 UT、MT 检测。

3.7 塔筒防腐自动化施工及质量控制技术

1. 技术简介

(1) 技术背景

风电塔筒长期于野外或海上经受紫外线、雨雪、特大风沙、昼夜温差、风蚀、海水侵蚀等各种恶劣自然环境的腐蚀，表面极易损坏，良好的涂装防腐施工，可以极大地延长塔筒使用寿命，降低风电塔筒的维护运营成本。

传统的塔筒涂装工艺，施工周期长，设备能耗较大，人工费用高，且环境污染严重。通过对喷砂房的设计、涂装设备的改进，使涂装作业半自动化，可大幅度提高生产效率，形成流水作业，降低涂装防腐作业对环境的污染，有效减少职业病隐患。

（2）技术特点

1）通过总结施工经验，规范了塔筒防腐涂装施工的作业引用标准，提供了常用施工及检验方法。

2）除锈工序采用了自动喷砂系统，该系统具有效率高、除锈质量好的优点。通过丸尘分离功能，控制钢丸大小的均匀度，可保证喷丸后的构件粗糙度达到喷漆要求，减小油漆损耗。

3）塔筒水平转动喷漆系统利用工装法兰与凹槽式滚轮架匹配运转，进行喷漆施工，提高了喷漆效率，减少了返工返修。

（3）推广应用

本技术在公司承接的各国内外风电项目塔筒制造中应用，各项目均运行良好。塔筒防腐自动化施工及质量控制技术，提高了塔筒生产效率，增强了塔筒防腐效果，为公司承接后继项目打下良好基础。

2. 技术内容

（1）引用标准（表 3.7-1）

引用标准表　　**表 3.7-1**

标准号	标准名称
ISO 12944	油漆和清漆 钢结构防护油漆系统防腐
ISO 8501	钢结构表面防腐前处理 表面清洁度目测法评估
ISO 8502	钢结构表面防腐前处理 表面清洁度测试评估 准备涂漆的钢材表面灰尘评估 压敏胶带法
ISO 8503	钢结构表面防腐前处理 喷射清洁表面粗糙度特征
ISO 2808	漆膜厚度测量法
ISO 4624	附着力测试 拉开法
ISO 2409	附着力测试 划格法
ISO 2813	非金属涂层光泽度测试方法
ISO 4628	色漆和清漆 涂层失效评价方法 一般性缺陷程度、数量和大小的规定
ISO 11124	钢结构表面防腐前处理 金属磨料技术要求
ISO 11125	钢结构表面防腐前处理 金属磨料试验方法
ISO 11126	钢结构表面防腐前处理 非金属磨料技术要求
ISO 11127	钢结构表面防腐前处理 非金属磨料试验方法
ISO 19840	色漆和清漆防护漆系对钢结构的防腐蚀粗糙表面干膜厚度的测量与验收准则
SSPC SP1	溶剂清理
SSPC SP10	近出白金属表面处理
SSPC PA2	干膜厚度测量方法
GB/T 13912	金属覆盖层 钢铁制件热浸镀锌层 技术要求及试验方法
GB/T 9793	热喷涂 金属和其他无机覆盖层 锌、铝及其合金
DIN 17611	锻造铝和锻造铝合金的阳极氧化产品交货技术条件
YB/T 5149	铸钢丸
YB/T 5150	铸钢砂
ASTM4285	油水检测

（2）表面处理

1）表面处理前钢结构缺陷处理

钢结构缺陷的存在会影响油漆的附着，导致油漆不能发挥其最佳的防腐性能，在这些区域会导致过早的锈蚀产生，因此，在进行表面处理前必须要对钢结构上的缺陷进行处理，以减少或消除结构缺陷对涂装质量的影响。结构缺陷的处理可以依据表3.7-2的要求进行。

结构缺陷处理 **表3.7-2**

图示	说明
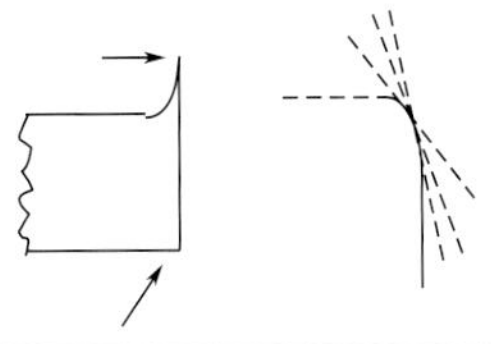	A.锐边(自由边)： 使用砂轮机将自由边或气割边磨圆至直径2mm或1mm，并且不能有飞溅和锐角残留
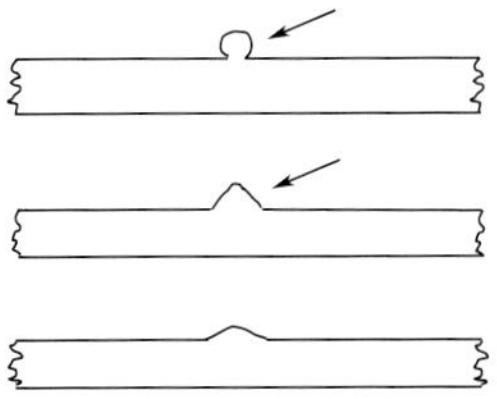	B.焊接飞溅(焊豆)： 1.用砂轮机或铲锤去除。 2.尖锐的焊豆要打磨光顺。 3.钝的焊豆不需要处理
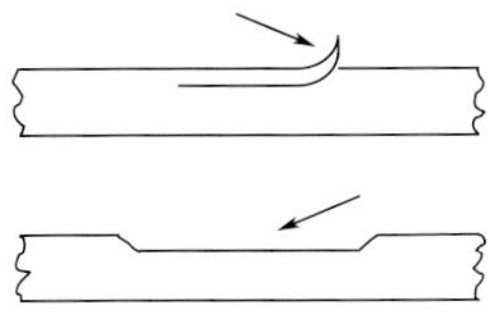	C.钢板缺陷： 任何的起皮必须打磨，凹坑都要补焊后再打磨
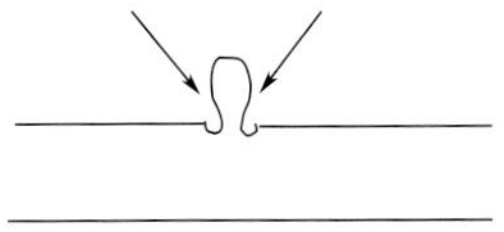	D.咬口： 深度超过0.2mm并且宽度稍大于深度的咬口都需要补焊并且打磨
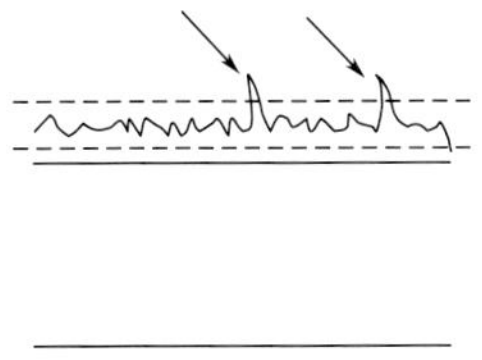	E.焊缝： 表面不规则或过分尖锐的手工焊缝必须打磨光顺
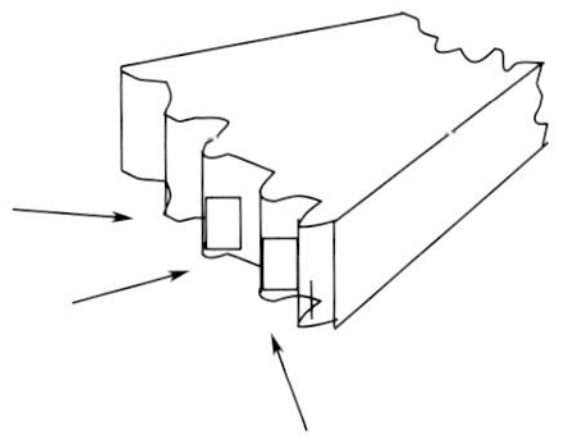	F.气割边： 过分不规则的手工气割边表面必须打磨

结构缺陷处，油漆难以完全覆盖底材表面，漏涂、过薄处很快会出现锈蚀，影响涂层的整体防腐蚀效能，所以在表面处理前应尽量修补、去除。

2）表面处理前底材表面油、脂等污染物的去除

在对底材进行表面处理前，须清除表面的油、水、脂、盐、切削液、防冻剂等化学试剂。一般可以选择下列方法进行现场确定是否存在油、脂污染。

① 用水喷在表面上，若25s内水在表面上形成水珠，则怀疑有油、脂或不溶于水的物质存在。

② 在绝对密闭空间内可以使用UV（紫外线）灯，当UV灯的能量被油和脂吸收后，就会放出可见光。但这种方法不能用于合成油类；用在太阳光下也需用黑布遮挡，并由于渗光而可能会产生错觉。

③ 先用蘸有异丙醇的棉布擦拭需检查的表面，然后将棉布中的异丙醇移至容器里，再将其过滤后加进2～3倍的蒸馏水并静止20min，如果试样变浑，说明被检查的表面有油脂。

④ 用粉笔以相同的压力划过怀疑有油的区域，粉笔在有油区域痕迹很淡，见图3.7-1。

小面积油、脂的去除方法为：用蘸有溶剂的抹布（或回丝）擦拭污染表面，使油、脂得到充分的溶

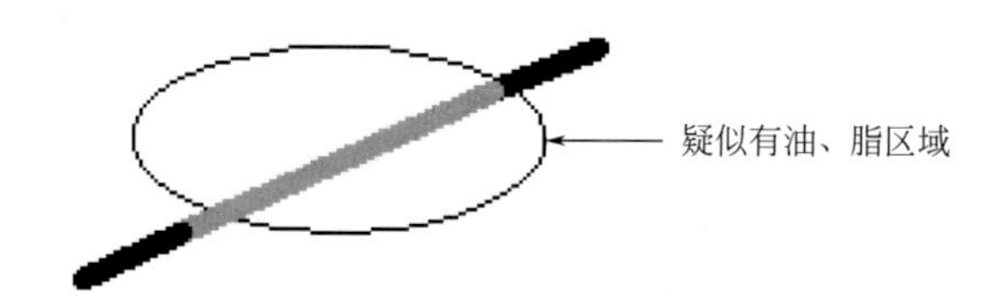

图 3.7-1 有油区域粉笔检测法

解，然后用干净的抹布（或回丝）揩干，擦拭要进行 3、4 次，每次都要使用干净的抹布（或回丝）。大面积油、脂污染的去除方法为：在污染表面喷淋工业金属清洁剂（一种水溶性的碱性乳化剂），浸 5min 后，用硬毛刷或拖布刷洗表面，使油、脂能得到充分的反应，再用淡水冲洗干净。

3）喷砂

涂装之前所有表面须进行喷砂清理。筒体表面直接喷涂油漆的区域粗糙度应达到 40～75μm，除锈等级应达到 ISO 8501-1 和《涂覆涂料前钢材表面处理　表面清洁度的目视评定》GB/T 8923.1～8923.4 Sa2.5 级的要求，喷砂表面呈均匀的近出白金属光泽，对于喷砂达不到的部位，应采用动力工具机械打磨除锈至《涂覆涂料前钢材表面处理　表面清洁度的目视评定》GB/T 8923.1～8923.4 St3 级，露出金属光泽，平均粗糙度要达到 Rugotest NO.3 的 BN9a。喷锌区域喷砂应达到 Sa3 级。表面粗糙度级别一般使用 ISO 8503 进行评估，包括对比样板法和复制胶带法，也可使用针式千分尺法。

钢材表面最好使用 ISO 12944-4、ISO 8501-1、ISO 8503-1 和 ISO 8503-2 规定的锐边金属磨料进行清理。钢砂（丸）用磨料要干燥、清洁、无杂物。使用钢砂和钢丸应符合《铸钢丸》YB/T 5149、《铸钢砂》YB/T 5150 的规定，金属砂中棱角砂与钢丸推荐的混合比例为 3∶7，棱角砂的规格为 G25、G40，钢丸的规格为 S330，即推荐颗粒直径为 0.6～1.0mm；所选用的磨料应当符合 ISO 11124 和/或 ISO 11126 的规定，并根据 ISO 11125 和/或 ISO 11127 进行测试。磨料的导电率不得高于 250μs/cm。允许使用非金属磨料区域，不得使用河（海）砂。如使用铜矿砂或金刚砂，粒度为 16～30 目，一般直径为 0.8～1.2mm，磨料硬度必须在 40～55HRC 之间。

喷砂施工时，工作区域需保证照明，冲砂需在干燥的气候条件下进行，底材温度大于空气露点温度 3℃及以上，相对湿度小于 85%。

空压机要求每只砂枪都能保持充足、连续、干燥、清洁，枪口空气压力应在 7～10kg/cm^2。

选择合适的油水分离器，确保压缩空气无油、水。油、水的检测方法为：使用一块干燥、干净的白布，放在砂枪枪口，若白布变湿则有油、水，经一段时间后变干则有水；不干则有油；油、水的检测每次喷砂前都要做，检测测量标准为 ASTM 4285。含油、水的压缩气不能用于施工。

喷砂设备应符合安全要求，操作中应保持接地。喷枪推荐使用内径 10mm 的文丘里喷嘴，空气输送管的内径应为 30～40mm 之间，喷砂时喷枪与待清理表面成 80°～90°。

喷砂施工中，重点部位和难以顺利喷射的部位应着重进行喷砂，尽量减少、消除不均匀或漏喷等缺陷的出现。

完成喷砂后，必须清理所有的喷砂残留物和灰尘，清洁状况应达到 ISO 8502-3 标准要求，对灰尘大小数量均要求小于 3 级，清洁标准等级见表 3.7-3、图 3.7-2。

ISO 8502-3 喷砂后钢板表面灰尘清洁度标准　　**表 3.7-3**

等级	灰尘颗粒大小的描述
0	在 10 倍放大镜下观察不到
1	在 10 倍放大镜下能观察到，尘埃直径小于 50μm
2	在肉眼下刚好能看到，尘埃直径在 50～100μm

续表

等级	灰尘颗粒大小的描述
3	在肉眼下能清楚地看到，尘埃直径超过 0.5mm
4	灰尘直径在 0.5～2.5mm
5	灰尘直径大于 2.5mm

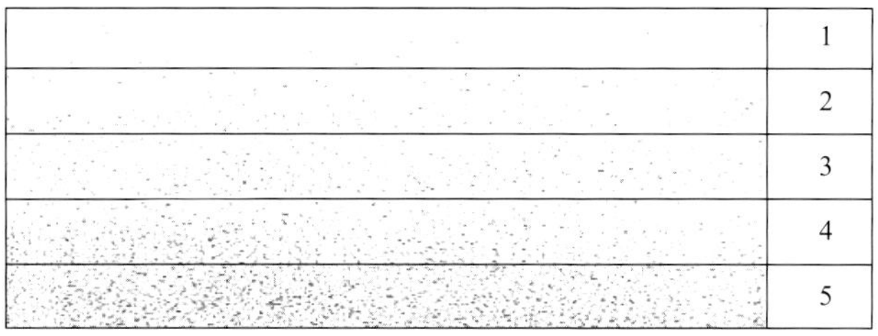

	1
	2
	3
	4
	5

图 3.7-2　灰尘分布等级图示

当使用非金属磨料喷砂时，会因为磨料材质和颗粒度大小、潮湿（压缩空气、天气、磨料、处理表面），压力太高或太低，处理表面的材质等问题造成喷砂表面含砂。在这种情况下，一般用细砂进行小角度扫砂可减轻表面污染程度。

喷砂表面迅速变黑一般是因为：磨料或压缩空气含油（用手摸表面，手会粘有黑色）、潮湿（压缩空气、天气、磨料、处理表面）、磨料材质。当喷砂表面大面积被（磨料或压缩空气所含）油污染时，根据 SSPC-SP1 规范，清除表面的油、脂后，再重新喷砂。

表面处理后 4h 内，钢材表面在返黄前，就要涂漆；如果钢材表面有可见返锈现象，变湿或者被污染，要求重新清理到前面要求的级别。

（3）自动喷砂系统

自动喷砂系统主要由喷砂房体、自动喷砂系统、磨料回收分选系统（包含钢格栅、落料斗、皮带输送机、斗式提升机、丸尘分离装置、储砂箱、均砂螺旋输送机、气动供丸系统及配套检修平台等）、变频调速滚轮架、局部除尘系统、全室除尘系统、空压机房（供气系统）、真空吸砂系统、喷砂房除湿系统、电控系统等部分组成。

1）整体布局及设计方案

房体尺寸均为 10m×12m×37m（宽×高×长），工件最大尺寸为 8m×8m×35m。喷砂房后置机房为 20m×6.5×18m（H），喷砂房后置机房底层主要设置地坑回砂系统、斗提机、尘丸分离器、皮带机、喷砂机、旋风除尘器、真空吸砂机的储砂筒等。整个房体为二层结构，底层高为 12m，二层空间高为 6m。二层作为设备布置层，用于放置空调送风机组、除湿机、除尘器、除尘风机、真空吸砂机的动力机组和除尘机组等设备；在平台与喷砂吊顶之间布置喷砂送风管。

2）喷砂房体

喷砂房一端设柔性提升门，工件由同一端进出。喷砂房整体为轻钢结构形式，外敷岩棉彩钢夹芯板，外形美观，防腐耐用，内侧壁铺设不小于 5mm 厚钢板，再敷不小于 5mm 厚耐磨橡胶板，以避免喷砂时丸料喷射到喷砂室体上，对室体结构磨损。通过对室体的有效密封及采用隔声降噪的夹芯彩钢板将喷砂产生的高频率噪声有效控制在室体内部，在室外达到国家环保要求。房体具有足够的刚性强度、稳定性、密封性、抗冲击性、抗震动性、安全技术等，符合有关建筑标准要求。

照明系统主要由喷砂房内照明系统、地坑照明系统和后置机房照明系统组成。

3）自动喷砂设备

每间喷砂房配置 6 台双缸双枪连续喷砂机及 6 套自动喷砂架。喷砂缸配有电-气遥控装置，喷砂枪上配有 24V 安全电源、喷嘴、打砂灯及无线遥控器。为了方便使用及操作，喷砂机采用现地控制，所有喷砂机上的电、气阀件分别设置在各自的控制箱内。在配电箱操作面板上均有指示灯，显示喷砂机的工作状况。在喷砂房墙上安装有快卸接口模板，该板上配有打砂管输出接口、照明接口、操作人员呼吸面具接口。所有喷砂机电源采用集中控制。

为了减少人工喷砂作业量，配置有往复式喷枪行走架，与自行走滚轮架联锁可实现筒体外表面的自动喷砂。

① 基本原理

往复式自行走喷枪架共有三个方向的动作：第一是沿地面轨道的水平运动；第二是根据塔筒直径大小调整喷枪支架伸缩和升降运动，喷枪到筒壁合适的距离，从而保证喷射面的大小均匀；第三是喷枪支架自带有凸轮机构，在电机带动下从而实现喷枪往复扫射，再配合滚轮架的旋转，实现由线到面的过程。喷枪架设有安全保护装置、行程开关等保护装置。

②运行方式

该喷枪架使用时首先根据工件长度选择喷枪架的数量来进行分段，再根据工件直径的大小人工选择喷枪架伸长长度，使之适用工件，然后开启自动行走喷砂模式。喷枪架在行走电机的带动下做往复运动，同时工件在电动滚轮架的带动下缓慢转动，以达到自动喷砂的目的，并设有急停开关，见图 3.7-3、图 3.7-4。

图 3.7-3 自动喷砂挂架

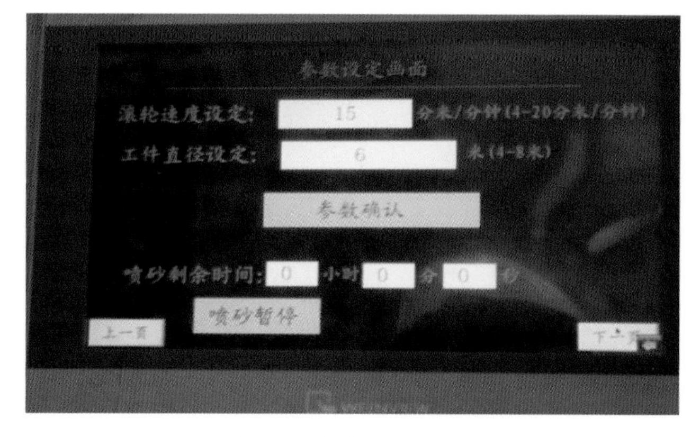

图 3.7-4 自动喷砂参数设定

③ 设备优点

包括：运行系统在室内，并具有密封装置，减少占地面积，节省空间；自动化程度高，喷枪架自动往复喷砂，减小喷砂工人的劳动强度；传动机构在室体一侧下方，维修方便；整体采用迷宫加橡胶板密封。

④ 主要计算说明（以 4m 直径 30m 长的塔筒为例）

塔筒外表面积为 $4\times3.14\times30=376.8m^2$；

采用 6 个挂架均分，每个挂架行走长度为 $30\div6=5m$，每杆枪按 1.1 倍的搭接面积覆盖，喷射面积为 $62.8m^2\times1.1=69.08m^2$；

每杆枪喷射有效面积为 0.1m 圆，凸轮旋转一周，喷枪扫射长度为 0.5m，有效面积为 $0.05m^2$；滚轮架旋转一周的喷射面积为 $0.05\times4\times3.14=0.628m^2$；

为达到抛丸 Sa2.5 级表面预处理标准，每杆枪每小时的喷射面积为 $15m^2$，根据滚轮架滚轮直径为 650mm，由此可计算出滚轮架的旋转线速度为 $4\times3.14\div[60\div(15\div0.628)]=5m/min$。

喷枪挂架在滚轮架旋转一周即 2.5min 后平移 0.5m。

每节筒节的喷丸总时间为 $69.08\div15=4.6h$。

如采用2个人同时手工喷，则需要 376.8÷15÷2=12.56h。

4）磨料回收处理系统

喷砂房配置1套磨料回收系统，每套系统含过滤格栅及集丸斗1套、横向皮带输送机3台、纵向皮带输送机1台、斗式提升机1台、砂尘分离器1台、储砂箱1个、均砂螺旋输送机1套、气动供丸系统1套。

喷砂房内的钢砂回收流程为：自动喷砂/人工喷砂时钢砂落入地坑内，通过横向皮带输送机、纵向皮带输送机转运至斗式提升机，通过斗式提升机提升至丸尘分离器，再经砂尘分离器进行粉尘分离后至储砂箱里，喷砂作业时可以根据喷砂机要料情况进料，这样经过清理后的钢砂就能不断循环地使用。

① 集砂斗与格栅

在室体地坑内总共有3条组合式集砂斗。集砂斗是用来收集喷砂中掉下来的丸料、氧化皮等，采用4mm厚钢板制成，集砂斗上部布置有钢制格栅地板，模块化设计，便于更换，下部设有漏砂孔，使钢砂均匀漏落到下输送皮带上，不易造成钢砂堆压，确保皮带输送正常工作。

② 皮带输送机

喷砂房内集砂斗底面设有三条纵向输送机（36m长），三条纵向输送机将收集到的钢砂均匀地落到喷砂房后置的横向输送机上（7m长），横向输送机将钢丸送至提升机进料口。

皮带输送机主要组成部分包括头部驱动装置、头部清扫器、头部中间架、头部密封罩、中间架、扩口导料槽、上下托辊组、上下边挡辊组、尾轮张紧装置、输送胶带等。

③ 斗式提升机

斗式提升机由上部区段、中间机壳、下部区段、驱动装置、胶带、料斗及逆止制动装置等组成。驱动装置采用带电机摆线针速轮减速机，方便安装，结构简单，逆止装置采用无底座滚柱逆止器。斗提机下轴承采用迷宫设置，以保证轴承的密封性。

④ 砂尘分离器

采用满幕帘式砂尘分离器，分离器由分离器螺旋、滚动筛、丸料仓、动力等组成。

粗颗粒垃圾由滚动筛筛选后排出，粉尘由吸风装置吸除，并经过除尘器后排放。细颗粒垃圾因风力作用，与磨料分离而清除。分离器有三级分离，分离干净，除尘率可达85%以上。

自斗式提升机输入的砂尘混合物，由分离器螺旋送至滚动筛中，滚筒筛设有内、外螺旋片，工作时螺旋片将砂块、杂物等大颗粒杂物移送至排渣口排出。过筛后的丸尘混合物由滚动筛外螺旋片推送，并使其沿分离器长度方向布料，然后丸尘料通过分离器挡板的调节，呈流幕状态，均匀流至分离器底部。此时除尘风机通过分离器排风口吸风，利用重力风选原理，将砂料和粉尘及细颗粒垃圾有效分离，粉尘通过风管排出，砂料落入底部后待用，从而实现弹丸循环使用。

⑤ 螺旋均砂输送机

螺旋均砂输送器由摆线针轮减速机、螺旋轴、输送罩、带座轴承、落砂调节口等组成。螺旋均砂输送器将分离器分离后的丸料通过螺旋输送和可调节落砂口将丸料均匀分布在储砂箱内。

⑥ 储砂箱及气动供丸系统

储砂箱与喷砂主机之间采用旋转落料阀，这是一种依靠气缸控制行程，对落丸量进行远距离遥控的装置，避免了由于普通弹丸控制阀因关闭不严而造成的漏丸、控制不灵及伤人现象。当喷砂罐中丸料达到设定值后，在料位传感器的作用下，旋转落料阀自动开启或闭合，保证主机正常连续工作。

⑦ 检修平台

为便于丸尘分选器以及斗式提升机顶部的检修和维护，设置了检修平台及护栏，见图3.7-5、图3.7-6。

5）喷砂滚轮架

滚轮架平车承载400t，双工作台面5m×5m（一主一从），工作台面板厚度10mm，台面上采用装配

图 3.7-5　喷砂房格栅板

图 3.7-6　自动喷砂罐

式旋转橡胶轮（不宜采用钢轮，钢轮会将钢丸压至工作表面，形成麻坑），表面覆盖 5mm 厚耐磨橡胶板，行走及滚轮回转均采用变频调速，行走速度：0～10m/min，滚轮线速度：0～2m/min 变频可调，滚轮与平车采用分体式，滚轮电机的供电采用快速接插式，滚轮架与自动喷枪可实现联动控制。

6）局部除尘系统

在磨料回收过程中的每个扬尘点处（如横向皮带输送机至纵向皮带输送机、纵向皮带输送机至斗式提升机、丸尘分离器）设置吸风口，整体采用二级除尘，第一级为旋风除尘，可除去 70%灰尘，第二级为滤筒除尘，通过二级除尘后，排放浓度在 80mg/m^3 以下，达到国家规定的排放标准。

7）全室除尘系统

喷砂房全室除尘系统按每小时换气 12 次以上设计，且要求排放口的排放浓度小于 80mg/m^3。系统配置滤筒除尘器，滤筒采用进口 HV 滤料。喷砂房端部安装吸风口，在喷砂作业时除尘器开动。经过除尘器处理后的洁净空气，经循环风、排风联动电动风阀调配，可将 60%～70%的风量由循环风管送入房内循环使用，以降低能耗。喷砂房为微负压运行。

全室通风系统通风管路设电动开度阀，通过调节支管上电动阀的开度控制循环风量，全室通风采用上送下排方式。在喷砂房临近机房端部开设排风口，在有可能的前提下尽量多，均匀地设置排风口，形成有效的气流组织，不在喷砂间垂直面上形成气流短路，提高除尘效果。

滤筒除尘器采用脉冲反吹清灰方式，除尘器配套脉冲阀、脉冲控制仪及压差计来实现控制，见图 3.7-7～图 3.7-9。

图 3.7-7　室内上送风口

图 3.7-8　室内侧吸风口

图3.7-9　全室除尘系统

8）空压机房

空压机为喷砂及控制系统提供动力，由三台定频及一台变频空压机组成，配套相应的后处理冷干设备及管路过滤器及缓冲储罐，同时在设计时要考虑到空压设备的整体散热冷却及余热回收利用（可供给喷漆房），见图3.7-10。

图3.7-10　空压机房及余热回收系统

9）真空吸砂系统

两间喷砂房共配置1台大型真空吸砂机，真空吸砂机采用分体式，其动力机组集中放置在隔音室内。真空吸砂机的动力机组和除尘机组布置在后置机房架空层，排灰采用集中排灰。

堆积在容器内的磨料，通过真空吸砂机吸入储砂桶内，储砂桶设料位仪，当储砂桶满砂后真空吸砂机自动停机放砂，砂料直接排放至横向皮带输送机，当放砂工序完成后主机再次自动启动投入吸砂工序。真空吸砂机的排灰口与主风道连接在一起。各卸灰管道送至地面手推车可以通达的地方，下管口离水平面0.8m，配置一辆手推小车。

10）喷砂房除湿系统

两间喷砂房共配置一套除湿装置，分别切换使用，在南京地区恶劣情况下可在1h内将室内湿度控制在75%以下。除湿系统采用组合型轮转冷冻除湿机，适宜于全天候作业。

除湿机组将被处理的空气温度降低到露点以下，水蒸气凝结成水从湿空气中分离出来，被处理空气的温度、含湿量都降低；再通过转轮除湿或后加热补偿，相对湿度降低，达到送风要求。进口温湿度、出口温湿度、压缩机温度、压缩机状态、后加热温度、再生加热温度等参数显示在集控室（留有实时监控接口）。采用整体式结构，整套设备主要由制冷系统、转轮系统、加热系统、送风系统组成，见图3.7-11。

图3.7-11　喷砂房空调除湿机机组

11）喷砂电控系统

此喷砂房采用西门子可编程控制器（PLC）控制，触摸屏显示。风机的控制上，采用星三角启动方式，减小电机的启动电流；安全方面，在控制回路中设有过载、反向、缺相保护功能，有效地保护了电机，避免因为过载、反向、缺相而损坏电机。在电路设计上，尽量采用标准模块，减少电器元件的数量，减少接线量，将电控系统的故障源降低到最小。喷砂室内外设有急停、安全联锁及报警装置。

本机的电气系统具有以下特点：

① 门与喷砂机互锁，门未关，喷砂机不能工作；

② 设有磨料循环系统故障报警功能，并且该系统任一部件出现故障，其上面的部件自动停止运行，以防磨料卡死并烧毁动力装置；

③ 在料斗上装有检测装置，能显示溢丸和欠丸状态；

④ 全机设有急停按钮，按下急停按钮可以实现全机停车，避免事故的发生或扩大。

为使设备安全可靠地运行，在本系统的电气系统上设有下述联锁：

① 若室体门未关闭，喷砂机不能工作；

② 若分离器未开，提升机不能工作；

③ 若提升机未开，纵向皮带输送机不能工作；

④ 若纵向皮带输送机未开，横向皮带输送机不能工作；

⑤ 若横向皮带输送机未打开，供丸闸不能打开，见图3.7-12、图3.7-13。

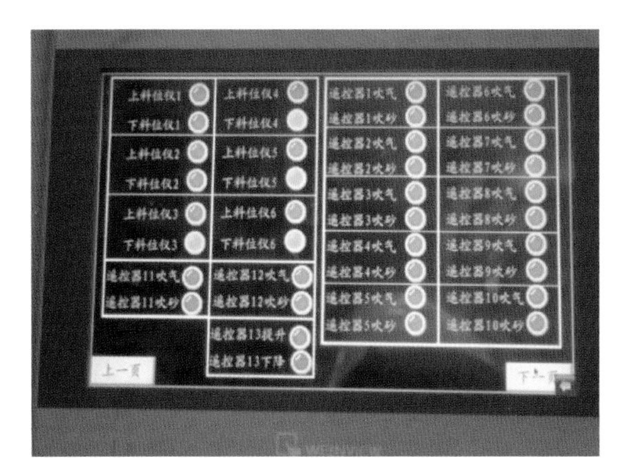

图 3.7-12　自动喷砂控制页面

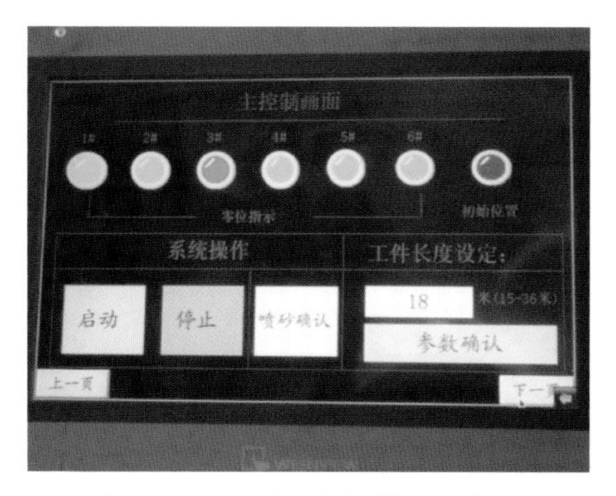

图 3.7-13　自动喷砂各系统运行状态

（4）涂装施工

1）涂装施工环境要求

油漆涂装操作区域（最好是室内）应管线明亮、空气流通、地面干净，保证喷涂过程中无扬尘。依照 ISO 8502-4 要求，塔筒表面温度比空气露点温度高出少于 3℃或相对湿度超过 85%，则不能进行涂装作业。油漆的施工极限温度范围由油漆公司提供，并严格遵守。

各涂层油漆的复涂间隔应遵守油漆公司提供的该油漆在不同温度下的复涂间隔。涂装防腐作业应避免和其他作业交叉影响，以免造成污染或发生安全事故。涂装完成的表面也应避免接触有害条件的影响。

2）热喷锌

喷锌施工时间应控制在表面处理后 4h 内，钢材表面在返黄前。

热喷锌层的厚度、附着力等相关性能需满足项目要求后方可进行接下来的油漆施工。

筒壁在热喷锌后，需使用 300 目以上的砂纸清除喷锌层表面“锌尘、颗粒”，在喷涂后继涂层前，如为使用专用连接漆，需使用高稀释比例（稀释比例为 50%～80%）的油漆进行雾喷，以排出锌层表面空气并加强油漆与基材的结合力。

3）油漆的准备

① 任何油漆在经过一段时间的放置后，会有不同程度的沉淀和分层，所以在开罐后，需要用机械动力搅拌器将其完全搅拌均匀后再使用，否则，将影响油漆的成膜品质。在油漆按比例混合均匀后，需根据说明书进行熟化。

② 使用工作状态良好的搅拌器，保证油漆混合均匀、彻底；搅拌桨上包裹过厚的旧油漆需及时清除，否则降低搅拌混合效率；清除桨叶上旧漆时不得使用明火燃烧。

③ 确保多组分油漆按配比混合。大批量使用时，按包装发货量混合；双组分油漆拆套使用时，应先将各组分搅拌均匀，然后确定油漆用量，准备一把钢质直尺和一只用于混合油漆的空桶，以直尺底端为基线，按比例在直尺上做出固化剂用量和油漆使用量标记，然后置于空桶中，加入固化剂至其标记，再加入主剂至油漆使用量标记即可；请注意按照规定比例来调配油漆。

④ 双组分油漆混合前先将主剂和固化剂分别搅拌均匀，然后一边搅拌主剂一边加入固化剂；然后加一定量的稀释剂在固化剂桶中将桶洗净，再将固化剂桶内成分倒入主剂桶内，搅拌均匀；必须使用正确的稀料。

⑤ 假稠的油漆在泵内加压或搅拌时黏度变低，不要过分稀释；每次稀释后都需等油漆与稀料彻底搅拌均匀后再试喷涂。

⑥ 油漆在搅拌后需静置片刻以排除气泡和做相应的熟化。

⑦ 低温施工时，提前24h将油漆及喷涂设备放在20～30℃的环境中加热，可避免不必要的稀释；同时须注意油漆与待施工底材的温差不要过大，以免喷涂后出现漆病。

⑧ 双组分或多组分油漆需按量混合，超过罐藏寿命的油漆不能再使用，请仔细阅读说明书。

4）预涂及喷涂

在每层油漆进行涂装前，应先对局部难以严密覆盖部位进行预涂装，即对焊缝、边缘、各种孔以及结构复杂、较难喷涂到的部位进行刷涂。特别注意刷涂时不要留下气孔或漏涂；凹陷处漆膜下不能留有任何空气或其他杂质的空穴。

预涂装完毕后，进行油漆的喷涂施工。预涂与喷涂的涂装间隔要掌握好，要么在预涂后很短时间内进行喷涂，要么就在预涂油漆固化达到一定程度后再喷涂，不能在油漆半干的状态下进行喷涂，否则会产生漆病。

5）涂装施工操作要求

① 喷涂前需用按比例搅拌并稀释好的涂料进行预涂；

② 预涂的部位包括型材反面、板材边口、各种孔、粗糙的焊道、表面的凹凸不平、焊道裂缝、咬口、自由边等结构复杂难以喷涂的部位；

③ 预涂产生的流挂和滴落应立即用刷子带平；

④ 喷涂施工建议选择油漆说明书中推荐的设备型号；

⑤ 空气管先接压缩风包再接喷涂设备，避免管内脏物污染喷涂设备；

⑥ 必须使用合适的油水分离器，避免压缩空气中的油水损害空气泵；

⑦ 选择合适的压缩空气压力和出风量；

⑧ 确认喷涂机处于合适的工作状态，泵能够连续地工作并在喷涂中能够保持连续、恒定的适当雾化；球阀和吸管密封严密，吸管密封严密，喷枪嘴处不打火；

⑨ 油漆泵应接地；

⑩ 调整油漆到合适的黏度，避免泵空吸；

⑪ 喷涂前一定要试枪，调整压力，以确定合适的雾化油漆颗粒和扇形，喷涂中使用湿膜卡控制湿膜厚度，以便得到需要的干膜厚度；

⑫ 预涂完成后立即进行喷涂，喷涂的枪距一般在350～450mm之间，但需要喷漆手根据雾化扇形及油漆到达物件表面的状态和走枪速度调整确定精确的枪距；避免过度雾化、过远枪距等造成干喷以及雾化不够造成的流挂、拉丝、表面粗糙等漆病；

⑬ 油漆到达物件表面时应是平整、连续的湿涂层，雾化漆雾太细和温度过高时易产生干喷或半干喷情况，在这种情况下可以加入一定量的稀料来缓解；

⑭ 喷涂应50%压枪，并且横、纵两个方向进行以得到均匀、平整的漆膜；

⑮ 喷涂过程中应经常使用湿膜卡测量湿膜厚度，以得到需要的干膜厚度；

⑯ 在喷涂过程中产生流挂应立即用刷子带平；

⑰ 避免枪距过近造成的流挂、表面桔皮等漆病；

⑱ 可以适当地选用空气喷涂修补膜厚；

⑲ 如果在涂敷后便暴露于高湿度的环境中，漆膜表面可能会发白，此时可以用稀料擦除白色物质，然后重涂一层薄的漆膜；

⑳ 在后道工序施工之前，应确认其涂装间隔时间已满足技术要求。同时，如发现底漆因搬运、装配等原因而受损，应进行修补，并满足该道油漆的干漆膜厚度要求。

6）稀释剂的使用

稀释剂按说明书推荐比例添加到油漆中，一般为油漆量的5%，不同施工方法、环境、施工温度等要求的黏度不同，应按需求调整至既方便施工，又能达到膜厚要求的比例。

(5）塔筒水平转动喷涂系统

塔筒表面喷漆是塔筒制造过程中最重要的工序之一。陆上风电塔筒通常为直径3.6～4.6m、单段最长直径30m的锥管式钢塔筒组成，具有直径大、长度长的特征；而海上风电塔筒的直径通常接近7m，单段长度达到30m。现有的风电塔筒外壁喷漆一般采用将塔筒直接放置于胎架或滚轮架上喷漆的方式，这种传统的方式存在以下缺点：

1）塔筒固定的喷漆作业容易造成喷漆不均匀现象；

2）直接将外壁置于滚轮上进行喷漆作业，则外壁滚轮架位置油漆无法避免地会被损坏，外壁需要逐层修补；

3）海上风电塔筒外壁需要喷锌作业，喷锌作业要求一次成型，胎架或滚轮架位置外壁的被损坏的区域则无法修补。

塔筒水平转动系统是将工装法兰安装固定于冲砂后完成法兰面喷锌的塔筒两端，将塔筒吊装置于改造而成的凹槽式动力滚轮架上，令工装法兰与滚轮架契合，通过滚轮架转动工装法兰带动塔筒旋转，使塔筒在滚轮架上转动时外壁完全不接触滚轮架，见图3.7-14。

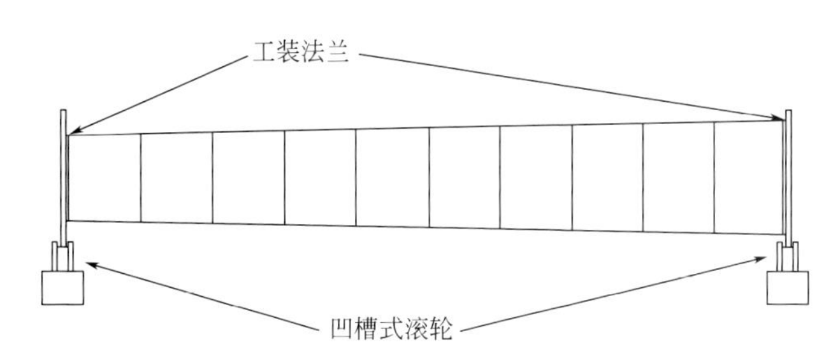

图3.7-14　塔筒水平转动系统

传统涂装方式中外壁每一层喷涂完成后，需要等其他区域油漆完全干燥之后，再转动滚轮架，对架位区域油漆进行修补，干燥后再进行下一层油漆复涂。而安装了塔筒水平转动系统的塔筒外壁的喷涂作业或喷锌作业可以一次完成，并且外壁油漆未完全硬干、复涂间隔已达到的情况下就进行复涂作业，不用担心滚轮架碾坏已喷涂的油漆，这样大大缩短了涂装施工周期，减少了油漆修补工作，增强了塔筒外壁防腐效果，提高了塔筒成品外壁美观度。

(6）油漆质量检验

1）油漆膜厚测量：测量按照SSPC-PA2或者ISO 2801标准执行，在每一度涂层施工完成并硬干后进行，所测各点干膜厚度应符合各项目涂层系统规定。

2）光泽度测量：按ISO 2813标准，使用光泽度仪测量油漆表面光泽度数值，要求测量值符合各项目技术规范。

3）附着力测试：施工时按照技术规范要求准备相应数量的油漆试板，用以检测涂层的附着力和层间结合力，其测试方法依据ISO 2409、ISO 4624标准。

4）色差检查：依据《漆膜颜色的测量方法　第一部分：原理》GB 11186.1进行检测，使用色差仪，测量对比塔筒外壁油漆及油漆商提供的标准色卡式样，偏差值应符合项目技术规范要求。

5）目视检查：对完工的表面进行目视检查，要求完工表面色泽均匀，无流挂、漆雾、针孔、气泡、漏喷、桔皮、剥落、龟裂、污染等漆病。

(7）油漆修补

1）破坏到钢板的涂层的修补工艺

① 表面处理

根据SSPC-SP11规范，清除表面的锈、氧化皮、旧的漆层和其他污物直至裸露钢板，并达到25μm的表面粗糙度。

将破损部位周边15～25cm区域完好漆层拉出坡口，以保证修补涂层与原涂层平滑过渡。

表面灰尘的清洁达到ISO 8502-3的3级或更好的标准。

② 涂料的施工

修补涂层系统中热喷锌层，在得到设计方认可的情况下，可使用环氧富锌底漆替代修补，施工方式为空气喷涂或手工刷涂。

空气喷涂能得到理想的漆膜外观并且适合较大面积的施工。

手工刷涂要平整，无流挂、打堆和刷痕。手工刷涂可以分多次进行，第一次刷涂50μm，硬干后再刷涂50μm，硬干后再刷涂50μm，直至达到规定的漆膜厚度。

应根据所需用量混合油漆，超过罐藏寿命的油漆不能再用。

每度涂层硬干后立即检测漆膜，薄的地方立即补足膜厚。

③修补涂层的示意图（图3.7-15）

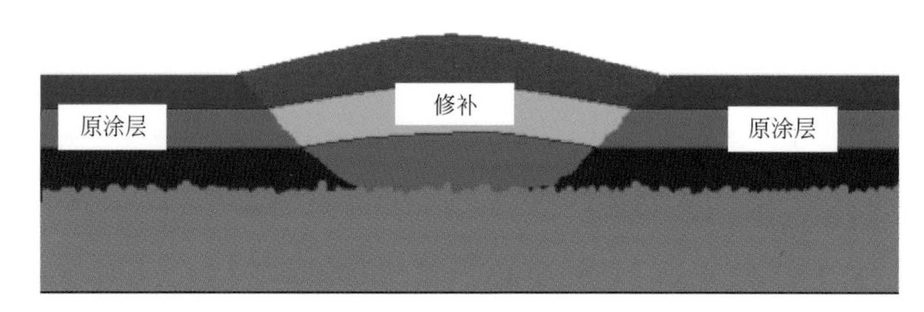

图3.7 15　修补涂层的示意图

2）仅破坏中/面漆涂层的修补工艺

① 表面处理前的准备

根据SSPC-SP1规范，清除表面的油、水、脂、盐、切削液、防冻剂等化学试剂。

② 表面处理

砂纸打磨去除破损的涂层。

将破损部位周围15～25cm范围内完好漆层拉出坡口，以保证修补涂层与原涂层平滑的过渡。

表面灰尘的清洁达到ISO 8502-3的3级或更好的标准。

③ 修补涂层的示意图（图3.7-16）

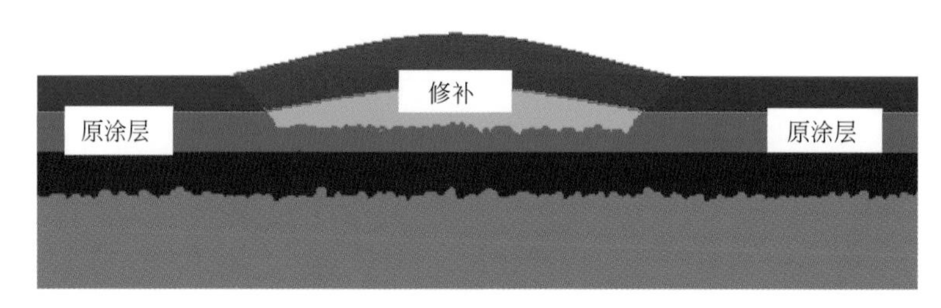

图3.7-16　修补涂层的示意图

（8）施工及检验记录

及时如实填写施工及检验记录，保证所有施工环节具有追溯性。

（9）塔筒包装

油漆施工完成后须等待漆膜完全固化，在对塔筒进行包裹、使用。

（10）存储和搬运

油漆材料应有良好的储存方案，油漆仓库应通风，符合有关安全及防火法规，油漆不可置于阳光直射下，也应防止霜冻和雨水污染。

油漆的搬运须使用合适的辅助工具。施工完油漆的塔筒在表面油漆固化前不要搬运及触碰漆件，吊装和放置时也应使用塑料布、薄板、地毯等类似物品来保护涂漆表面。塔筒交付前应清洁内外表面，但不得损坏配件。

（11）安全、健康和环保

涂装施工方须健全完整的安全、健康和环境方面的规章制度。确保人员的健康、安全和福利，必须符合国家和本地的相关法律法规。涂装施工需要一整套健全的安全程序，操作人须熟悉安全和操作程序，熟悉各类油漆急救知识，并且可以有效应对突发事件。

施工区域必须明确划分和标示，在涂装操作中必须设置危险警告，包括易燃及禁烟，并放置于显眼位置。

第4章

特殊钢结构制作关键技术

4.1 高强度厚板钢构件制作技术

1. 技术简介

(1) 技术背景

现代钢结构工程朝着跨度大、超高、结构复杂的方向发展，同时，结构抗震要求越来越高，能满足载荷大、抗冲击性能好的低合金高强度板材越来越被广泛采用。目前国内高强度钢板性能已能达到屈服690MPa级别，其中厚度50～80mm的Q420级别的低合金高强度结构钢应用较为普遍。

此类高强度材料一般为正火交货，且对Z向性能有特殊要求，加工过程中易产生质量问题，尤其焊接时在热影响区容易产生脆化现象和焊缝裂纹缺陷，如何保证其加工质量是技术难点，本节以某项目中的Q420GJC-Z15厚板支撑柱构件制作为例，介绍高强度厚板钢构件制作技术。

(2) 技术特点

1) 针对高碳当量钢材焊接难题，制定多种焊接方法的工艺参数，保证焊缝性能指标。

2) 改传统的电加热方式为火焰加热，不仅满足预热及后热工艺要求，而且提高效率、降低成本。

3) 通过控制层间温度，防止焊缝裂纹，保证焊接质量。

(3) 推广应用

乌鲁木齐新客站站房工程部分支撑柱为Q420GJC-Z15材质，板厚主要为50mm，通过应用高强度厚度钢构件制作技术，项目构件焊接一次合格率99%，取得了较大的经济效益，同时也为更高级别的高强度厚板制作提供了可靠的参考价值。

2. 技术内容

(1) 施工工艺流程

厚板圆管构件如图4.1-1所示。

图4.1-1 厚板圆管构件示意图

钢管柱生产工艺流程如图4.1-2所示。

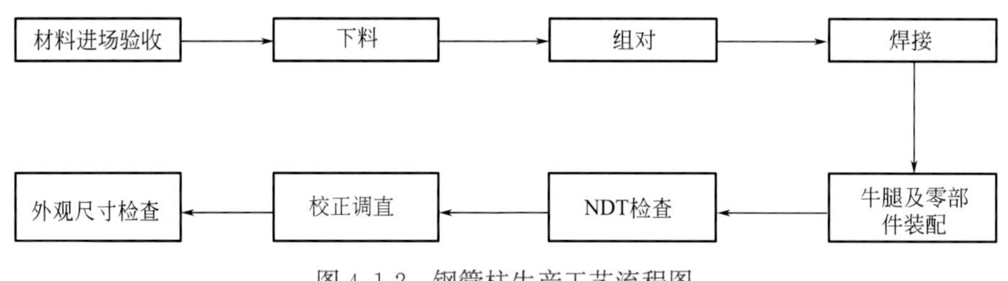

图4.1-2 钢管柱生产工艺流程图

(2) 关键技术介绍

1) 材料进场验收

Q420GJC-Z15应符合《建筑结构用钢板》GB/T 19879标准要求，钢板原材料到厂后，根据项目技术要求及时进行外观尺寸检测、超声波探伤、理化性能复验。对于厚度大于 40mm 的厚板应重点关注 Z 向性能的复验。

2）下料

异型件采用数控一次下料完成，坡口采用半自动切割完成，在切割中为防止切割变形及变形后造成的局部切割尺寸偏差过大，在切割时做封点处理，采取强制措施控制变形。

3）组对

组对前核实零部件规格（板厚、长度、宽度），检查平整度，对不平度超差的板条进行火焰校平，矫正平直后，方可组对。组对中要严格控制尺寸偏差，要标识焊接顺序。

组对点焊使用的焊材应与母材相适应，点焊长度不小于 50mm，间隔不大于 500mm。厚板点焊前应加热，点焊长度应适当加大。

主焊缝焊接前应在两端点焊引弧板、收弧板，厚度应与板厚度相适宜。

4）焊接

① 材料的焊接性

a. 钢材的焊接性是指钢材在一定的施焊条件下，采用一定的焊接方法、焊接材料、工艺规范及结构形式，使获得所要求的焊接质量，即焊接接头是完整的，没有裂纹等缺陷，同时接头的力学性能符合设计要求，能够满足使用要求。所以焊接性包括两个方面：

工艺焊接性：主要指焊接接头出现各种裂纹的可能性，也称抗裂性。

使用焊接性：主要指焊接接头在使用中的可靠性，包括焊接接头的力学性能（强度、塑性、韧性、硬度等）和其他特殊性能（如耐热性、耐腐蚀、耐低温、抗疲劳、抗时效等）。

不同的钢材焊接性不同，影响钢材焊接性的主要因素有钢材的化学成分、热处理状态及工件的厚度、焊接的热输入量、冷却速度等。而焊接性主要由碳当量作为衡量标准，所谓的碳当量就是根据钢材的化学成分与钢材焊接热影响区的淬硬关系，把钢中的合金元素（包括碳）的含量，按其作用换算成碳的相当含量。碳当量用 CE（%）表示，采用国际焊接学会推荐的碳当量公式，见式（4.1-1）。

$$CE=C+Mn/6+(Cr+Mo+V)/5+(Ni+Cu)/15 \tag{4.1-1}$$

式中　C——碳元素相对原子质量；

Mn——锰元素相对原子质量；

Cr——铬元素相对原子质量；

Mo——钼元素相对原子质量；

V——钒元素相对原子质量；

Ni——镍元素相对原子质量；

Cu——铜元素相对原子质量。

b. Q420GJC-Z15 建筑用钢的焊接性分析

《建筑结构用钢板》GB/T 19879 规定，对于 Q420G 等级的正火板材料，公称厚度≤50mm 时，CE ≤0.48%，本项目中使用的材料实际碳当量 CE 值在 0.44～0.48 之间。相关研究表明，碳当量 CE 大于 0.4%时，钢材焊接时基本上有淬硬倾向，当冷却速度过快时，有可能产生马氏体淬硬组织。尤其当板件较厚时，拘束应力和扩散氢含量较高，必须采取适当措施来防止冷裂纹产生。

另外，材料 Z 向性能比薄板差，亦容易产生层状撕裂。总体来说其焊接性较差，如果焊接工艺不当，焊接时会有焊接热影响区脆化倾向，易形成热裂纹。当冷却速度较快时，有明显的冷裂倾向，也有可能会产生延迟裂纹，所以焊接过程中要严格控制焊接工艺。

② 焊接方法及焊材选择

a. 焊接方法选择

依据钢结构节点形式、焊接位置、焊接效率及焊接质量等综合因素考虑，厚板焊接一般采用 CO_2

气体保护焊及埋弧自动焊，其原因是：

A. 因 Q420 钢供货状态是正火，随着焊接热输入增大，高温停留时间长，其脆化就越显著，所以要选择热输入较小的焊接方法，避免热影响区增大，防止正火钢过热区脆化；

B. CO_2 气体保护焊电流密度大、热量集中、熔池小、热影响区窄，因此焊后工件变形小，焊缝质量好；

C. CO_2 气体保护焊焊丝熔敷速度快、生产效率高、操作简单、成本较低；

D. 与焊条电弧焊和埋弧焊相比有突出优点：熔深比焊条电弧焊大，焊缝金属的含氢量较小，坡口设计时可比焊条电弧焊的坡口角度小、间隙小和钝边大，能够减少填充量。比埋弧焊灵活，适用全位置焊接，电弧可见，便于调整。而对于管柱纵缝，以及工字梁、箱形梁等其他构件上规则的对接焊缝和角焊缝，一般可选用埋弧焊自动焊焊接。

b. 焊材选择

焊材选用原则是在保证焊接结构安全的前提下，尽量选用工艺性能好、生产效率高的焊材。同时，在不低于母材最低抗拉强度下，重点从提高焊接接头的抗脆性断裂能力和抗裂性能方面考虑。通过工艺试验，CO_2 气体保护焊选择抗拉强度 550～600MPa 级低合金高强度钢用镀铜气保焊丝 ER55-G。

焊丝理化性能见表 4.1-1～表 4.1-2。

ER55-G 焊丝熔敷金属化学成分表（%） **表 4.1-1**

型号	C	Mn	Si	P	S	Cr	Ni	Mo	Cu	Ti
ER55-G	0.054	1.46	0.58	0.010	0.003	0.022	0.32	0.27	0.061	0.09

ER55-G 焊丝熔敷金属力学性能表 **表 4.1-2**

型号	屈服强度(MPa)	抗拉强度(MPa)	伸长率(%)	−30℃冲击功(J)
ER55-G	507	600	29	220

埋弧焊则选用 H10Mn2 镀铜埋弧焊丝，严格控制硫磷含量（P≤0.02、S≤0.01），适量添加了 Ni，并对 C、Mn 含量进行了合理控制。配合 CHF101 焊剂使用，在焊接时能够获得足够的焊缝强度及优良的抗裂性和焊缝低温韧性，且焊缝成型美观，特别适用于 Q420 强度级别的钢结构的焊接。焊丝理化性能见表 4.1-3～表 4.1-4。

H10Mn2 焊丝熔敷金属化学成分表（%） **表 4.1-3**

型号	C	Mn	Si	P	S	Cr	Ni	Cu
H10Mn2	0.122	2.08	0.098	0.006	0.002	0.023	0.13	0.044

H10Mn2 焊丝熔敷金属力学性能表 **表 4.1-4**

型号	屈服强度(MPa)	抗拉强度(MPa)	伸长率(%)	−40℃冲击功(J)
H10Mn2	496	593	29.5	175

③ 焊接工艺方案确定

在焊材确定后，我们分别从以下几个方面确定焊接工艺方案：

a. 坡口形式设计

超厚板坡口设计时，主要考虑两点因素：一是焊接时 CO_2 焊丝可伸入焊缝根部；二是尽量减少焊缝熔敷量。基于以上考虑，50mm 平对接接头设计成 X 形坡口，T 形全熔透接头设计成 K 形坡口，如图 4.1-3 所示的两种形式。

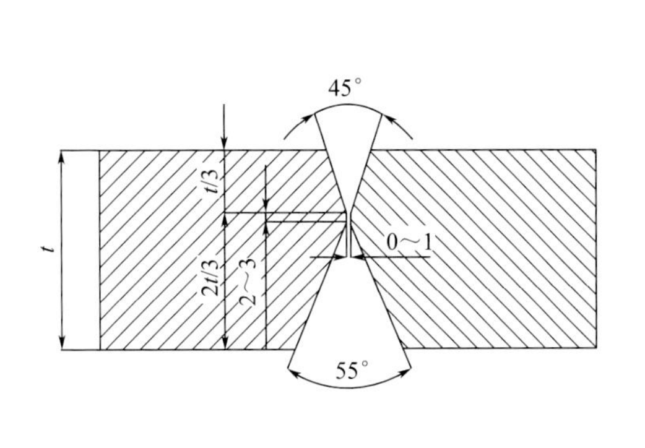

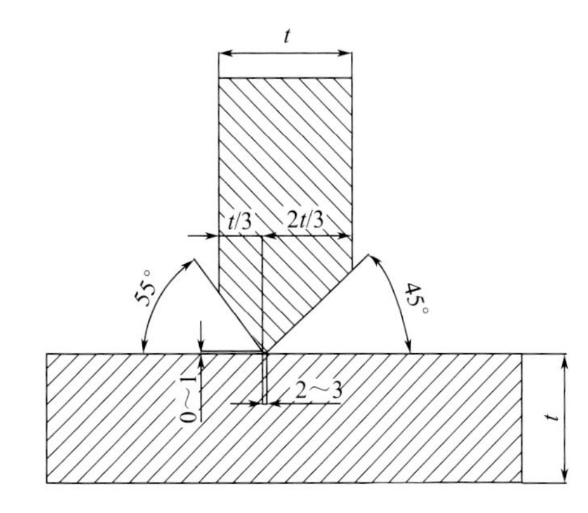

图 4.1-3 平对接接头和 T 形接头坡口形式图

b. 焊前检查

在焊接作业前，焊接检查员要做好以下几个方面的检查：

A. 对持证焊工进行检查核对；

B. 对焊接设备进行检查，检查焊机工作性能是否正常，电流表、电压表指示是否正常；CO_2 流量计是否正常，加热是否正常；

C. 使用焊材的规格、牌号与工艺评定所确定的是否一致；

D. 焊接工程师是否已经对焊接工艺进行了交底，焊工对焊接工艺是否清楚；

E. 焊接环境温度、湿度、风速等是否满足焊接要求，必要时采取防护措施；

F. 焊接接头的清理工作是否完成，确保焊道中间及焊道周围清洁，无污物、无锈迹等。

c. 焊前预热

A. 预热温度

根据《钢结构焊接规范》GB 50661—2011 中 7.6.2 条的规定，应选用的最低预热温度为 80℃。

B. 加热方式

一般较多采用电加热方式进行预热，为了提高加热效率，本技术改用火焰加热方式。因为板件较厚，加热时间较长，加热面积较大，为保证受热均匀，加热区域应在工件正反面的焊道及两侧 100～150mm 范围，火焰要在工件表面不停游走，停留时间不宜过长。

C. 温度测量

测温采用红外线测温仪，测温时间选择在停止加热 2min 后，测温点设置在工件正反面的焊道两侧各 75mm 处，测距不得大于 200mm。

d. 焊接

A. 焊接规范参数

CO_2 气体保护焊，焊丝 ER55-G，规格 ϕ1.2mm，保护气体 CO_2，纯度≥99.5%，极性是直流反接。焊接规范参数见表 4.1-5。

CO_2 气体保护焊焊接规范参数 **表 4.1-5**

	层次	方法	型号	直径(mm)	保护气体	流量(L/min)	电流(A)	电压(V)	速度(cm/min)
工艺参数	1	GMAW	ER55-G	ϕ1.2	CO_2	20～25	240～260	32～36	25
	2～3/6	GMAW	ER55-G	ϕ1.2	CO_2	20～25	260～320	34～38	23
	1/7～3/7	GMAW	ER55-G	ϕ1.2	CO_2	20～25	280～300	36～40	36
	8～2/11	GMAW	ER55-G	ϕ1.2	CO_2	20～25	260～320	32～36	23
	1/12～2/12	GMAW	ER55-G	ϕ1.2	CO_2	20～25	280～300	36～40	35
	预热温度(℃)	80		层间温度(℃)		≤250	后热温度(℃)及时间(h)		250～350/1

埋弧自动焊，焊丝 CHW-S3A，规格 ϕ4.0mm，极性是直流反接。焊接规范参数见表 4.1-6。

埋弧自动焊焊接规范参数 **表 4.1-6**

	层次	方法	型号	直径(mm)	焊剂	电流(A)	电压(V)	速度
工艺参数	1	SAW	H10Mn2	ϕ4.0	SJ101	550～570	28～30	38.0
	2～2/7	SAW	H10Mn2	ϕ4.0	SJ101	560～580	28～32	42.0
	1/8～3/8	SAW	H10Mn2	ϕ4.0	SJ101	570～600	28～32	44.0
	8	SAW	H10Mn2	ϕ4.0	SJ101	550～570	28～32	45.0
	9～3/11	SAW	H10Mn2	ϕ4.0	SJ101	560～580	28～32	43.0
	预热温度(℃)	80		层间温度(℃)	≤250	后热温度(℃)及时间(h)		250～350/1

B. 层间温度控制

厚板焊接一般为多层多道焊，受前道焊缝的焊接能量热传递作用，后道焊缝焊前温度较高（最大超过 300℃），层间温度过高会造成热影响区范围加大，近焊缝区组织晶粒长大，韧性降低。一般层间温度可稍微高于预热温度，控制在 150～250℃之间即可。

在焊接过程中，每层焊接完成后不可立即焊接下一层，利用层间清理的过渡期进行缓冷，使用红外线测温仪实时监控层间温度，待达到控制温度范围内方可施焊。

C. 焊接顺序

(a) 先焊大坡口侧，当完成焊缝的 2/3 时暂停施焊，反面进行清根；

(b) 清根完成后，检查焊道根部是否有缺陷存在，并打磨出金属光泽，刨槽要圆滑过渡，方便焊接；

(c) 从气刨侧继续施焊，直至完成本侧焊接，在施焊过程中注意观察或测量变形情况；

(d) 最后完成另一侧 1/3 焊缝的焊接；

(e) 若是 T 形接头，清根后可选择两名焊工对称焊接。

D. 焊接注意事项

(a) 同一条焊缝尽量一次完成，特殊情况下，应采取焊后保温缓冷，在重新施焊前应按要求进行重新预热处理；

(b) 焊接过程中应注意 CO_2 流量计通电保温，严格控制气体的含水量；

(c) 焊接过程中应采用多层多道、窄焊道薄焊层的焊接方法；

(d) 焊接时，严格控制摆弧宽度，摆弧宽度控制在 12～20mm 之间，每层焊厚不超过 4mm；

(e) 每焊完一层应进行一次层间温度测量，当层温超过规定的温度时应暂停焊接，待温度降至规定范围内时开始焊接；

(f) 每焊完一层应用手动打磨机或风铲清除焊道内氧化物和药皮，并仔细检查焊道内是否存在缺陷，如果有应进行清除后方可焊接；

(g) 焊接时应严格按照焊接工艺（WPS）规定的参数进行施焊，严禁焊工超规范焊接；

(h) 严禁在工件表面进行打火、起弧，工件表面严禁电弧擦伤；

(i) 在去除引、熄弧板或码板时，应离开工件 2～3mm 位置用火焰切除，然后用电动打磨机磨除根部，严禁伤及母材；

(j) 焊接完成后，应立即按要求进行后热处理。

④ 焊后热处理

对于此类强度级别高的低合金钢和厚度大、拘束度较大的焊接结构，采取焊后立即进行热处理的方式，可以大大降低焊缝中的氢含量（消氢），有效减小焊接应力，预防延迟裂纹的产生。

实验环境下，后热处理应一般采用履带式电加热方式进行保温，但是在工程现场环境下实现有困难，为了更贴合实际采用火焰加热的形式，控制温度在250～350℃，保温1h，保温期间需用红外线测温仪进行检测，并用石棉布将焊缝周围进行围裹，当达到保温时间后在空气中进行自然冷却。

⑤ 焊缝检验及返修

a. 外观及无损检测

当工件温度自然冷却至环境温度后，对焊缝进行外观检查。焊接完成后48h，按图纸要求进行接头无损检测。

b. 焊缝返修

当焊缝存在内部缺陷时，其返修工艺和检验程序严格按照原焊接工艺和检验程序执行，同一处焊缝返修次数不宜超过两次。

5）装配

① 部分柱身有较多牛腿，应根据情况确定其装配顺序，具体情况如下：

a. 只有短牛腿的，为减少翻个次数，可与此面的其他筋板同时装配；

b. 只有一面有长牛腿的，可将牛腿组焊完毕后，待柱身全部焊完后，再装配牛腿；

c. 多面有长牛腿的，将牛腿在地面组焊完毕后，待柱身其他筋板全部装配完毕后，在平台上装配牛腿较短的一面，焊接后搭架子再装配较长的牛腿。搭架子时一定要平稳，并采取相应的安全保护措施。

② 柱身有牛腿的，应当以牛腿腹板孔中心连线和翼板中心为定位基准，以上下翼板孔中心至柱子的垂直距离（尺寸通过放样可以得到）为装配尺寸，从而保证其定位和角度要求。

③ 构件全部制作完后，须进行二次调直，以消除受焊接变形对构件的影响。同时，应进行整体外观检查，对存在的飞溅、气孔、咬边、未融合、焊疤、毛刺、机械损伤等缺陷进行处理，使构件外观达到合格。

4.2　空间双曲面弯扭构件制作技术

1. 技术简介

（1）技术背景

空间结构因造型美观，在现代钢结构行业中被广泛应用。典型空间结构有折板、壳体、网架以及悬索等多种结构形式，截面类型有圆管、H形、箱形等。其中双曲面箱形构件由板件组成，空间定位困难，焊接量大，变形难以控制，关键在于控制主构件及牛腿尺寸的精度。本节主要以“日字形”结构为例，介绍空间双扭箱形构件的制作技术。

（2）技术特点

1）板材扭曲度较大，为保证整体线型，组装前根据每个零件的弯曲弧度进行预弯，预弯精度达到组装精度的90%以上。

2）构件组装采用三维空间坐标定位，搭设胎架，确定关键控制点，保证主构件及牛腿的制作精度。

3）小电流多层多道和对称施焊等工艺措施，控制焊接变形。

4）预拼装采用三维激光扫描法，对构件三维信息进行扫描，生成的点云数据模型可以直接转化到CAD或BIM文件中，实现预拼装数字模型的对接，见图4.2-1。

（3）推广应用

本技术在盐城南洋机场T2航站楼网架结构、淮安白马湖大道拱塔结构中已成功应用，制作完成256件空间双扭构件，一次合格率99%，为同类型空间构件制作提供参考。

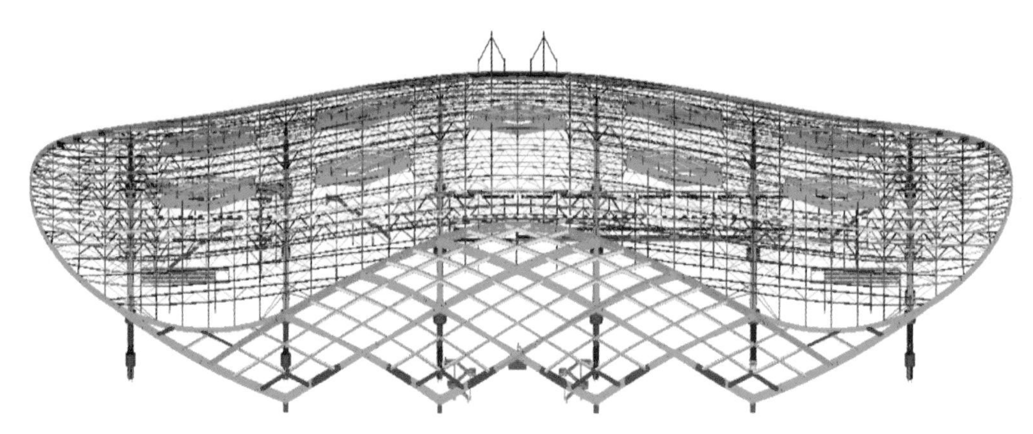

图 4.2-1 三维模型图

2. 技术内容

（1）施工工艺流程（图 4.2-2）

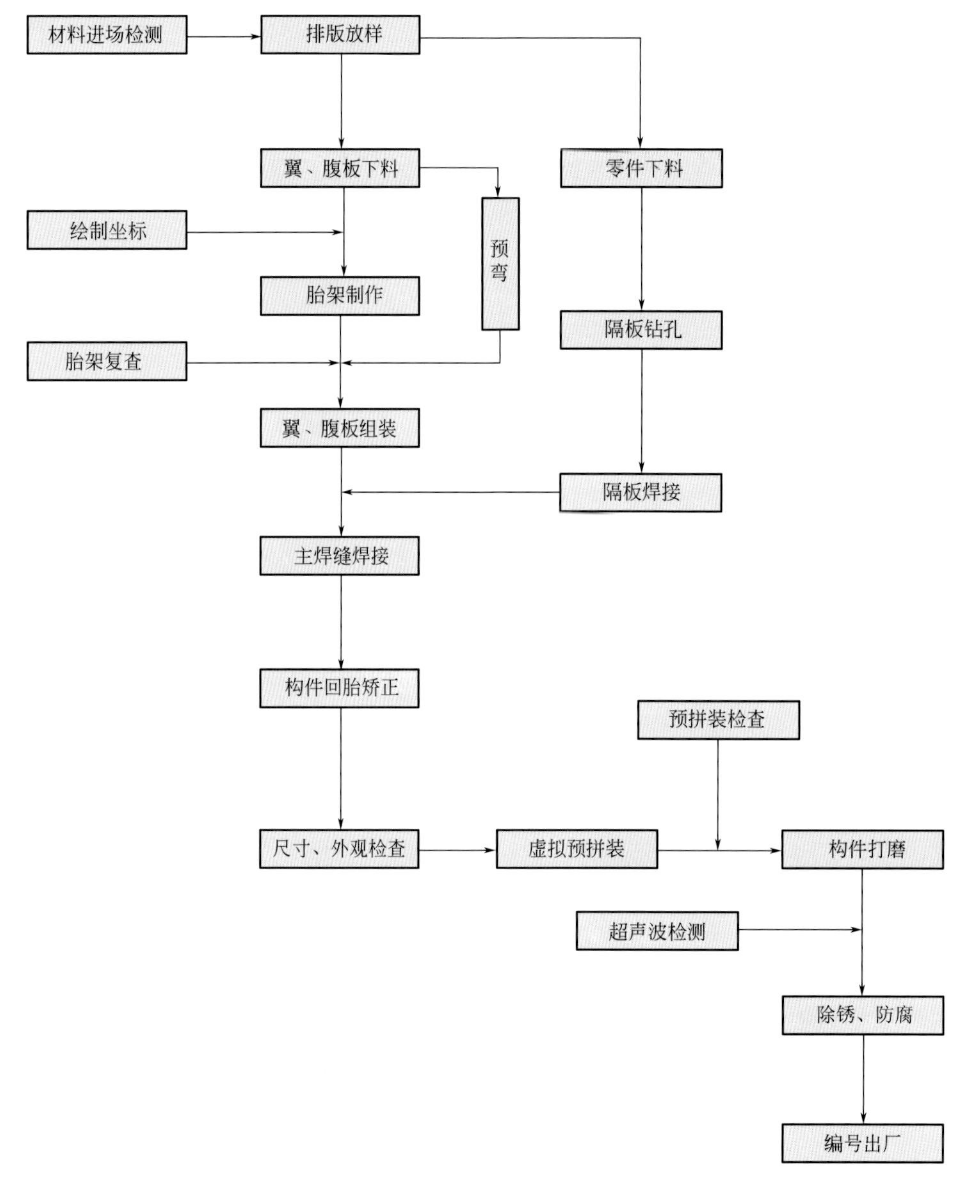

图 4.2-2 工艺流程图

（2）关键技术介绍

1）施工准备

① 按照设计文件和标准规范要求进行材料复验；

② 对箱形构件涉及的焊接工艺进行焊接工艺评定；

③ 编制铆工工艺流程卡和焊接工艺卡；

④ 进行图纸会审，与设计沟通给出构件三维空间坐标数据，根据深化设计提供的庞大坐标数据挑选出所需胎架控制点坐标，绘制对应的胎架图。

2）材料入厂验收

钢板表面不得有气孔、结疤、拉裂、折叠、夹渣和压入的氧化皮，且不得有分层现象。当目视判断有困难时，应进行渗透检测。存放过程中要铺垫平整，防止变形。吊装钢板通常采用真空吸盘或专用吊具，当采用吊钩时内壁必须衬胶皮。按照设计文件和标准规范要求进行第三方材料复验，确保材料各项性能指标满足规范要求。

3）排版放样下料

构件的主材为焊制箱形扭曲状，腹板、盖板呈大弧形扭曲条形，根据对双曲构件的理解，其加工方法最好是开发和利用三维构件的制作软件来加工双曲构件，这样可减少构件加工中零件的错误率，提高装配精度，同时软件可将零件按照材质及厚度进行分类，将分类后的零件数据导入数控切割排版软件中，将自动生成零件的切割程序，从而再次提高零件下料切割中的精确度。

对双曲构件的加工，关键的是对箱体壁板即箱体翼板、腹板的计算机放样、展开及加工。采取 BIM 软件进行计算机放样，展开零件外表面，得到零件平面状态。主材零件全部为异形，通过数控编程下料，考虑到后期搣弯的收缩量，主材长度余量放到千分之五。为了减小热切割变形，采用间断切割，每间隔 50mm 切割 1500mm，减少零件的侧弯。

图 4.2-3 为典型零件排版下料图，中间弧形区域为零件区域。

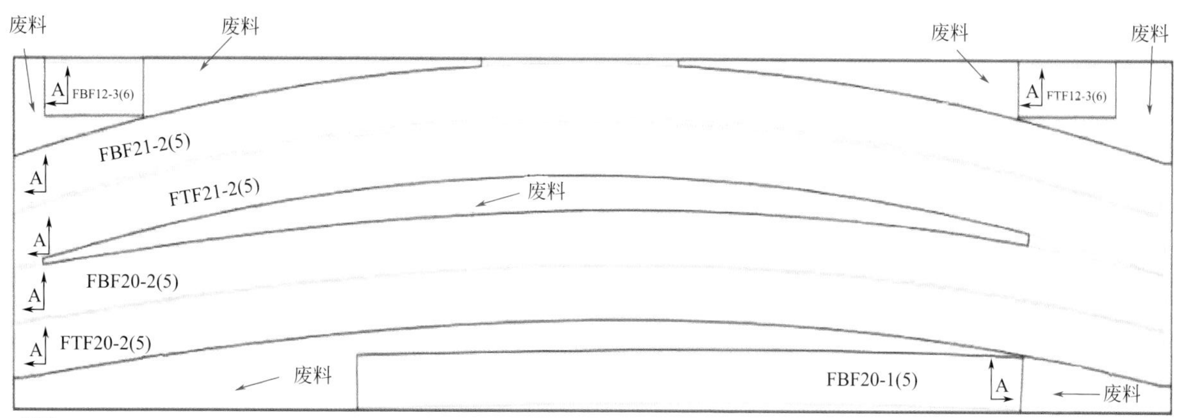

图 4.2-3　典型零件排版下料图

4）胎架搭设

①胎架图绘制

根据构件的扭曲程度，把构件的隔板位置作为胎架搭设的主控点，胎架要有足够的刚度，每隔 2～3m 搭设立柱。制作前，根据深化设计提供的庞大坐标数据挑选出所需胎架控制点坐标，并绘制对应的胎架图，见图 4.2-4。为方便尺寸检查和过程控制，在地样上设定检查基准点，后续所有检查以此为基准进行复测。

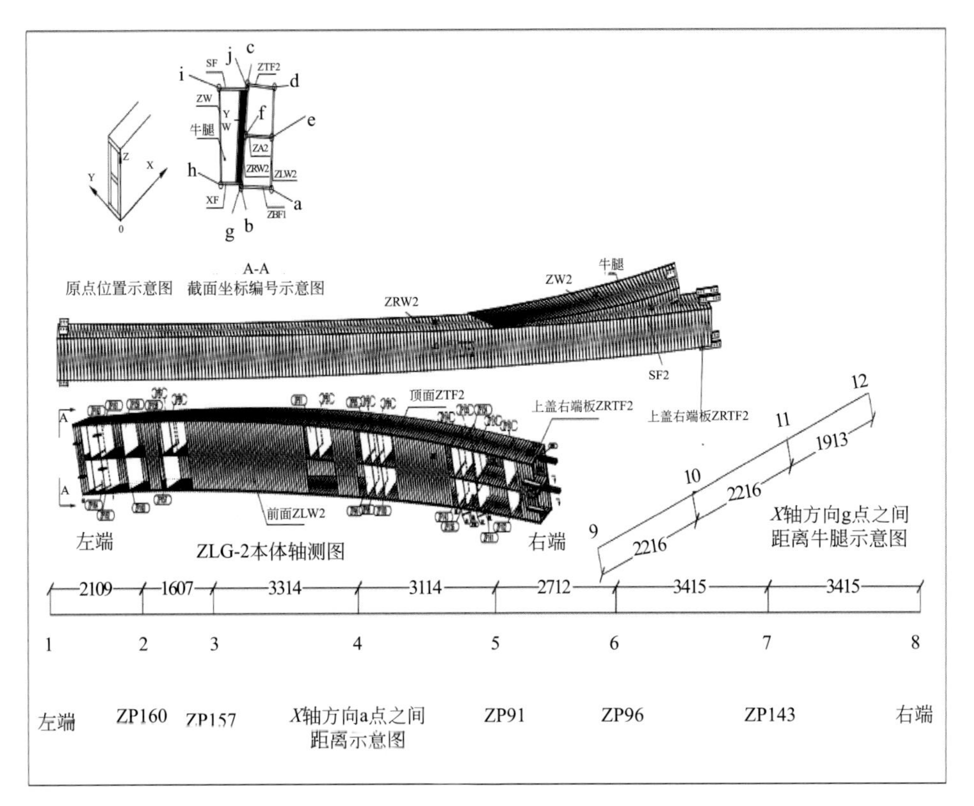

图 4.2-4　胎架控制点位置图

② 胎架制作

采用 20mm 厚的钢板铺设钢平台，立柱采用 H 形，确保钢平台和胎架的稳定性。

在钢平台上划出曲面 4 条纵边各控制点的地样线和两端 50mm 切割余量线，并在相应位置敲上样冲点并标记三维坐标值和坐标编号。

根据胎架图定位竖向支撑点，保证其垂直度，胎架对构件起拘束性作用，焊接时进行对称施焊，防止变形。

胎架搭设完后呈空间扭曲状态，对各控制点三维坐标值采用卷尺和经纬仪检测，三维尺寸误差控制在±2mm 以内，见图 4.2-5、图 4.2-6。

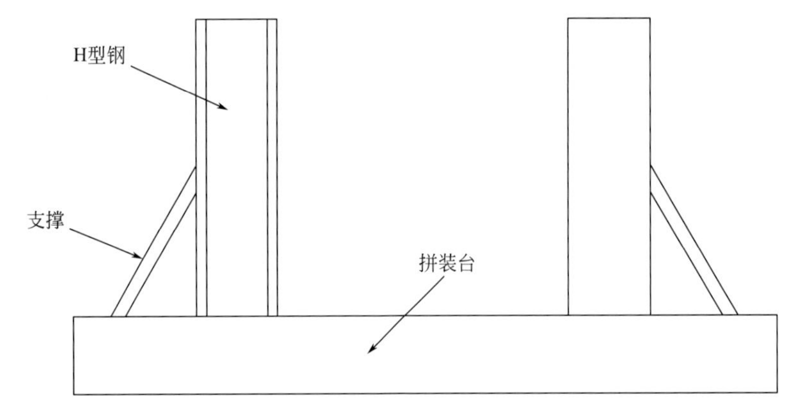

图 4.2-5　胎架示意图

5）组装

板材厚度及扭曲度较大，在组装胎架上火焰加热无法保证整体线型，组装前根据每个零件的弯曲弧

图 4.2-6 胎架实物图

度进行预弯，预弯精度达到组装精度的 90%以上。

待准备工作完成后，按如下工艺顺序进行组装：

① 将下料成型的下盖板依据标记放置在组装胎架上；

② 校对板材与胎架间隙，使其与胎架靠山、平台密贴（最大间隙小于 2mm）；

③ 标记隔板、腹板组装位置线；

④ 组装一侧腹板，使其与隔板密贴，并与翼缘板拟合；

⑤ 组装另一侧腹板，顶紧，点焊固定箱体，形成 U 形；

⑥ 将成型的内隔板及通长中间隔板组装于箱体上，并给予点固；

⑦ 为避免未成型主体落胎加工形状失控，隔板与翼缘的焊缝应当在胎架中进行焊接；

⑧ 组装上侧翼缘板并使与隔板及腹板靠紧密贴；

⑨ 为控制构件的变形问题，焊接必须在胎架上进行，且焊接时应垫实构件与胎架之间间隙，见图 4.2-7～图 4.2-10。

图 4.2-7 装下盖板

图 4.2-8 两腹板组成 U 形

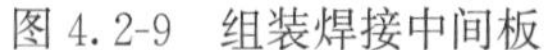

图 4.2-9 组装焊接中间板

图 4.2-10 焊接小隔板

6）摵弯

组装过程中伴随着摵弯，摵弯度根据胎架的曲率走向变化。

摵弯前根据图纸要求确定摵弯半径，并考虑去除外力后弯度会有一定反弹，用火焰加以校正，加热的范围和温度应根据壁厚和摵弯半径调整，直至撤除千斤顶后构件成型为所要求的弧度，操作时应注意两者的结合使用，避免因只注重使用火焰加热而使氧气、乙炔消耗量增加而导致摵弯成本增加，或仅使用千斤顶等冷弯设备因受力过大而带来安全隐患。

摵弯时为避免因受力过大而产生凹陷变形，应在腹板上尽量平均多布置几个施力点并使之尽量均匀分布。弯制件的精度可采用弧形样板或通过测量弦长和多点拱高的方法进行检验；对回弹引起弧度不对及平面度超差的，要进行逐根校正。

校正时用烘枪中性焰加热，加热温度控制在 600℃以内，空气中冷却，不允许用水敷冷，加热时烘枪距工件表面 40mm，移动烘枪在指定区域内烘烤，目测不超过亮樱红色，避免局部过烧。

零件摆到胎架上，控制点需通过烤火才能与胎架重合，达到构件扭曲精度要求，同时控制火焰温度，防止摵弯量超过图纸要求，再次矫正，见图 4.2-11。

图 4.2-11 腹板摵弯

7）焊接

① 焊前检查

坡口加工间隙、尺寸、槽形和深度，必须符合焊接工艺规定。焊前检查接头装配质量，合格后方能施焊。

② 气保焊自动化改造

由于焊缝接口为双曲面弧形，半自动或自动焊接设备无法进行有效焊接，传统的气保焊效率低下，质量难以保证，对焊工焊接水平要求较高。为解决上述问题，利用 MK-8W-N 摆动式焊接小车加以改造，设计在焊接小车侧面下方布置两个导向轮，焊接小车采用差速驱动结构形式，焊接小车后部布置两驱动轮，与侧面两个导向轮构成工作平面，保证焊接小车在工件上可靠移动，见图 4.2-12。

两驱动轮由两电机驱动系统独立驱动，利用不同的速度控制实现焊接小车的轨迹规划与焊缝跟踪，提高了移动平台稳定性和驱动能力，同时方便操作人员操作焊接小车行进到不同焊接位置，降低劳动强度。两个导向轮与焊接小车驱动轮共同构成驱动装置，保证焊接小车和焊枪在焊缝弧线上可靠移动。通过这种焊接方式大大提高了效率，焊缝质量也满足标准要求。

图 4.2-12　焊接小车示意图

③ 焊接变形控制

空间双扭构件的焊接变形是制作过程中的一个难点，我们通过以下两点来控制变形量：

a. 在工艺允许范围内减小坡口度，减少熔敷金属量；

b. 焊接过程中通过小电流多道焊接和对称焊接来控制焊接变形量。

8）测量矫正

为防止焊接产生的变形对尺寸的影响，构件焊接完成后回到胎架上重新检查尺寸。如果出现小范围的煨弯过度，可通过反面火焰加热矫正。在整个构件加工过程中，多次复验外观尺寸及空间坐标，确保构件的扭曲精度，对两端尺寸超差部位进行齐头切除，见图 4.2-13、图 4.2-14。

9）虚拟预拼装

采用三维设计软件，将钢结构分段构件控制点的实测三维坐标，在计算机中模拟拼装形成分段构件的轮廓模型，与深化设计的理论模型拟合比对，检查分析加工拼装精度，得到所需修改的调整信息。经过必要校正、修改与模拟拼装，直至满足精度要求。

① 根据设计图文资料和加工安装方案等技术文件，在构件分段与胎架设置等安装措施可保证自重受力变形不致影响安装精度的前提下，建立设计、制造、安装全部信息的拼装工艺三维几何模型，完全整合形成一致的输入文件，通过模型导出分段构件和相关零件的加工制作详图。

图 4.2-13　构件回胎

图 4.2-14　构件齐头

② 构件制作验收后，利用全站仪实测外轮廓控制点三维坐标。

a. 设置相对于坐标原点的全站仪测站点坐标，仪器自动转换和显示位置点（棱镜点）在坐标系中的坐标。

b. 设置仪器高和棱镜高，获得目标点的坐标值。

c. 设置已知点的方向角，照准棱镜测量，记录确认坐标数据。

③ 计算机模拟拼装，形成实体构件的轮廓模型。

a. 将全站仪与计算机连接，导出测得的控制点坐标数据，导入 EXCEL 表格，换成（x，y，z）格式。收集构件的各控制点三维坐标数据，整理汇总。

b. 选择复制全部数据，输入三维图形软件。以整体模型为基准，根据分段构件的特点，建立各自的坐标系，绘出分段构件的实测三维模型。

c. 根据制作安装工艺图的需要，模拟设置胎架及其标高和各控制点坐标。

d. 将分段构件的自身坐标转换为总体坐标后，模拟吊上胎架定位，检测各控制点的坐标值。

④ 将理论模型导入三维图形软件，合理地插入实测整体预拼装坐标系。

⑤ 采用拟合方法，将构件实测模拟拼装模型与拼装工艺图的理论模型比对，得到分段构件和端口的加工误差以及构件间的连接误差。

⑥ 统计分析相关数据记录，对于不符合规范允许公差和现场安装精度的分段构件或零件，修改校正后重新测量、拼装、比对，直至符合精度要求。

4.3　地圆天菱异型管制作技术

1. 技术简介

（1）技术背景

现代建筑钢结构追求造型美观，不规则异形节点使用越来越广泛，某机场航站楼工程使用了一种上端为类似菱形截面，下端为圆形截面，由上至下逐渐过渡的异型管柱，称之为地圆天菱异型管。由于上下截面不规则，单根构件长度不同，常规的制作方法难以保证成型质量。本节就其制作工艺技术进行阐述，为同类型的异形节点制作提供参考。

（2）技术特点

1）沿平滑面中心线将异型管纵向等分，分两片预制后整体组焊，解决无法整体压制成型的难题。

2）通过BIM软件标记上下截面半径的边线，分别等分菱形截面不同半径的展开弧长，保证上下截面等分线一致，确定折弯基准线。

3）压制零件为扇形，相同压力无法满足直线度要求，通过调节设备压力参数，控制不同位置的压力大小，保证整体直线度。

（3）推广应用

本技术已在盐城南洋机场T2航站楼及配套工程中成功应用，完成36个节点制作，一次成型合格。2019年获得“一种地圆天菱异型管”实用新型专利。见图4.3-1。

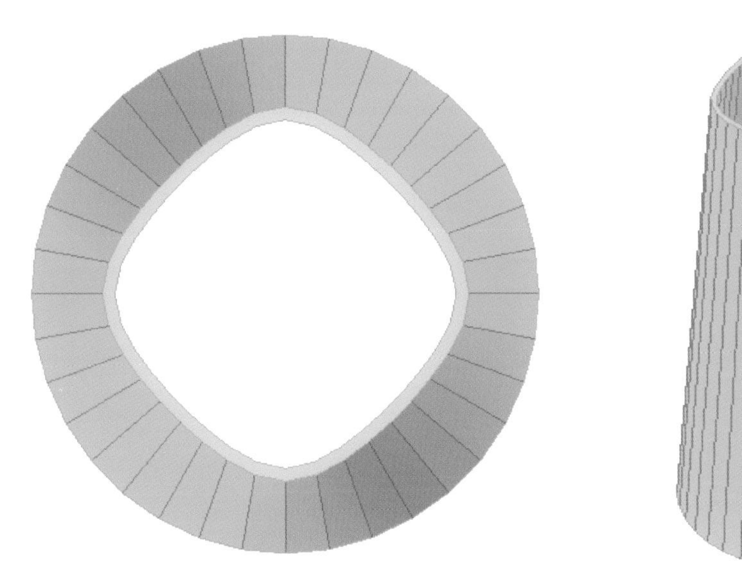

图4.3-1　模型图

2. 技术内容

（1）施工工艺流程（图4.3-2）

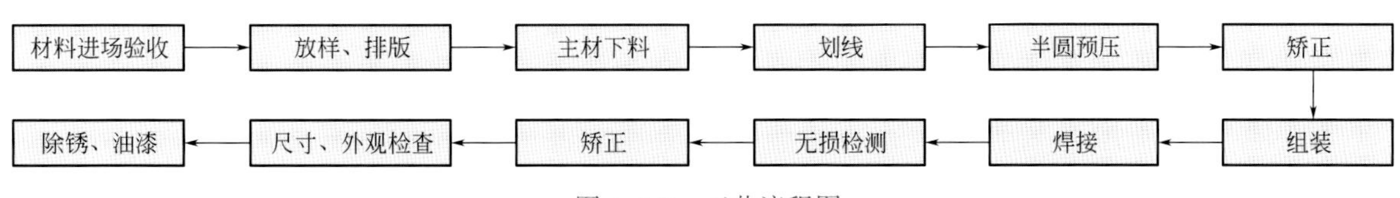

图4.3-2　工艺流程图

（2）关键技术介绍

1）下料

利用BIM软件分别展开上端菱形和下端圆形，严格控制上下端口弧度及展开长度，形成放样图，如图4.3-3所示。沿对称中心线将异型管纵向等分，分两片下料，考虑折弯机无法压折端头，根据凹模槽宽，每边预留60～75mm余量。按放样图排版，数控下料。

2）压管

① 依据构件长度和材料厚度，选用“12000t-15m数控折弯机”压制异型管，如图4.3-4所示。

② 通过BIM软件标记上截面菱形不同半径的边线和下截面对应圆形的边线，把不同半径对应的弧长等分，下截面圆形等分数量与菱形等分数量一致，连接上下等分点，形成折弯线，为避免折弯棱角过

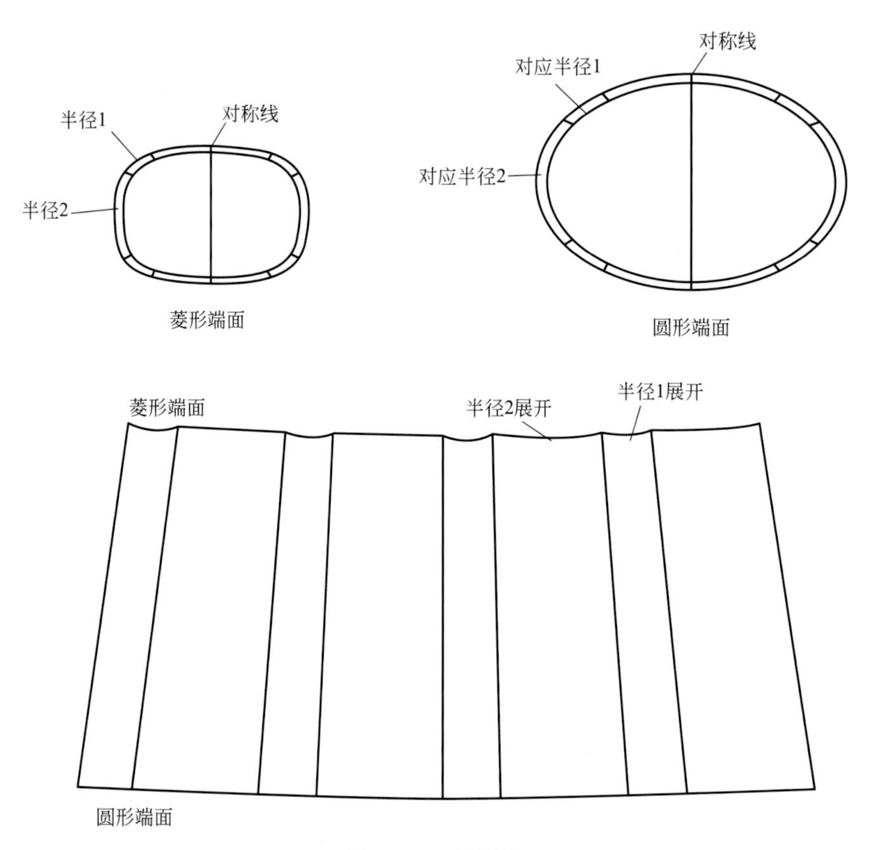

图 4.3-3　放样图

图 4.3-4　12000t-15m 数控折弯机

大，相邻折弯线间距为 60～80mm。

③ 按折弯线先压折端头，切割预留余量，同时开出坡口。

④ 把零件板重新放到折弯机，按等分线压制，根据构件长短调整折弯机参数，同时记录压力参数，如图 4.3-5 所示。上端菱形截面因半径不同，折弯机施加的压力也不同，弯曲半径越小，压力越大。下端圆形截面半径不变，压力不变。可通过调整油缸的压下量，控制施加压力的大小。

⑤ 压制过程中使用不同半径的样板检查弧度，最终成型后检查两端截面的尺寸和整体直线度，如图 4.3-6 所示。

图 4.3-5　折弯

图 4.3-6　样板检查

⑥ 分片预制完成后进行组装，控制错边量≤2mm，检测外圆尺寸合格，点焊固定。

3）焊接

采用埋弧自动焊多层多道焊接，严格按照工艺评定焊接，控制焊接质量，超声波探伤检测合格，如图 4.3-7 所示。

4）矫正

由于构件较长，在折弯中局部点受力不均，由上至下难以做到平滑过渡，先用校圆机整体矫正，如图 4.3-8 所示，局部火焰矫正。

图 4.3-7　焊接

图 4.3-8　矫正

4.4　复杂节点重型相贯线桁架柱制作技术

1. 技术简介

（1）技术背景

车站、场馆、机场等复杂节点通常使用铸钢件产品，但铸钢件在其生产过程中，对大气、水体等污染，以及煤炭、电力等能源的高消耗，同时会出现砂眼、气孔、裂纹、缩松、缩孔和夹杂物等缺陷，由于晶粒粗大等因素造成焊接难度较大，对焊接工艺条件要求较高。本节介绍一种复杂节点重型相贯线桁架柱制作技术，实现代替铸钢件的目的，见图 4.4-1。

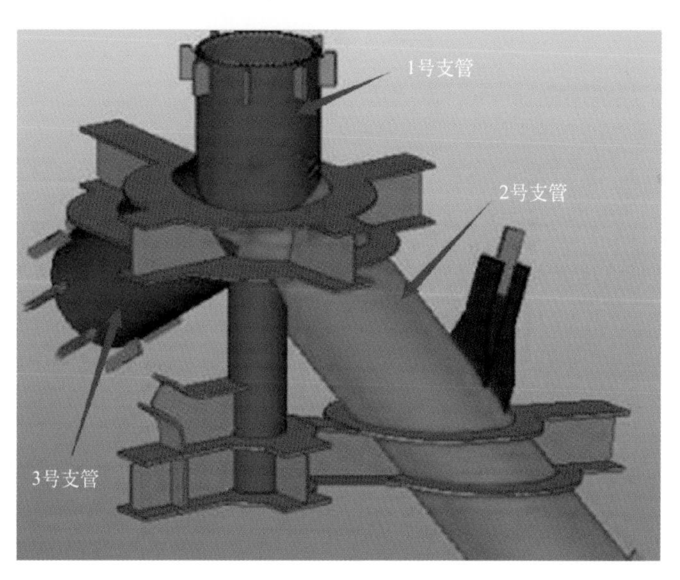

图 4.4-1　桁架柱

（2）技术特点

1）相贯线钢管较厚，且与其他支管连接具有一定倾斜角度，全部采用管内壁线或者全部采用外壁线都无法满足装焊要求，通过分析相贯口的位置，选择内壁线或外壁线，满足装焊要求。

2）通过放地样，设计专用胎架，确保三个支管的组装定位精度。

3）通过标注支管样冲点和环板的长、短轴位置，解决环板组装难以定位的难题。

（3）推广应用

本技术已在南京青奥会议中心成功应用，并获得 2015 年中国建设工程施工技术创新成果三等奖。

2. 技术内容

（1）施工工艺流程（图 4.4-2）

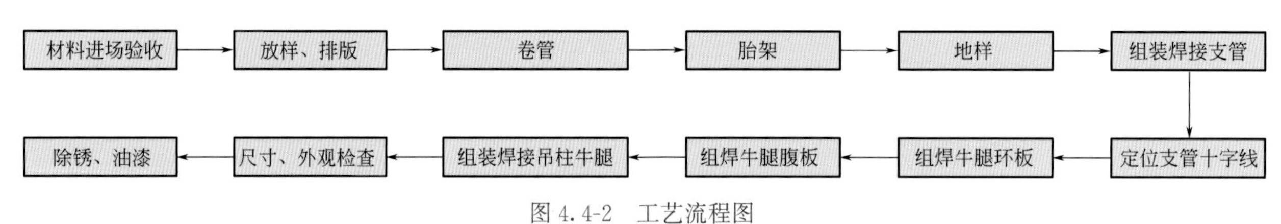

图 4.4-2　工艺流程图

（2）关键技术介绍

1）主材

规格 ϕ1050×50mm 的 3 根主材支管零件图，如图 4.4-3 所示。

2）放样

由于普通数控相贯线切割机，无法切割规格 ϕ1050×50mm 的相贯口，故只能首先卷制圆管，之后在圆管上放样切割贯口。以 3 号支管为例，其展开放样过程如图 4.4-4 所示。

由于管壁较厚，且与其他支管具有一定倾斜角度，全部采用管内壁线或者全部采用外壁线都无法满足装焊要求，所以在展开时必须考虑壁厚的影响，进行适当取舍，方能满足装焊要求，否则后面将无法组装。以图 4.4-4（a）为例，可以看出管内壁与外壁长度差达 260 多毫米，若此支管倾斜角度增大，差

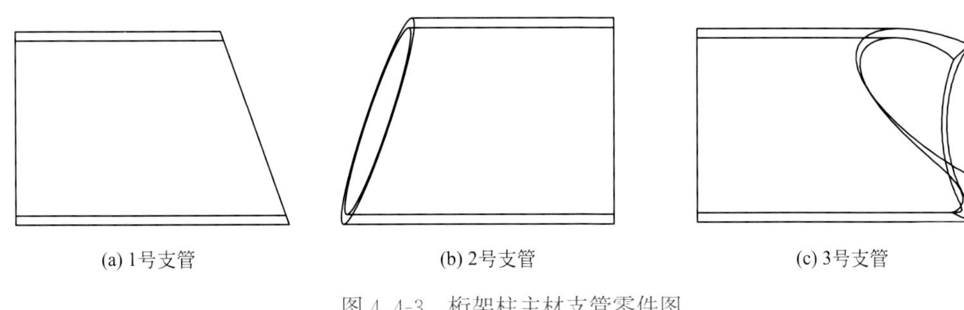

图 4.4-3　桁架柱主材支管零件图

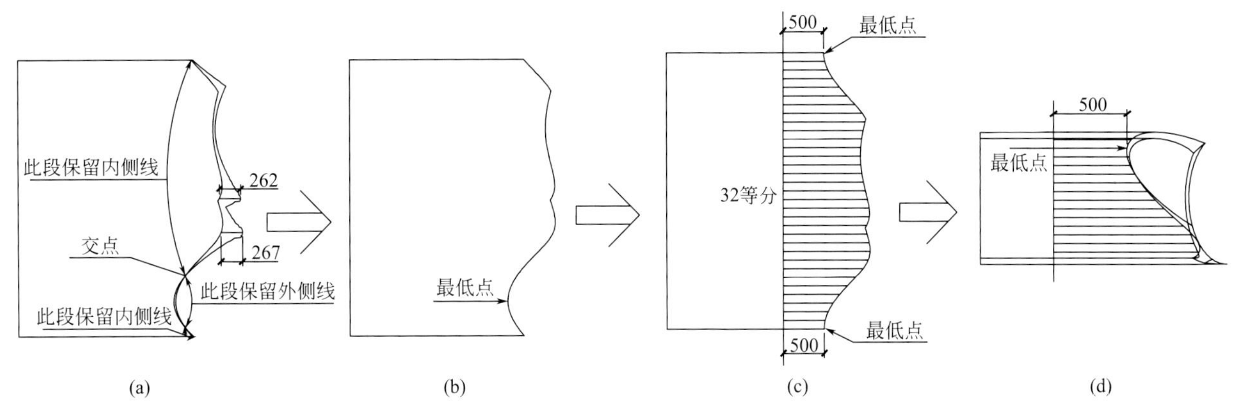

图 4.4-4　3 号支管展开放样过程示意图

值会进一步扩大，所以必须对管内壁与外壁线进行合适选择。如图 4.4-4（a）所示，根据实际情况，在趾部区域应选择管壁内侧线，在根部区域应选择外侧线，内壁线与外壁线会有一个交点，以此交点向两侧进行内外壁线的取舍，删除多余线条后，得到图 4.4-4（b）；为了让贯口最低点在等分线上，以便确定起点位置，从而便于操作，可将最低点平移到展开图的两边，如图 4.4-4（c）所示；之后将图 4.4-4（c）进行 32 等分，得到图 4.4-4（d）。根据图 4.4-4（d）所提供的信息，转化到实体支管上进行切割贯口。要注意贯口最低点位置的选择，避免 3 根支管纵焊缝重叠，3 根支管的纵焊缝要相互错开 90°为宜，以免产生应力集中等不利因素。

3）支管装焊过程

① 地样与胎架搭设

由于支管规格及重量较大，必须在合适的胎架上组装，方能满足组装及精度控制要求。以 O 点为中心，根据图纸提供的 1 号与 2 号支管之间夹角关系，沿支管中心线方向在地面上，放出 1 号与 2 号支管中心线地样，并在地样上标出控制点 A、B 点。根据图纸提供的 3 号支管与 1 号、2 号支管之间夹角关系，作出 3 号支管的地面投影线，并在地样上标出控制点 C、D、E 点，并计算出其投影高度 h_1、h_2、h_3。根据地样位置尺寸，进行支管组装胎架搭设，如图 4.4-5 所示。

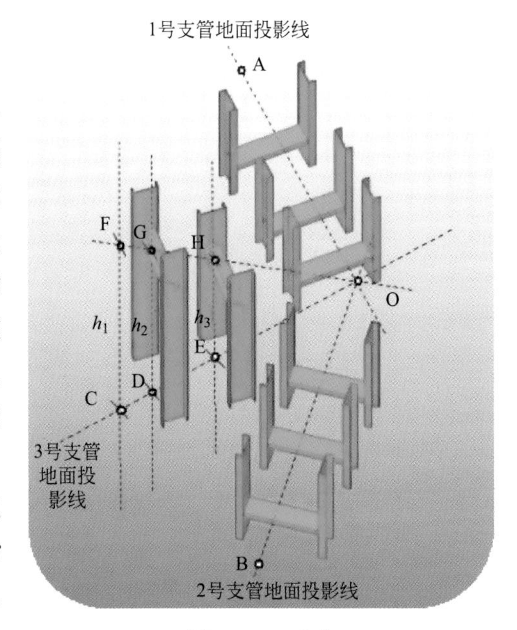

图 4.4-5　定位

其中 A、B 点为 1 号与 2 号支管端部地样控制点，C 点为 3 号支管端部水平投影控制点，D、E 控制点为搭设胎架，沿 3 号支管端部水平投影线方向增设控制点。h_1、h_2、h_3 为 3 号支管在投影线方向，投影线位置为 C、D、E 时，所对应的管外壁最低点的投影高度。G、H 点位置胎架横梁倾斜放置，倾角与 3 号相对于地面的倾角一致。

根据以往经验，1 号、2 号、3 号支管长度需分别放 3mm、6mm 和 4mm 焊接收缩余量。

② 组焊 1 号与 2 号支管

在支管上打上十字样冲眼，然后将 1 号与 2 号支管放置在经水准仪找平后的胎架水平横梁上，按地样线定位组装 1 号与 2 号支管，并检验梁支管的管口距离，如图 4.4-6 所示。

装焊 3 号支管：待 1 号与 2 号支管装配焊接检验完成之后，根据已搭设胎架及地面控制点，装焊 3 号支管，检验 1 号与 3 号支管、2 号与 3 号支管管口距离一级投影高度 h_1，如图 4.4-7 所示。

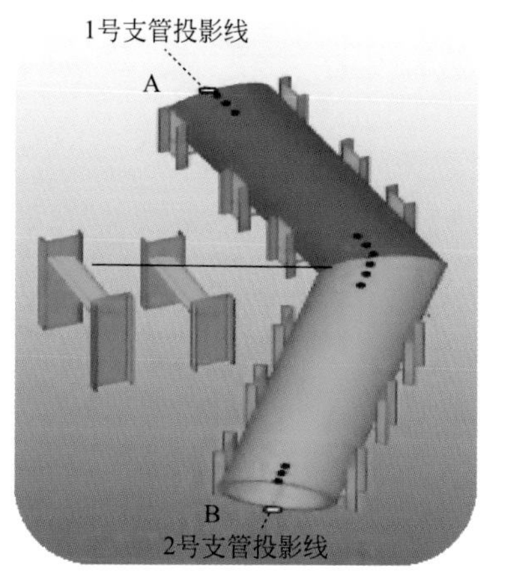

图 4.4-6　组焊 1 号与 2 号支管

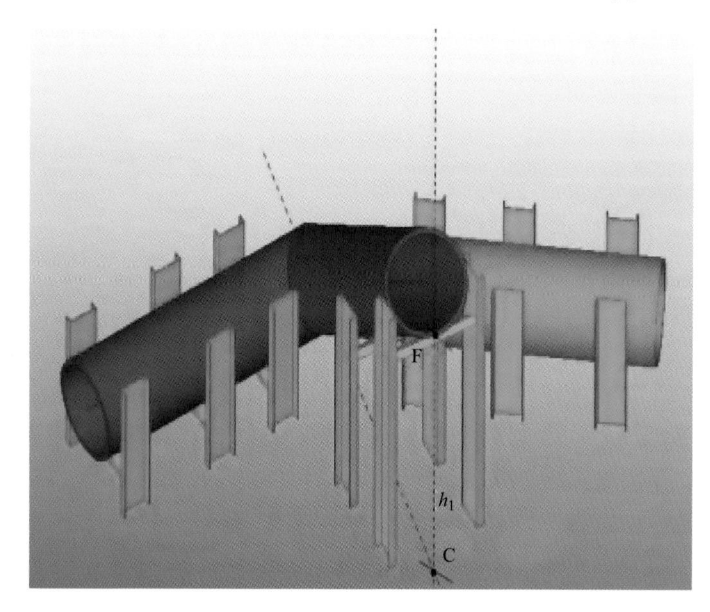

图 4.4-7　装焊 3 号支管

4）环板牛腿装焊

① 3 号支管十字样冲眼定位

待 3 根支管装焊检验完毕之后，装焊环板牛腿等附件，装焊各环板牛腿之前，支管样冲眼必须标出。1 号与 2 号支管十字样冲眼，前道工序已经标出，剩下需标出 3 号支管的十字样冲眼。

从图 4.4-8 看出，3 号支管相对于 1 号支管的十字中心线偏移 3.98°，需重新标出 3 号支管与 1 号支管的十字中心线。为此，先在 1 号支管相对于原十字中心线 3.98°的位置处，标出新的十字样冲眼，然后将其十字样冲眼反映到 3 号支管上。具体做法：待 1 号支管新的十字样冲眼标出之后，在 1 号支管的十字样冲线上放上激光发射仪，发出激光线，然后在 3 号支管激光束照射位置，打上样冲眼，从管端到管尾连成一条线，然后沿此条线旋转 90°、180°、270°分别画出其余三条线，从而构成 3 号支管的十字线。

② 装焊环板牛腿

环板相对于支管具有一定倾斜角度，环板为椭圆形状，如图 4.5-9 所示。装焊环板前需在支管上标注好其定位点，如图 4.4-9（b）所示，A、B 和 C、D 点分别为椭圆形环板短轴和长轴控制点，L_1、L_2、L_3 尺寸可以在图纸得到。注意每道环板会产生 0.3～0.5mm 的焊接收缩余量，余量值要反映在定位控制点上。同样方法画出 E、F、G（H）点，则 DF 线即为环板牛腿腹板位。以上各点标注好之后，

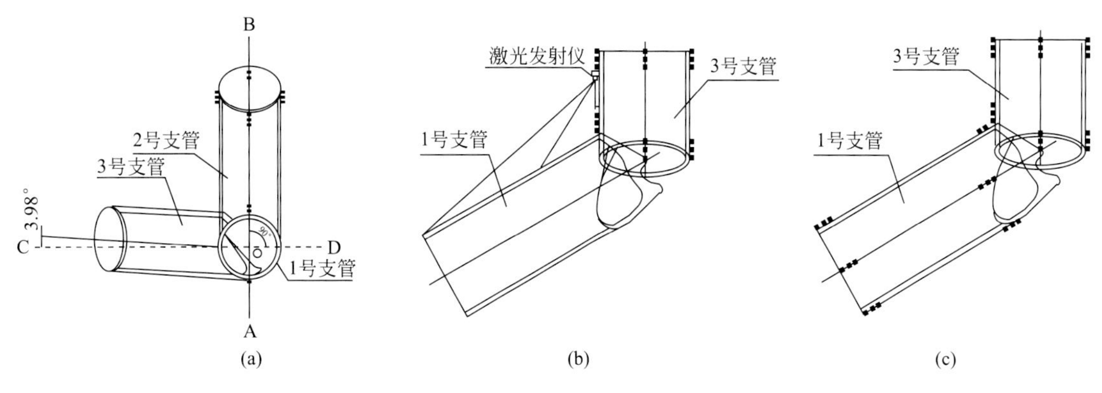

图 4.4-8　3 号支管十字样冲眼定位

可以装焊环板牛腿，如图 4.4-9（c）所示。用同样方法装焊其余环板牛腿。

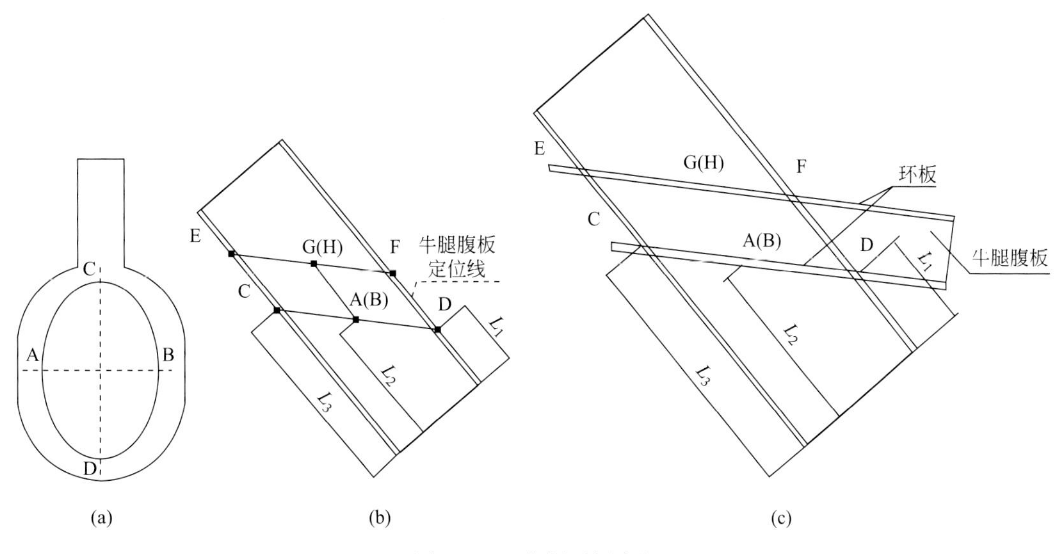

图 4.4-9　装焊环板牛腿

③ 装焊吊柱牛腿

吊柱牛腿如图 4.4-10 所示，整体装焊校正完毕后，与上面已经装焊的两个方向的环板牛腿，通过吊线控制其位置，然后将其装焊在主管上。

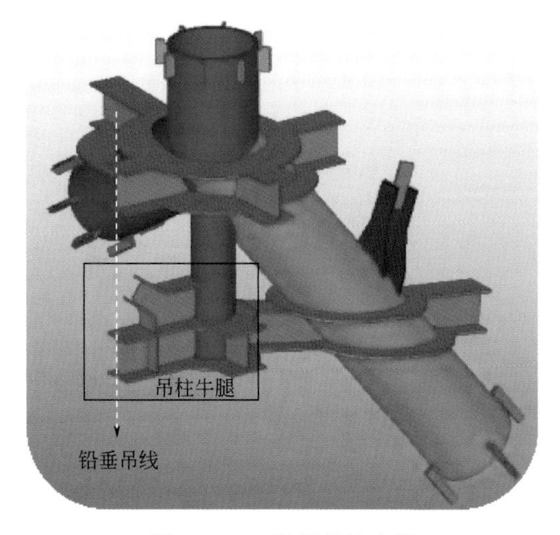

图 4.4-10　装焊吊柱牛腿

至此，桁架柱的主要零部件装焊完毕。

4.5 多牛腿圆筒节点制作技术

1. 技术简介

(1) 技术背景

现代建筑的外观设计往多元化方向发展，而网架结构能够实现建筑任意曲率造型，因此被广泛应用。网架结构一般为方管和圆管截面，因交汇节点具有多空间、多角度、体积小、精度高等特点，能否保证其制作质量最为关键。本节针对箱形网架结构的圆筒节点制作技术进行介绍，结构形式见图 4.5-1～图 4.5-3。

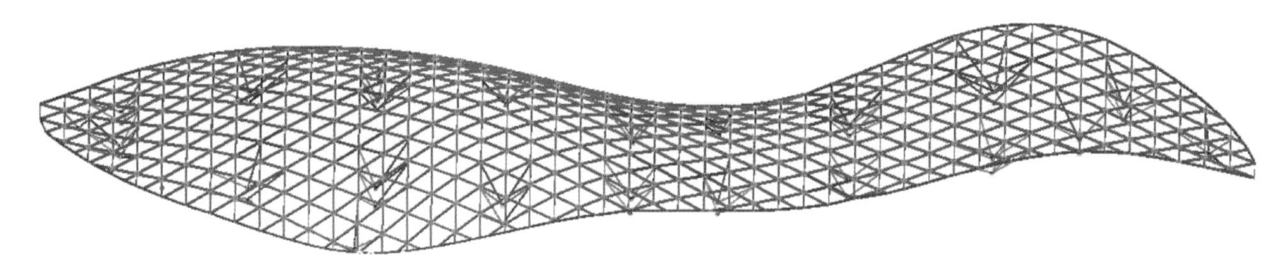

图 4.5-1 整体模型图

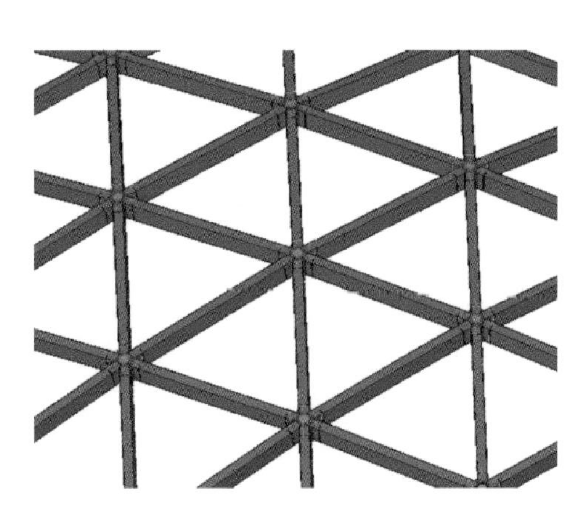

图 4.5-2 局部模型图

图 4.5-3 圆筒节点模型图

(2) 技术特点

1) 以圆管下端面的圆心为定位基准，布置牛腿盖板中心线，解决交汇节点上牛腿多、分布不均、扭转角度多样等定位难点。

2) 将 BIM 与 CAD 软件进行信息转换，对主要控制点进行识别与标记，确定可调节胎架控制点。

3) 针对圆筒节点制定组装工艺及焊接顺序，解决作业空间受限问题。

(3) 推广应用

本技术已在南宁园博园项目应用，制作完成圆筒节点数多达 385 个。该项目是第十二届中国（南宁）国际园林博览会会址，已于 2018 年 12 月投入使用。

2. 技术内容

(1) 施工工艺流程（图 4.5-4）

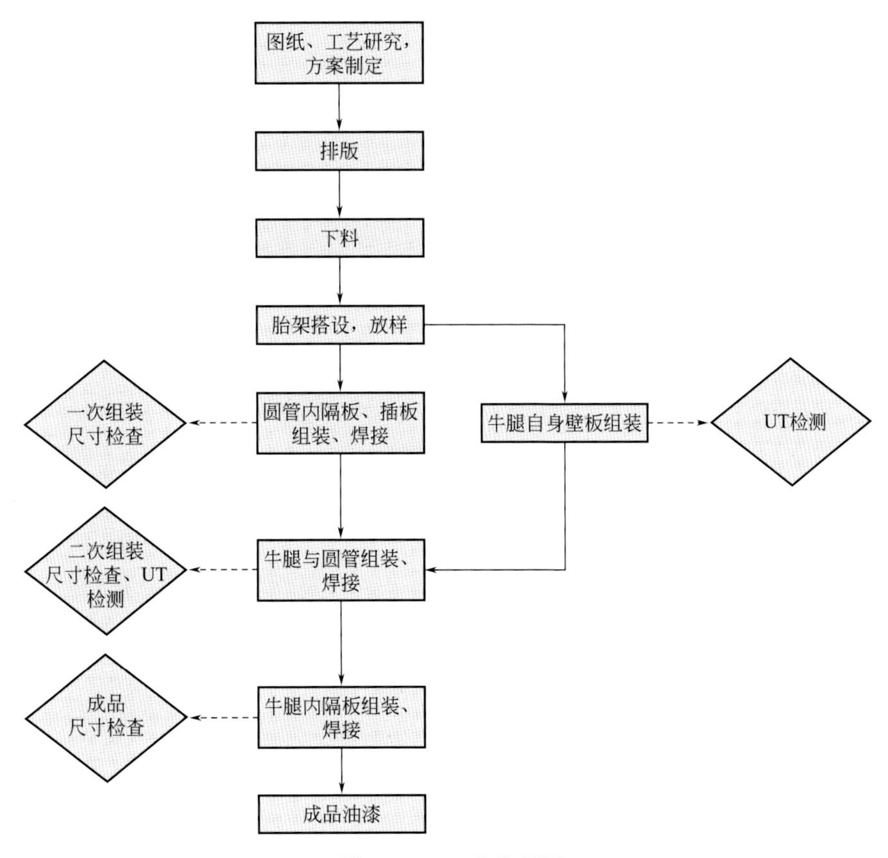

图 4.5-4 工艺流程图

(2) 关键技术介绍

1) 总体制作步骤

圆筒节点由1个圆管、6个插板、6个箱形牛腿、6个牛腿内隔板、2个圆管内隔板组成，如图 4.5-5 所示。根据每条焊缝的位置，将制作顺序定为：圆管与内隔板组焊→插板与圆管组焊→单个牛腿组焊→箱形牛腿与圆管、插板组焊→牛腿内隔板与插板、箱形牛腿组焊。

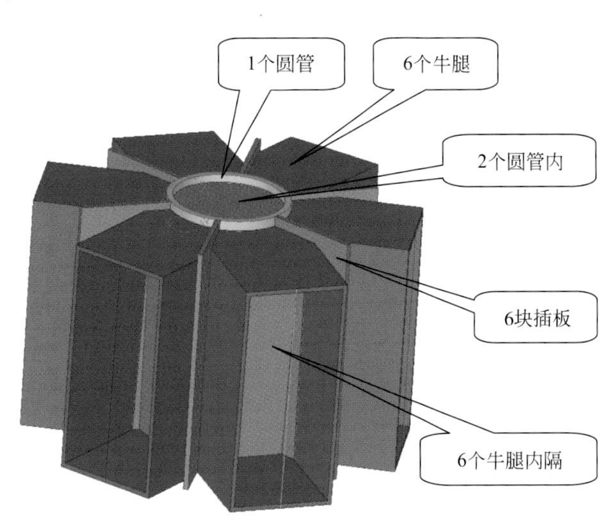

图 4.5-5 结构图

2) 牛腿与圆管的安装定位

如图 4.5-6 所示，以圆管下端面的圆心为定位基准（以下称为标准点 A），牛腿下翼缘中心线外口端点（见控制点B）作为定位控制点。先将箱型牛腿四块壁板组焊完成后，再进行牛腿与圆管的定位工作，所有牛腿均是绕着下翼缘中心线旋转一定角度进行组装，组装工序如下：

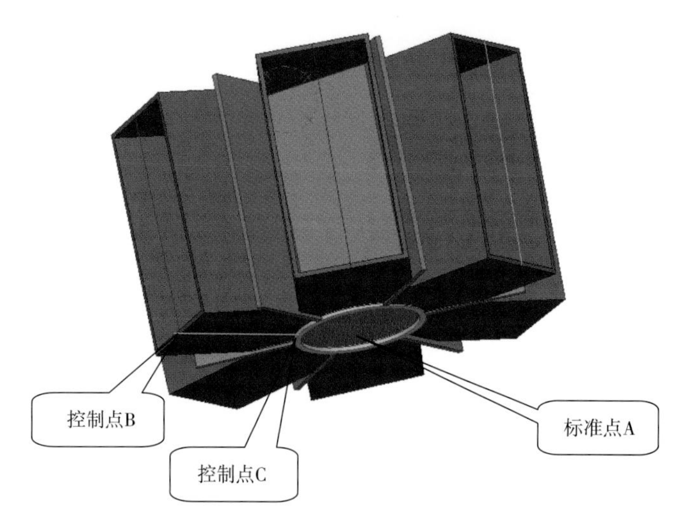

图 4.5-6　控制点位置图

① 据图纸中标准点A与所有牛腿最低点的高差，调整工装高度，保证最低点与地面之间有足够操作空间，将圆管垂直放置于测平的工装上。

② 以标准点A在地样上的投影点为中心，对六个牛腿下翼缘中心线的投影进行放样，如图 4.5-7 所示。根据点A与点B的水平距离在牛腿下翼缘中心线投影上确定点B的平面位置，以点A与点B的高差确定点B的空间位置，如图 4.5-8 所示。同理确定控制点C（图 4.5-8）的空间位置。设置支撑对B、C点加以约束。

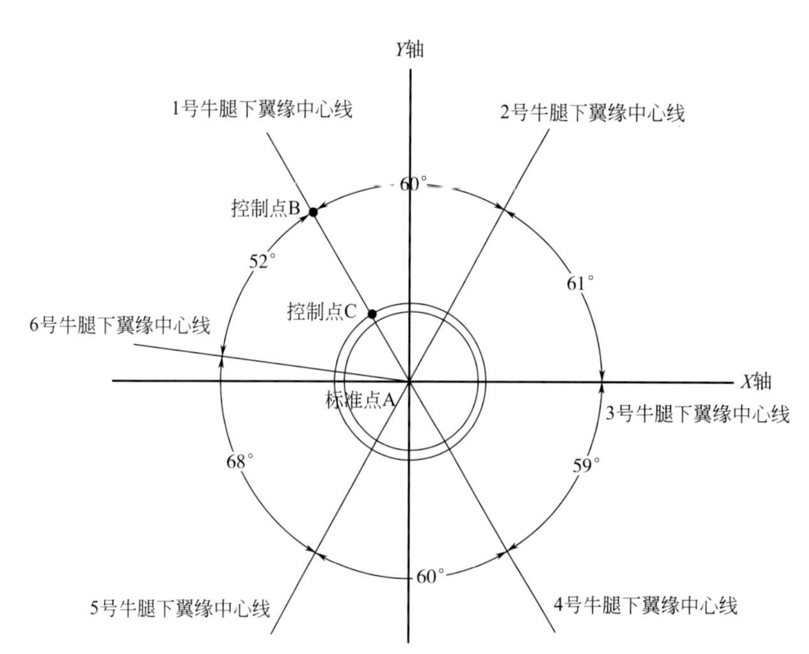

图 4.5-7　牛腿下翼缘中心线投影点示意

③ 对D、E点（D、E位置见图 4.5-9）的水平投影进行放样得到 D_1、E_1 点，绕牛腿下翼缘中心线旋转牛腿，使点D的投影与 D_1 重合，确定牛腿的空间位置，点焊固定，复测 E_1 点与E点实际投影偏差，确保组装精后进行焊接，如图 4.5-10 所示。

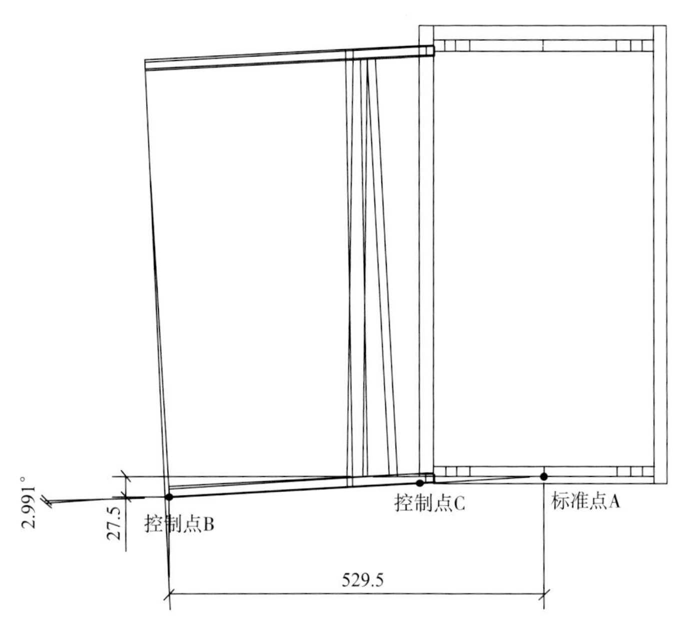

图 4.5-8　图纸剖视图控制点尺寸示意

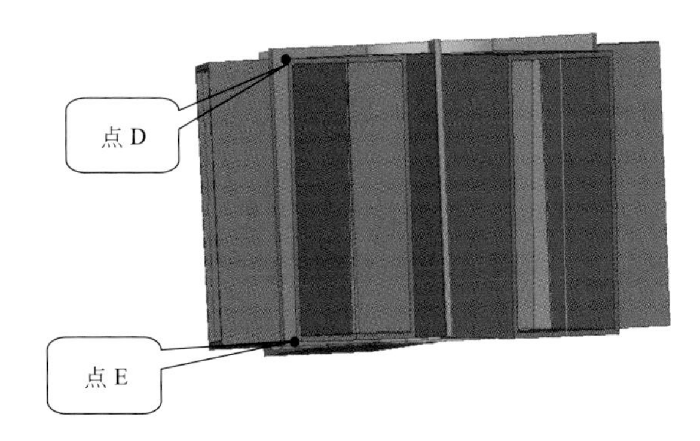

图 4.5-9　牛腿外口控制点 D、E 位置示意

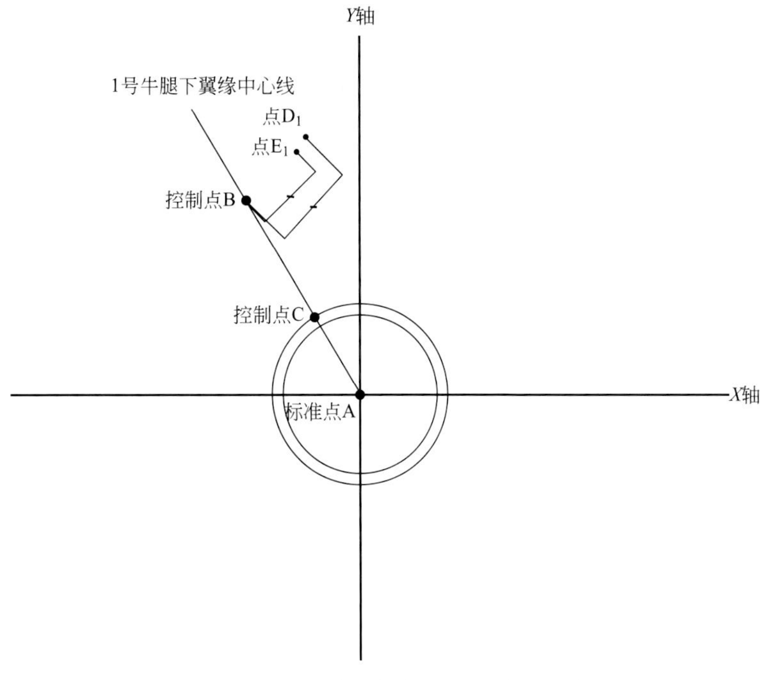

图 4.5-10　地样投影点 D_1、E_1 位置示意

3）过程控制

① 工装稳定可靠，保证牛腿定位牢固。

② 根据空间坐标，使用激光准直仪进行投影放样，控制投影点的水平偏差。

③ 牛腿焊接采用两侧对称施焊，减小焊接变形。

④ 复测牛腿成型外观尺寸，确保加工精度。

4.6 带相贯线锥形管制作技术

1. 技术简介

（1）技术背景

现代建筑结构造型逐渐呈现多样化，应用锥形管的需求量在不断增加，锥形管与其他部件多为相贯线贯口连接，其制作方式一般有两种：一是按标准锥形管卷制后再采用放样切割相贯口，但此种方式外观成型差，尺寸偏差大，生产效率低；二是按带相贯线锥形管展开零件图，数控切割后进行卷制，但对于高低落差大的相贯口，材料卷制过程中受力会不均匀，难以保证锥形管的外观和尺寸精度。本节介绍一种新型相贯线锥形管制作技术，既能顺利卷制，又能较精确地控制贯口形状，有效弥补前两种方式的不足，见图 4.6-1。

图 4.6-1　模型图

（2）技术特点

1）采用建筑信息模型（以下简称 BIM）软件技术展开锥形管零件，在展开图上标出相贯口切割线，解决放样效率低和准确率低的问题。

2）采用间断方式切割相贯口展开线，解决卷管受力不均、成型困难等问题。

3）卷管后把连接点切断，解决相贯线整体手工切割外观差的问题。

（3）推广应用

本技术已在苏州工业园区体育中心项目应用，2017 年获得江苏省级工法奖“双锥形管相贯线牛腿环梁制作工法”，2017 年获得实用新型专利“一种带复杂相贯线的锥形钢管展开结构”。

2. 技术内容

（1）施工工艺流程（图 4.6-2）

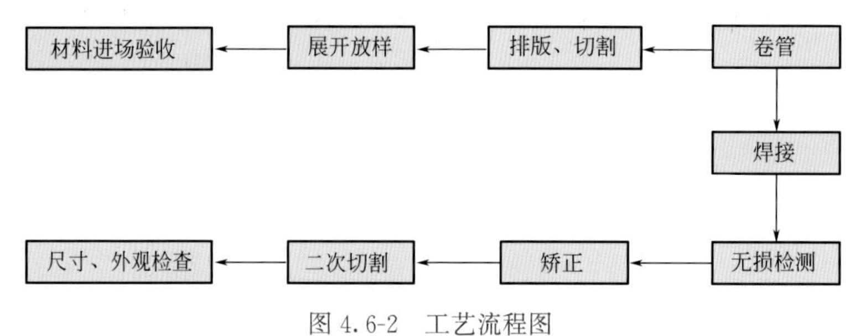

图 4.6-2　工艺流程图

（2）关键技术介绍

1）放样

通常直接采用 BIM 软件中零件的外表面或内表面展开图进行放样，但需考虑锥形管厚度及与连接部件的角度对展开尺寸的影响。以 BIM 软件导出的中心线图纸为参照，用自动计算机辅助设计软件（以下简称 CAD）按照中径尺寸建立三维线模，最后通过钣金软件展开放样图。

详细步骤：

① 用 BIM 软件分别导出构件图中所有零件的中心线和轮廓线。通过零件的中心线精确定位空间关系，以零件轮廓线确定截面形状，方便后续建立模型。

② 用 CAD 软件将中心线和轮廓线图形合并，形成有中心线和零件截面形式的 CAD 图形。

③ 根据相贯线与部件相交位置的逻辑关系，正确地选择内壁和外壁，运用布尔运算得到带贯口的锥形管三维实体模型。

④ 利用钣金软件生成带相贯口锥形管的展开图，见图 4.6-3。

2）下料

将标准锥形管展开图与带相贯口锥形管的展开图合并，形成排版下料图，见图 4.6-4。按图所示顺序进行切割，相贯口边界（1～2～3）采用间断切割，每间隔 50mm 切割 300mm。

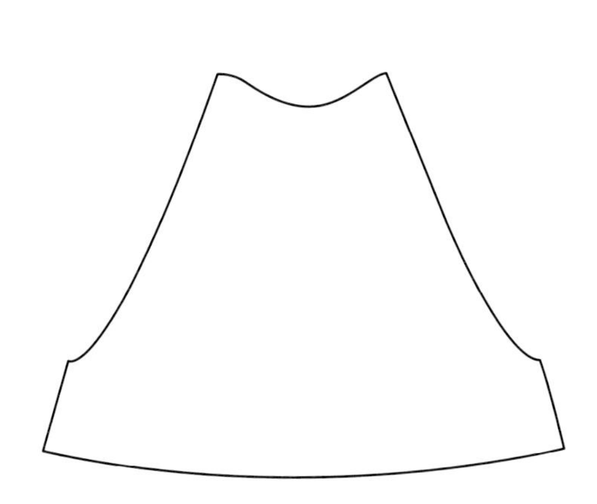

图 4.6-3　带相贯线锥形管展开图

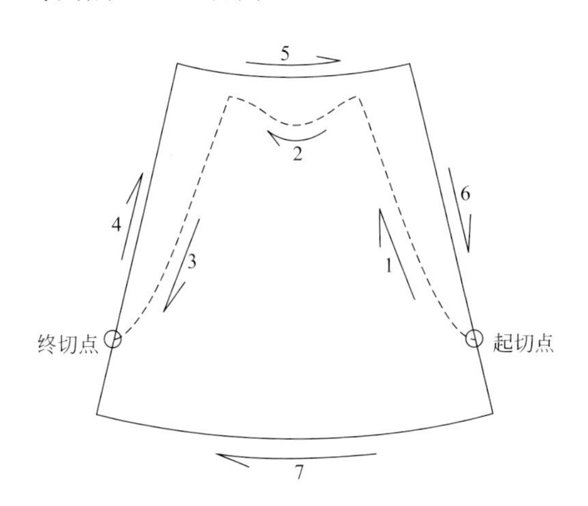

图 4.6-4　排版下料图

3）卷制

下料后的板材在压力折弯机上冷压卷制成型，如图 4.6-5 所示。纵缝点焊固定，手工切割相贯线间断连接部位，打磨圆滑，形成带相贯口锥形管，如图 4.6-6 所示。

图 4.6-5　卷制图

图 4.6-6　成品构件

4.7 大尺寸多腔体薄壁构件制作技术

1. 技术简介

(1) 技术背景

近年来中国经济强劲增长，城市人口快速增加，城市空间被迫向高空发展，而高层建筑由于土地利用率高，改善城市面貌，丰富城市艺术等众多优点，得到了快速发展，这对高层建筑的抗震性能提出更严格的要求。剪力墙是高层建筑中主要承受风荷载和地震作用引起的横向荷载的结构体系，防止结构剪切破坏，因此被广泛应用。高层剪力墙主要分为三类，即型钢混凝土剪力墙、钢板混凝土剪力墙、带钢斜撑混凝土剪力墙。大尺寸多腔体薄壁构件是钢板混凝土剪力墙的一种形式，此类构件具有截面尺寸小、室内空间利用率高、施工速度快等优点，广泛应用于高层建筑中，见图 4.7-1、图 4.7-2。本节主要介绍大尺寸多腔体薄壁构件制作技术。

图 4.7-1 多腔体薄壁结构体系

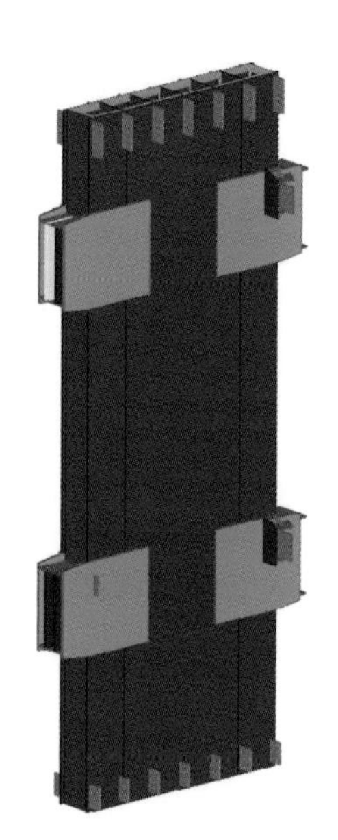

图 4.7-2 多腔体薄壁构件

(2) 技术特点

1) 技术难点

① 钢板厚度较薄，且结构主焊缝均为全熔透，焊接量大，因此释放焊后应力、控制焊接变形成为焊接工艺的难点。

② 截面长宽比偏大，牛腿设有双腹板、传力端板，空间狭小，焊接方式及组装顺序受到限制。

③ 腔体内满布栓钉，调整栓钉焊接与隔板组装的先后顺序，避免空间封闭影响后续零部件组装。图纸展示见图 4.7-3。

2) 解决方案

① 主材拼接过程中，在保证焊接质量的前提下，减少热输入，采用对称、同向焊接，使焊接变形相互抵消；焊接顺序由内而外，焊接收缩应力得到最大程度的释放。

② 经过对构件形式的分析，选择正确的组装顺序及焊接类型，确保节点尺寸、焊接质量在可控范围内。

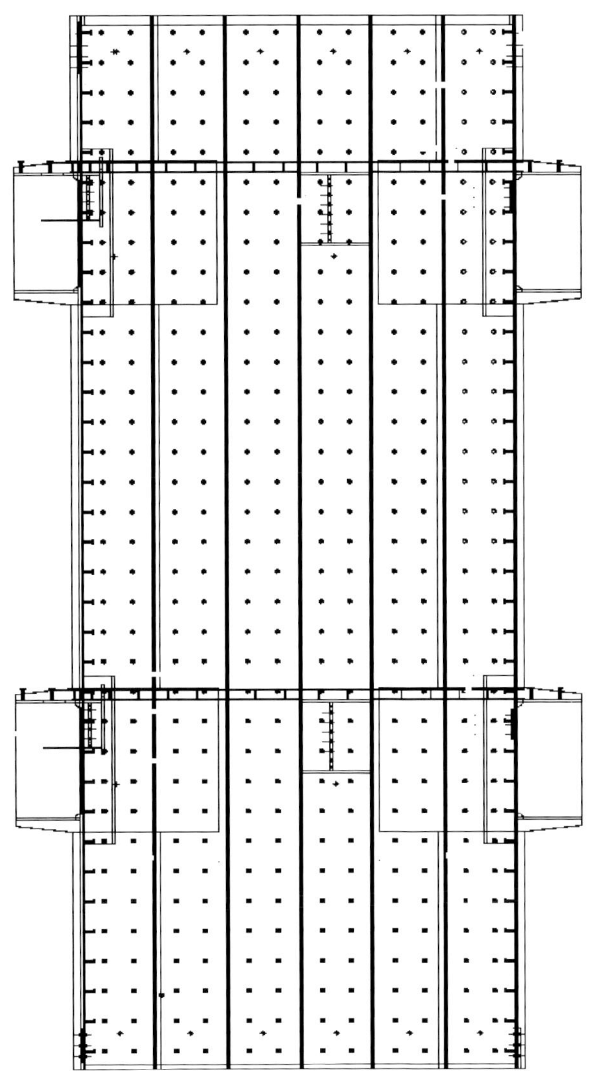

图 4.7-3　图纸展示

③ 栓钉与纵向隔板同时布置在剪力墙内部，预先焊接栓钉会导致构件内部空间狭小，不具备隔板焊接作业条件。采用退装法，从中间向两端依次完成隔板和栓钉的组焊。如图 4.7-4 所示，顺序为 a、b、c、d、e、f、g。

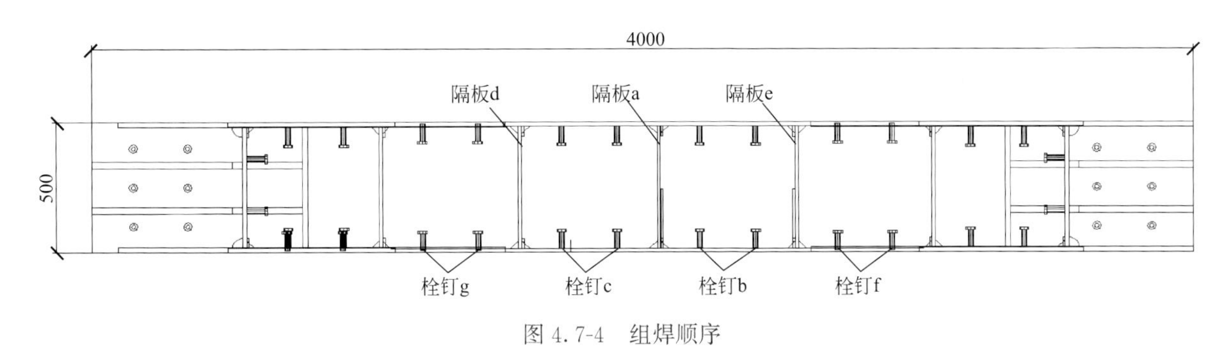

图 4.7-4　组焊顺序

（3）推广应用

本技术在珠海横琴国贸大厦项目中成功应用，完成 101 个构件制作，均一次合格，成型效果好，该项目于 2015 年 5 月竣工验收。

2. 技术内容

（1）施工工艺流程

1）施工工艺流程图（图 4.7-5）

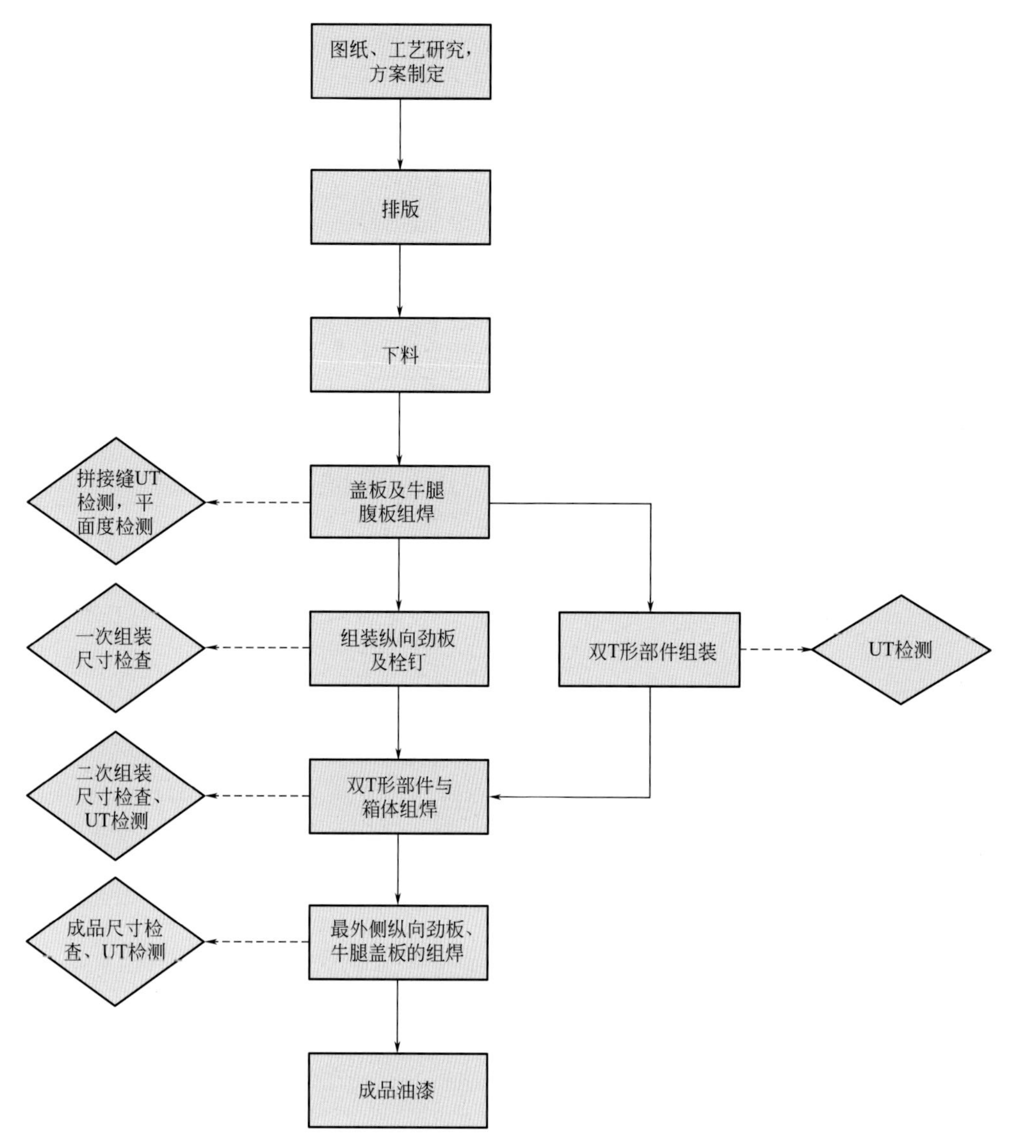

图 4.7-5　工艺流程图

2）排版下料

构件长度超过 15m，板材较薄，主焊缝要求全熔透，排版下料时须考虑焊接和校正收缩余量，避开牛腿、劲板等节点位置。

3）一次组装焊接

① 腔体组焊

a. 腔体盖板由不等厚钢板拼接而成，外表面对齐，见图 4.7-6。采用单面坡口，反面清根的形式焊接，通过由内向外、同向对称焊接和减小焊接热输入量等方式控制焊接变形。每道工序完成后检测整体平面度及对角线尺寸，减少多道工序的累计误差。

b. 腔体由两个腹板及多个内部纵向隔板组成，焊接量大，在腔体盖板外表面横向布置槽钢支撑，约束焊接变形。

c. 组装上下盖板间的隔板 a（图 4.7-7），上下盖板之间设置角钢支撑固定。隔板 a 与盖板同向对称

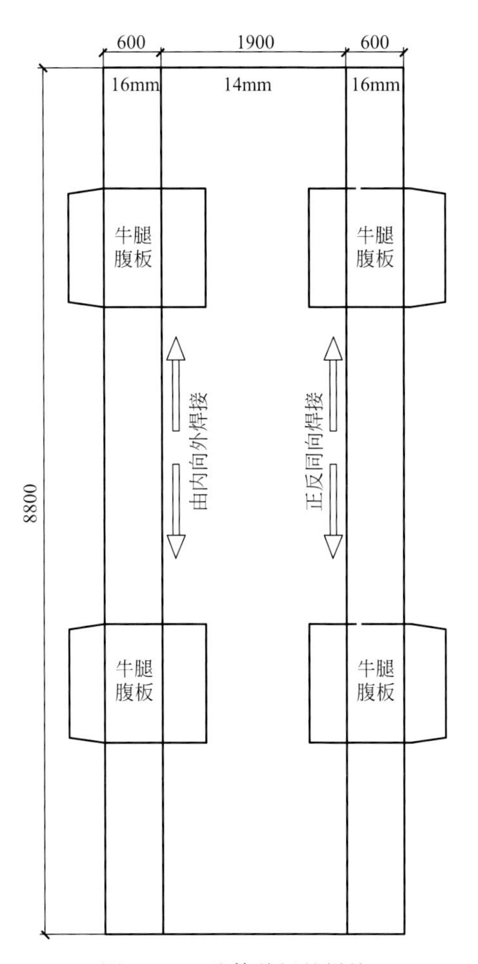

图 4.7-6　腔体盖板的拼接

焊接，背面火焰校正。

d. 焊接隔板 a 两侧的栓钉 c、d。

e. 组焊隔板 d、e，采用带衬垫单面坡口焊。依次类推，进行其他隔板的组焊。

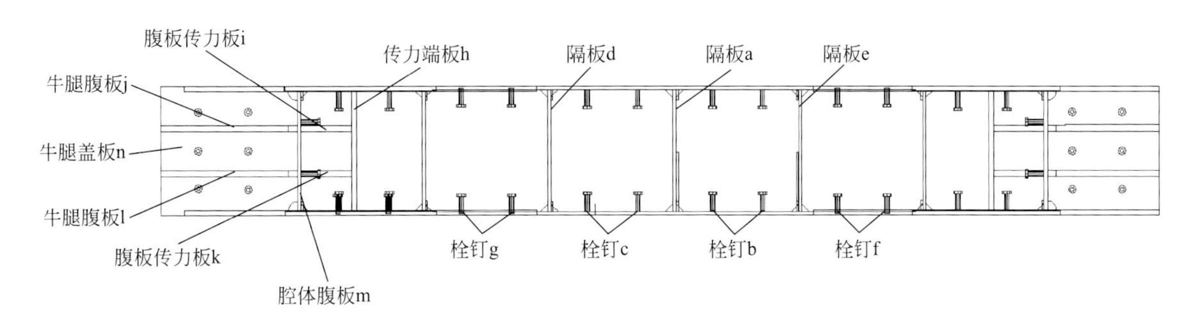

图 4.7-7　腔体组装

② 双 T 板组焊

牛腿内部设有传力端板 h，为双 T 形结构（图 4.7-8），腔体最外侧腹板 m 采用后装法，将 i 与 j、k 与 l 合并下料（图 4.7-9），与传力端板 h 进行全熔透焊接，并检验后进入二次装配。

4）二次组装焊接

① 双 T 板与腔体组焊

传力端板 h 两侧开设单 V 形外坡口，组装中间部位双 T 板。以其为基准组装其他位置双 T 板，组装时考虑焊接收缩余量。如图 4.7-10 所示，双 T 板与腔体组焊完成后检查尺寸偏差。

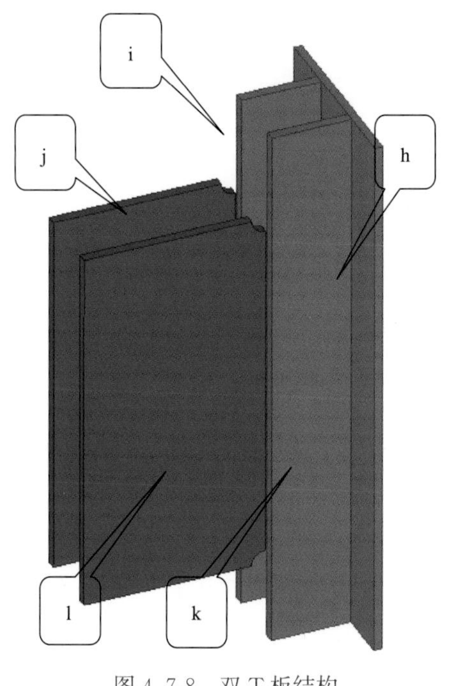

图 4.7-8　双 T 板结构

图 4.7-9　牛腿腹板合并后下料图

② 隔板 m 的组焊

隔板 m 下料时切割 4 个长方形槽（图 4.7-11），预留装配间隙，槽口开设单 V 形外坡口，嵌入双 T 形腹板进行焊接。

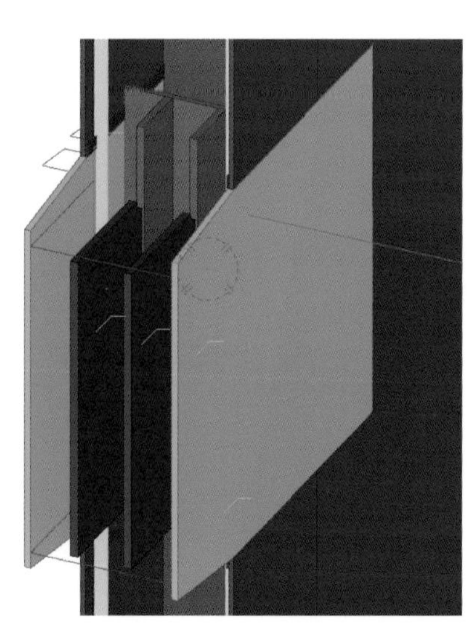

图 4.7-10　双 T 板与腔体组焊示意

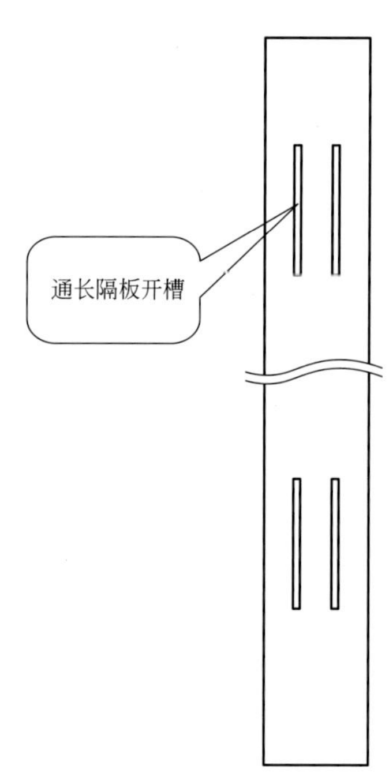

图 4.7-11　外侧隔板开槽示意

③ 牛腿盖板的组焊

复测牛腿对角线及平面尺寸，组焊牛腿盖板 d。牛腿节点组装完成后整体复核尺寸、火焰校正。

多腔体薄壁构件焊接量大、施焊空间小，通过此技术的实施，各牛腿及整体外观尺寸都得到了保证，符合验收规范的要求，顺利地完成了加工任务。

4.8　钢箱梁桥制作关键技术

1. 技术简介

（1）技术背景

钢结构桥梁具有自重轻、施工效率高、跨度大等特点，正日渐成为跨线桥建筑工程的首选。钢主梁结构主要分为钢板梁、钢箱梁、钢桁梁、叠合梁四种形式。其中钢箱梁桥由于具有抗弯抗扭刚度大、梁高小、外形美观、整体稳定性好的优点被广泛运应用于跨海、跨江、城市主干道等工程中。本节主要介绍钢箱梁桥制作技术。

（2）技术特点

1）根据钢箱梁制作工序划分钢板预处理、下料、板单元制作、钢箱梁总拼等生产线，形成流水作业，提高生产效率。

2）根据单元件焊接变形趋势，总结变形规律，设置反变形胎架参数，使板单元在预拱状态下船位焊接，通过首件的成品质量验证焊接工艺和反变形胎架参数，控制板单元焊接变形。

3）布置多节段总拼胎架，胎架上设置牙板，控制钢箱梁线型。在总拼装胎架上进行板单元间的组焊。$N+1$ 多节段制造，保证节段间匹配性。

（3）推广应用

本技术已在淮安白马湖大桥项目成功实施。项目工程量 5800t，箱梁截面高 2.5m，桥面宽 37m，总长 246m，最大跨度 71m。通过本节技术应用，保证了钢箱梁整体线型及节段间匹配性。

2. 技术内容

（1）施工工艺流程

钢箱梁采用“板单元制作→节段总拼→节段间预拼→涂装”的方式制造。

1）板单元制作

板单元分为顶板单元、底板单元、腹板单元、横隔板单元、风嘴板单元、锚箱单元等，均在专用工装胎架上完成组焊。

2）节段总拼

板单元制作完成后，依据桥梁线型设置总拼胎架，按轮次进行 $N+1$ 多节段的整体组焊及预拼装。

在节段制作中，钢箱梁按照“底板单元→中间横隔板单元→腹板单元与边侧横隔板单元依次交替→顶板单元”的顺序，实现立体阶梯形推进方式逐段组装与焊接。组装时，重点控制桥梁的线型、钢箱梁几何形状和尺寸精度，相邻接口的精确匹配等。

总体制作工艺流程见图 4.8-1。

（2）关键技术介绍

1）施工准备

为全面指导钢箱梁制造，从工艺技术方面做充足准备工作。

① 焊接工艺评定

在项目开始加工前，根据设计图纸整理材料规格、接头形式，选定合适的焊接位置、焊接方法、焊接参数，评定各类接头形式，做到项目焊缝的全覆盖，验证焊接工艺的可行性，见图 4.8-2、图 4.8-3。

② 首制件工艺检验

为了充分验证方案、工艺的合理性、设备加工能力以及工装的适用性，保证工程施工质量，确定最佳工艺，在批量生产前须对首件工程实行认可制度，见图 4.8-4～图 4.8-7。

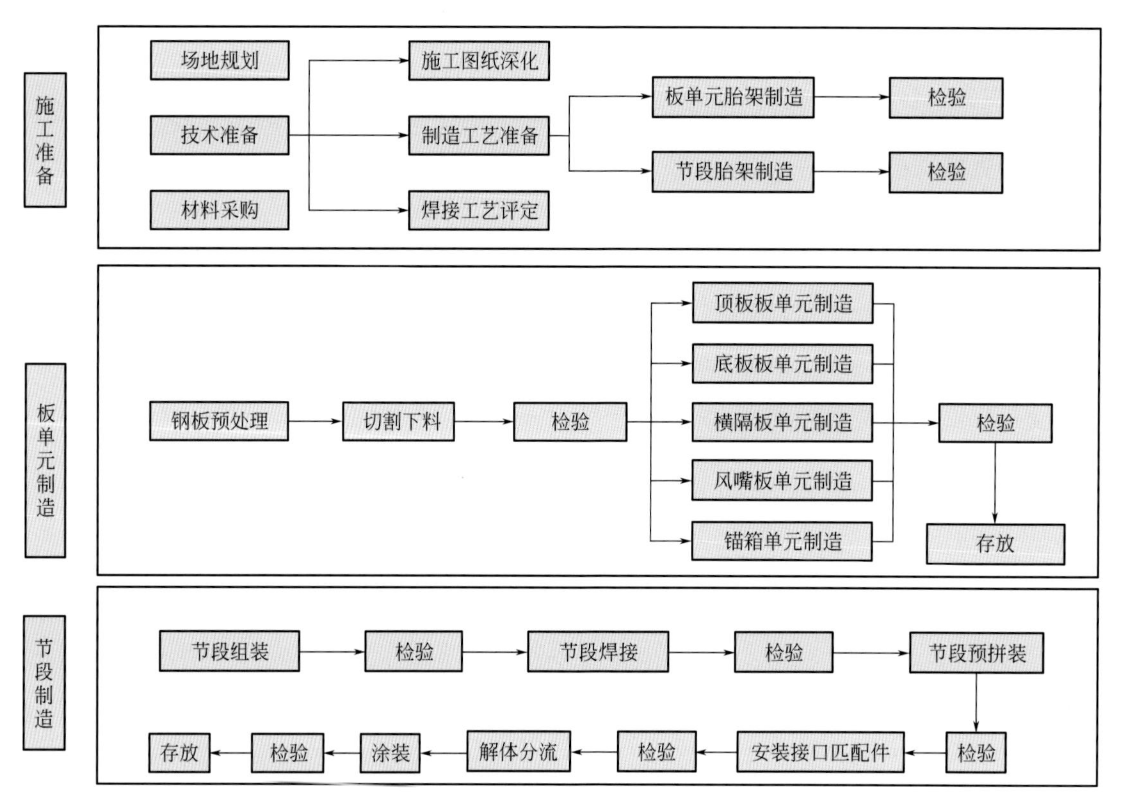

图 4.8-1 总体制作工艺流程图

图 4.8-2 焊接工艺评定试板焊接现场

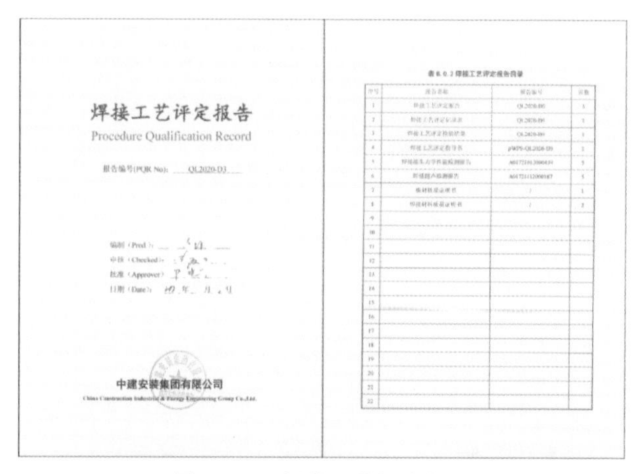
焊接工艺评定报告

Procedure Qualification Record

报告编号(PQR No.): QL2020-D3

中建安装集团有限公司

图 4.8-3 焊接工艺评定报告

图 4.8-4 板件下料首件检验

图 4.8-5 U肋零件首件检验

图 4.8-6　首件板单元组装检验

图 4.8-7　首件板单元焊接检验

③ 工艺方案编制

项目实施前编制《施工组织设计》《制造工艺方案》《制造规则》《焊接工艺评定报告》等方案，举行专家论证进行评审。

④ 工装准备

针对项目钢箱梁结构特点，设计反变形胎架、总拼胎架等加工所需的胎架。

反变形胎架设计见图 4.8-8；总拼胎架设计见图 4.8-9、图 4.8-10。

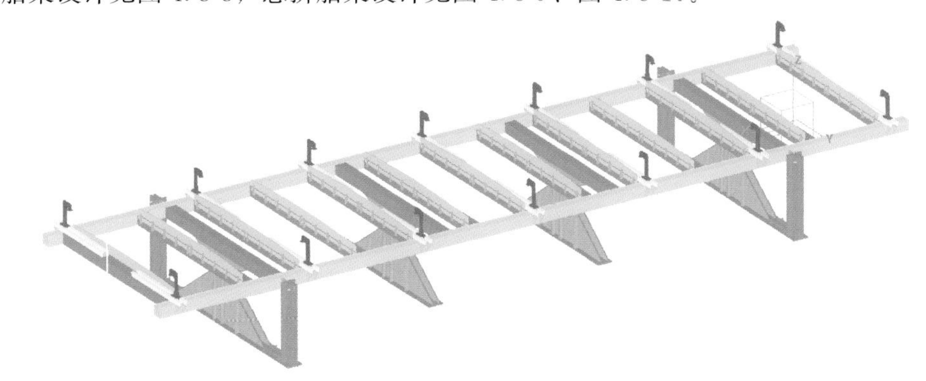

图 4.8-8　反变形胎架

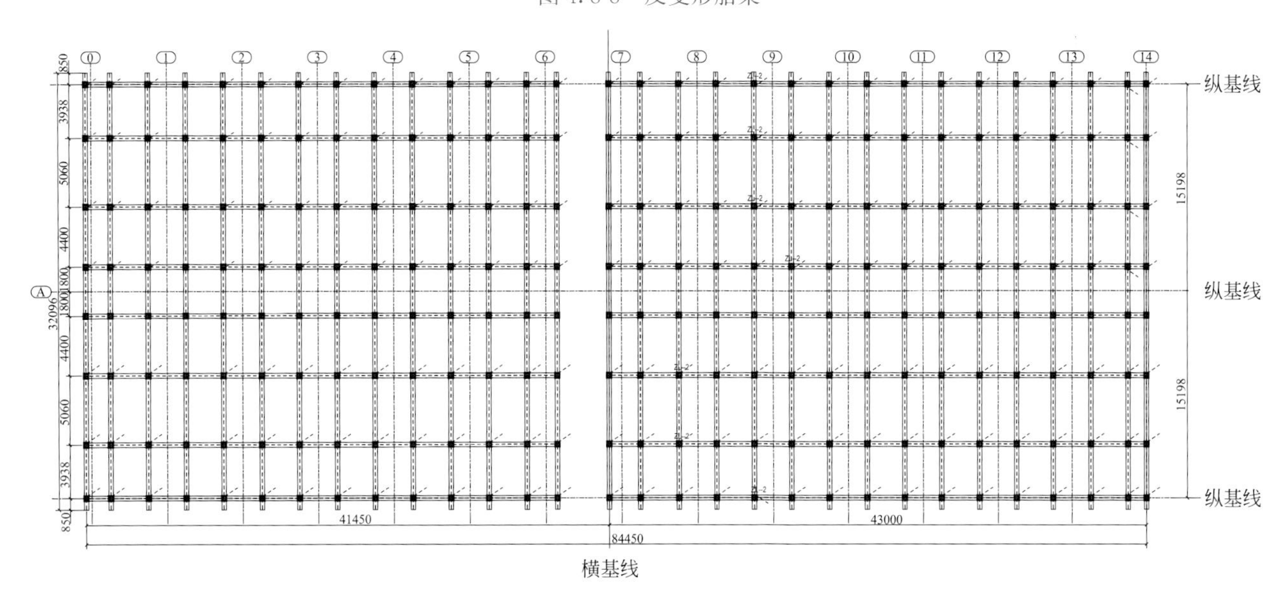

图 4.8-9　总拼胎架布置图

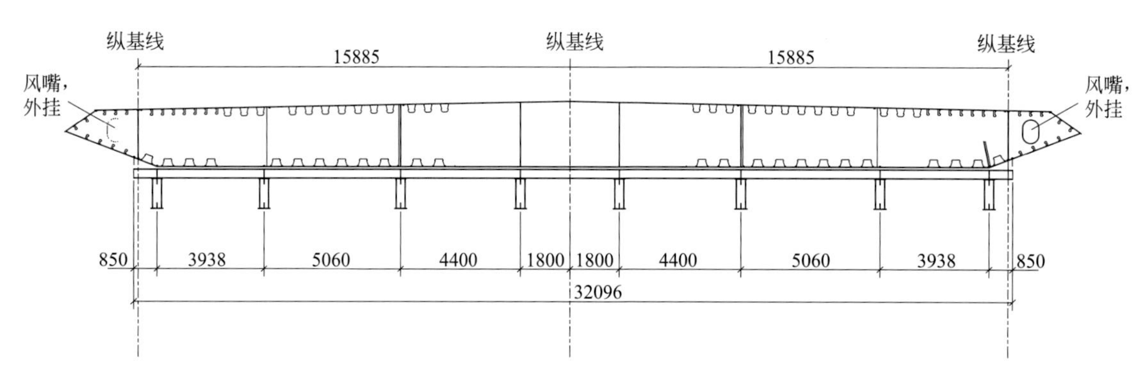

图 4.8-10 总拼胎架断面图

总拼胎架根据钢箱梁重量设计，胎架高度不超过 1.5m，胎架上通过设置高度 200mm 牙板高度调整箱梁线型。

根据监控单位验算复核，提供钢箱梁预拱度数值，预拱度通过总拼胎架牙板高度调节。

⑤ 人员准备

首件开工前，对管理人员、技术人员（含技术工种）逐级进行技术培训和安全质量交底，确保所有的参加人员清楚自己的工作岗位和要求、过程控制标准要求、流程管理和协调配合要求、资料管理要求。

为保证焊缝质量，要求焊工实行考试选拔持证上岗，按资格从事相应项目的施工。焊工考试选拔现场见图 4.8-11。

图 4.8-11 焊工考试现场

⑥ 图纸准备

采用三维建模，校核出图，更精确直观地表达结构，若有变更或修改，可快速准确地参数化更改加工图纸。桥梁三维模型见图 4.8-12。

2）板单元制作

板单元制造按照“数控精确下料→零件加工（含 U 形肋制造）→胎型组装→反变形焊接→在专用胎架上矫正变形”的顺序进行，其关键工艺如下：

① 采用数控精密切割，保证零部件的几何尺寸；

② U 肋坡口加工及冷弯成型。

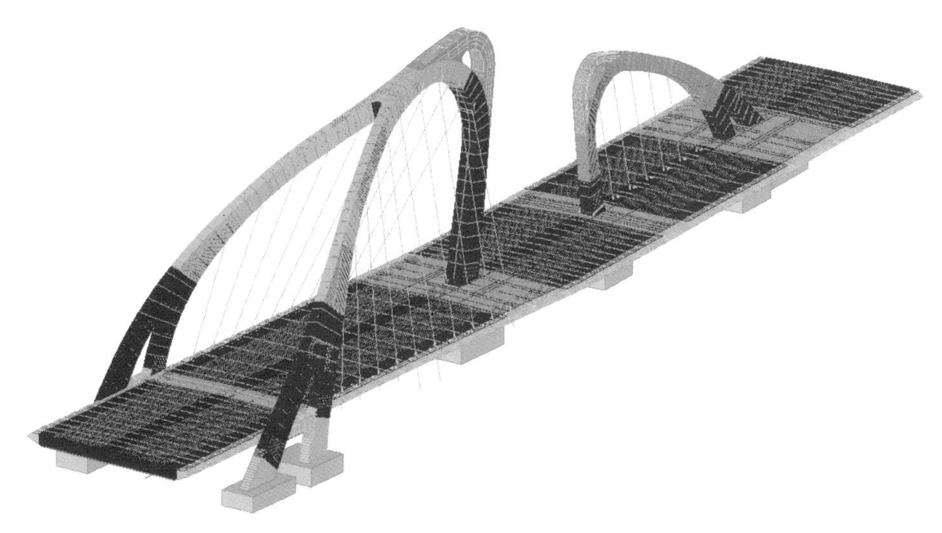

图 4.8-12 桥梁三维模型

隔板单元制作按照“数控精确下料→专用组装胎架上组装纵横加劲肋、人孔加强圈→采用 CO_2 半自动焊接机焊接→在专用胎架上矫正变形”的顺序进行，其关键工艺如下：

① 等离子切割隔板、直条机下加劲肋、加强圈；

② 采用 CO_2 半自动焊接机焊接人孔加强圈。

顶底板板单元主要加工过程见表 4.8-1。

顶底板板单元主要加工工序 **表 4.8-1**

工序	过程照片	控制要点
工序 1：钢板验收入库		按采购计划核对来料规格，按相关标准要求验收
工序 2：钢板预处理		除锈等级 Sa2.5 级 车间底漆厚度不小于 20μm

续表

工序	过程照片	控制要点
工序 3： U 肋加工	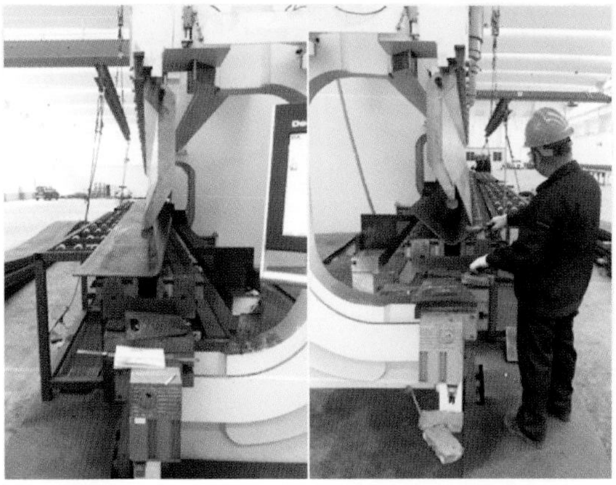	采用冷轧滚压成型工艺
工序 4： U 肋验收		U 肋开口尺寸、坡口角度，钝边尺寸
工序 5： 数控下料		数控编程下料
工序 6： 钢板划线		以板单元基准线定位划线

续表

工序	过程照片	控制要点
工序7：U肋组装		组装位置的打磨，U肋与板单元需顶紧
工序8：U肋反变形焊接		采用线能量较小的 CO_2 气体保护自动焊船位施焊U形肋焊缝。确保焊缝熔深不小于0.8t（t为U肋板厚）
工序9：板单元矫正		专用烤火胎架上矫正，控制温度不超过780℃
工序10：板单元打磨		用砂轮打磨匀顺并将熔渣和飞溅物清理干净

续表

工序	过程照片	控制要点
工序 11： 坡口切割		注意坡口朝向
工序 12： 板单元验收		外观，焊脚高度，熔深不小于 0.8t（t 为 U 肋厚度）

3）钢箱梁总拼

总拼采用“正装法”，按照“底板单元→斜底板单元→中间横隔板→中腹部→边隔板→边腹板→顶板单元”的组装顺序进行。

总拼流程示意见图 4.8-13。

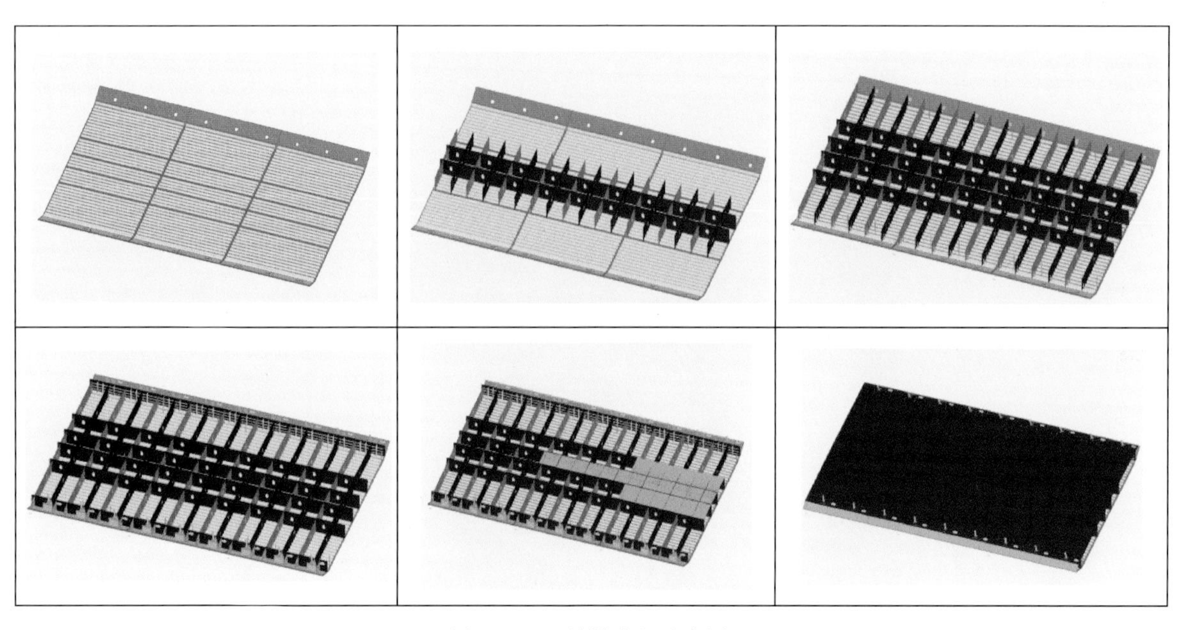

图 4.8-13　总拼流程示意图

钢箱梁总拼主要流程见表4.8-2。

钢箱梁总拼主要流程　　表4.8-2

工序	过程照片	控制要点
工序1：总拼胎架制作		胎架应有足够承载力，纵向线性及横向坡度。设置独立基线、基点，形成测量网
工序2：总拼胎架检测		总拼前，应对胎架的精度复核
工序3：底板单元定位单元上胎		以测量塔为基准，定位中间底板单元，相邻梁段间隙为6mm，用马板码固

续表

工序	过程照片	控制要点
工序 4： 横隔板、腹板单元 铺装、焊接		以中间底板单元纵横基准线为基准，组装横隔板、腹板单元，保证其纵横向位置和垂直度
工序 5： 内部焊接、无损检测	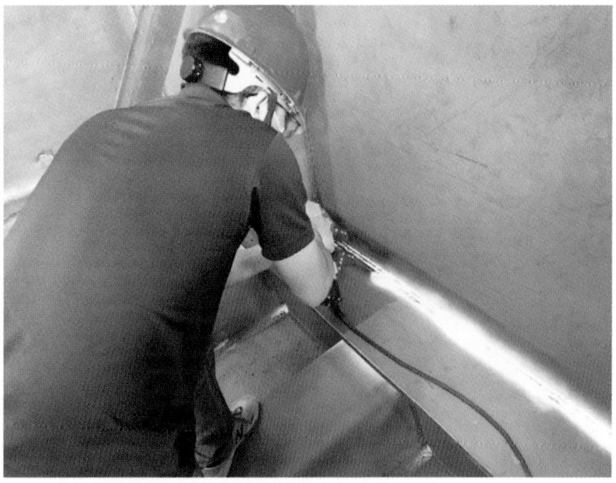	按设计要求，对焊接位置焊接、检测
工序 6： 组焊顶板单元		以中间测量塔为基准，从中间向两侧梯进组装顶板单元，注意控制焊接间隙

续表

工序	过程照片	控制要点
工序7： 焊接及变形修整		检测合格后，焊接钢箱梁内侧焊缝；无损检查后，对焊接变形部位进行修整
工序8： 无损检测		按设计要求，对焊接位置焊接、检测
工序9： 报检		报监理工程师，报检验合格后，横纵基准线标识好，方便现场安装时定位

续表

工序	过程照片	控制要点
工序 10： 合格后解马下胎		解马后对块体进行编号，运出总拼区
工序 11： 打砂		达到《涂覆涂料前钢材表面处理 表面清洁度的目视评定》GB/T 8923.1～8923.4 Sa2.5 级要求，粗糙度应在 40～70μm 之间
工序 12： 涂装		做好预涂，严格控制各层间间隔时间，涂层厚度

第5章

典型工程

5.1 压力容器工程

1. 青岛金能新材料有限公司 90 万 t/年丙烷脱氢项目

项目地址：山东省青岛市西海岸新区

建设时间：2019 年 3 月至 2020 年 1 月

建设单位：青岛金能新材料有限公司

设计单位：山东齐鲁石化工程有限公司

建设规模：项目总投资 943260 万元，是目前全球单套产能最大的丙烷脱氢装置，年产能力可达 90 万 t。

主要工程内容：核心设备 8 台反应器和 2 台产品分离塔，其中 1 号产品分离塔直径 11.9m、壁厚 90mm、高 102m，设备重 3000t。

关键技术应用：本工程采用了丙烷脱氢反应器制造技术，丙烷脱氢产品分离塔制造技术，大型设备现场卧式及立式热处理技术等。

项目建造成果：青岛金能新材料有限公司 90 万 t/年丙烷脱氢项目位于青岛西海岸新区董家口经济区，是山东省首批新旧动能转换项目，采用目前世界上最先进的美国 Lummus 工艺，也是目前全球单套产能最大的丙烷脱氢装置。该项目中两台大型产品分离塔，是丙烷脱氢行业中最大、最重的设备，其综合指标超出石化行业内其他塔器，可谓是“国之重器、塔中之王”。

2. 河北海伟交通设施集团有限公司 50 万 t/年丙烷脱氢项目

项目地址：河北省景县衡德工业园

建设时间：2013 年 11 月至 2014 年 12 月

建设单位：河北海伟交通设施集团有限公司

设计单位：山东齐鲁石化工程有限公司、中建安装石化工程设计院

建设规模：项目总投资约 20 亿元，建造年产 50 万 t 的丙烷脱氢装置。

主要工程内容：丙烷脱氢反应器 5 台，内径 7900mm，重 1310t；2 台大型塔器内径分别是 8.3m 和 8.1m，高 88m，重 2000t。配套设备 58 台，重 1000t。

关键技术应用：本工程采用了丙烷脱氢反应器制造技术、丙烷脱氢产品分离塔制造技术、大型设备现场卧式热处理技术等。

项目建造成果：河北海伟交通设施集团有限公司 50 万 t/年丙烷脱氢项目位于河北省景县衡德工业园，2015 年建成投产，是 Lummus 专利丙烷脱氢反应器的首次国产化制造，同时首次实现了千吨级塔器设备的现场制造。

3. 恒力石化（大连）炼化有限公司 2000 万 t/年炼化一体化项目

项目地址：辽宁省大连市长兴岛

建设时间：2017年5月至2018年8月

建设单位：恒力石化（大连）炼化有限公司

设计单位：中石化洛阳工程有限公司

建设规模：项目位于大连市长兴岛，总投资约600亿元，是辽宁省重点项目，2018年10月投产。

主要工程内容：C3/IC4脱氢装置10台反应器，规格 ϕ7900×20200，重278t；公用工程及火炬装置中的8台不锈钢塔以及60台储罐设备，规格 ϕ6400×22720，重280t；38台属于大型超限设备。

关键技术应用：本工程采用了丙烷脱氢反应器制造技术等。

项目建造成果：本项目中C3/IC4脱氢装置反应器，系采用美国ABB Lummus公司的Catafin循环反应器工艺技术，反应器衬里及耐火砖由意大利CRI公司提供，是我们与美国ABB Lummus公司、意大利CRI公司在丙烷脱氢项目上的第二次合作，在Lummus丙烷脱氢装置设备制造上进一步确定了稳固的竞争地位。

4. 浙江新凤鸣集团ECN067/068项目

项目地址：浙江省湖州市、平湖市

建设时间：2017 年 1 月至 2018 年 5 月

建设单位：康泰斯（上海）化学工程有限公司

设计单位：中建五洲工程装备有限公司

建设规模：该项目位于浙江省湖州市和平湖市，投资建设 3 条采用康泰斯技术的聚酯生产线。

主要工程内容：主要为 3 台酯化釜设备制造，直径 4.5m，长度 24m，主体材质为 316L 不锈钢，单台重量 50t。

关键技术应用：本工程采用了酯化釜制造技术。

项目建造成果：作为聚酯生产线的核心设备，酯化釜结构复杂，特别是中间蒸发器部分，且外带盘管，制造难度极大。本项目设备的顺利交付，使公司成为目前国内该特种设备的独家生产厂商。

5. 南京塔川化工设备制造有限公司台塑 PTA 干燥机项目

项目地址：浙江宁波/台湾麦寮

建设时间：2018年2月至2019年8月

建设单位：台化兴业（宁波）有限公司、台塑集团

设计单位：南京塔川化工设备制造有限公司

主要工程内容：2台PTA工厂用回转干燥设备，规格尺寸分别为ϕ3000、ϕ3600。

关键技术应用：本项目设备制造采用了回转干燥设备制作技术。

项目建造成果：该项目是本公司第一次承接PTA装置大型干燥机设备的制造任务，在国内干燥类设备制造方面树立了品牌效应，为后续扩大市场奠定了坚实的基础。

6. 山东高速海南发展有限公司200万t/年重交沥青装置项目

项目地址：海南省洋浦经济开发区

建设时间：2014 年 9 月至 2015 年 9 月

建设单位：山东高速海南发展有限公司

设计单位：中建安装石化工程设计院

建设规模：合同金额 3200 万元

主要工程内容：63 台换热器、14 台配套容器设备。

关键技术应用：本工程采用了浮头式换热器制造技术、重叠式 U 形管换热器制造技术。

项目建造成果：本项目换热器大部分为浮头式换热器，且有重叠式结构，制作难度大，材质种类多，包括碳钢、铬钼钢、不锈钢、双相不锈钢、钛钢等，是公司首次为客户批量提供设备产品，进一步提升了企业品牌效益。

7. 唐山腾驰石化科技发展有限公司 30 万 t/年煤焦油馏分深加工项目

项目地址：河北省唐山市乐亭县

建设时间：2015 年 5 月至 2015 年 10 月

建设单位：唐山腾驰石化科技发展有限公司

设计单位：陕西煤业化工集团（上海）胜帮化工技术有限公司

建设规模：项目位于乐亭县临港产业聚集区内，占地约 300 亩，投资 6.9 亿元，兴建 200m^3/年甲醇制氢气装置 1 套、1 万 t/年加氢装置单元 1 套、30 万 t/年蒽油加氢装置单元 1 套等。

主要工程内容：常压塔、减压塔、变压器油汽提塔、轻质白油汽提塔、液化气罐等 21 台非标压力容器设备的制造。

关键技术应用：本工程设备材料主要为钛钢复合板，采用了钛钢复合板蒸发罐制造技术。

8. 印度 NIRMA 公司 810TPD 纯碱项目回转煅烧炉制造

项目地址：印度古吉拉特邦卡拉塔拉夫

建设时间：2015 年 10 月至 2016 年 4 月

建设单位：印度 NIRMA 公司

设计单位：南京国拓化学工程有限公司

建设规模：440 万元

主要工程内容：制作一台大型回转设备，直径3.6m，长度29m，重量220t。

关键技术应用：本工程采用了回转干燥设备制作技术。

项目建造成果：此台回转设备按美国ASME规范标准设计，且原材料、焊接、无损检测、最终验收均需进行IBR认证。设备制造完成后，需与传动系统（电机、减速机）组装试车，并测试跳动量等关键指标，尺寸精度要求极高。该台动设备作为公司首次制造的大型回转设备，大力开拓了海外装备制造市场。

9. 浙江华泓新材料有限公司45万t/年丙烷脱氢装置项目

项目地址：浙江省嘉兴市

建设时间：2019年1月至2019年10月

建设单位：浙江华泓新材料有限公司

设计单位：山东齐鲁石化工程有限公司

建设规模：合同金额2635万元，总用钢量1300t。

主要工程内容：承接了7台大型塔器、7台大型储罐设备的制作。

关键技术应用：本工程采用了丙烷脱氢塔器制作技术。

项目建造成果：浙江华泓新材料有限公司45万t/年丙烷脱氢项目，是公司承接的第一个UOP工艺丙烷脱氢装置核心设备制造项目，其制造难点在于塔体直线度、塔盘支撑圈的平面度控制以及瓜片封头组焊成型。项目设备的顺利交付，大力开拓了丙烷脱氢装备制作市场。

10. 中科合资广东炼化一体化项目非标设备制造项目

项目地址：广东省湛江市

建设时间：2018年6月至2019年3月

建设单位：中科（广东）炼化有限公司

设计单位：南京金凌石化工程设计有限公司（70万t年气体分馏装置）

建设规模：项目总用地面积约12.26km²，其中首期用地6.33km²；首期总投资约90亿美元，规划炼油1500万t/年，生产乙烯100万t/年，配套建设湛江港东海岛港区30万t级原油码头。

主要工程内容：70万t年气体分馏装置及液化气精制装置的六台超限设备，最大尺寸ϕ5800×77350×42，重508t。

关键技术应用：本工程采用大型设备压力试验技术等。

项目建造成果：项目位于广东湛江麻章区东海岛，位于我国大陆最南端，处于华南市场与西南市场交汇点，具有重要的区位优势和战略地位，项目的成品油及化工产品可直达华南市场，又可以辐射大西南，同时可以利用临港优势，直接出口面向国际市场。

11. 山东恒舜新材料有限公司 6 万 t/年高性能不溶性硫黄项目

项目地址：山东省菏泽市

建设时间：2020 年 1 月至 2021 年 3 月（预计）

建设单位：山东恒舜新材料有限公司

设计单位：南京塔川化工设备有限公司

建设规模：项目总投资 7.85 亿元，占地面积约 280 亩。主要建设规模为年产 6 万 t 不溶性硫黄装置的生产车间、仓库级配套办公区、公用辅助工程、环保设施等。项目于 2020 年 1 月开工，预计于 2023 年 12 月份竣工投产。

主要工程内容：承接了 48 台回转罐的制造。

关键技术应用：本工程采用了回转干燥设备制造技术。

项目建造成果：此批回转罐是采用挡拖轮支撑，齿轮传动带动整个回转罐壳体旋转，设备的结构复杂，制造精度要求极高。最终将回转罐的制造精度控制做到了极致，传动系统装配、调试一次成功，成为国内掌握该类型动设备制作的两家企业之一。

5.2　塔筒工程

1. 上海临港海上风电一期示范项目

项目地址：上海临港边滩东侧海域

建设时间：2018年6月至2019年4月

建设单位：上海临港海上风力发电有限公司

主机单位：上海电气集团股份有限公司

建设规模：总容量为100MW的近海风力发电场，共安装25台上海电气W4000-136-90型单机容量4.0MW的风电机组，轮毂高度90m，风轮直径136m。

主要工程内容：塔架结构由1节过渡段和3节塔筒组成，共386t，其中过渡段直径为5700mm，塔架直径为3815～5056mm；另外承担了两台6MW样机的塔筒制作。

关键技术应用：本工程采用了法兰平面度焊前控制技术、大直径工装法兰应用技术、无碳刨埋弧焊焊接技术等。

项目建造成果：该项目位于上海临港边滩东侧海域，是公司首次承接的海上4MW和6MW风电塔筒设备制作项目，项目建成投产，将有助于进一步优化该区域的电力业务结构。

2. 泰国GNP风电总承包项目塔筒及其附属设备采购项目

项目地址：泰国Nakhon Ratchasima省Huay Bong and Hin Dad Sub-Districts

建设时间：2016年10月至2017年5月

建设单位：湖南中南电力机电设备成套有限公司

主机单位：歌美飒风电天津有限公司

建设规模：项目总装机容量为67.5MW，安装33台（其中Gamesa G114 2.0MW 18台，Gamesa G114 2.1MW 15台），轮毂高度153m。

主要工程内容：33台塔筒设备制作，单套塔筒重508t，锚杆法兰8.4t，合同额1.01亿元。

关键技术应用：本工程采用了法兰平面度焊前控制技术、大直径工装法兰应用技术、无碳刨埋弧焊焊接技术等。

项目建造成果：该项目位于泰国 Nakhon Ratchasima 省 Huay Bong and Hin Dad Sub-Districts，Dan Khuntod District，轮毂高度153m，创全球内陆钢制柔性风机塔筒的最高纪录。

3. 泰国 EA 二期风电场总承包项目塔筒及其附属设备采购项目

项目地址：泰国猜也奔府

建设时间：2018 年 2 月至 2018 年 7 月

建设单位：中国电建集团中南勘测设计研究院有限公司

主机单位：歌美飒风电天津有限公司

建设规模：项目总装机容量为 257.5MW（103 套 Gamesa G126-2.625MW 153m 风力发电机机组）

主要工程内容：103 台塔筒设备制作，单套塔筒重 508t。

关键技术应用：本工程采用了法兰平面度焊前控制技术、大直径工装法兰应用技术、无碳刨埋弧焊焊接技术等。

项目建造成果：该项目位于泰国猜也奔府，共 5 个风电场，总装机容量 257.5MW。公司承接了全部 103 套的风机塔筒制造任务，是承接的单体最大的塔筒制造出口业务，合同金额超 4 亿元。

4. 泰国 WED 风机塔筒和基础法兰采购项目

项目地址：泰国猜也奔府

建设时间：2015 年 5 月至 2015 年 12 月

建设单位：泰国 WED 公司（Wind Energy Development Co.，Ltd.）

主机单位：歌美飒风电天津有限公司

建设规模：项目总装机容量 60MW（30 套 Gamesa G1142.0MW STD2 125m 风力发电机机组）。

主要工程内容：30 套塔筒设备制作。

关键技术应用：本工程采用了法兰平面度焊前控制技术、大直径工装法兰应用技术、无碳刨埋弧焊焊接技术、基础环变位焊接技术等。

项目建造成果：项目位于泰国 Nakhon Ratchasima 省 Dan KhunThot 地区 Tambon Huai 邦，2016 年 07 月并网。采用的 G114 机型是 Gamesa 公司首次在东南亚投入使用的机型，叶片直径 125m，塔高 122.256m，重 326t，锚杆法兰 12t，相当于当时普通机型塔筒重量的 3 倍，创国内塔筒之最，所采用的拼焊法兰的壁厚最厚达 57mm，远超普通常规法兰，卷制难度大，焊接要求高，亦是国内首例。

5. 湖北能源集团黄石筠山风电场总承包工程

项目地址：湖北黄石市鄂东南阳新县

建设时间：2015 年 7 月至 2017 年 12 月

建设单位：湖北能源集团新能源发展有限公司

主机单位：金风科技股份有限公司

建设规模：总装机容量 80MW（40 套金风科技 GW115/2000 型风力发电机机组）。

主要工程内容：项目设计、设备采购、土建工程施工、设备安装及调试、240h 试运行、移交生产及质保期内的全部工作。

关键技术应用：本工程采用了法兰平面度焊前控制技术、大直径工装法兰应用技术、无碳刨埋弧焊焊接技术、基础环变位焊接技术等。

项目建造成果：项目位于鄂东南阳新县北部筠山一带山脊，安装 40 台金风科技单机容量 2MW 的风电机组，总装机容量为 80MW，110kV 升压站一座，平均年发电 1785h，年平均上网电量 1.5 亿 kWh，为公司承接的首个风电总承包工程。

6. 盱眙高传观音寺三河农场官滩风电场 99MW 工程项目

项目地址：湖北黄石市鄂东南阳新县

建设时间：2017 年 7 月至 2019 年 11 月

建设单位：特变电工新疆新能源股份有限公司

主机单位：金风科技、南京中人

建设规模：总装机容量 99MW（金风 GW121/2000 120m 机型 40 台，GW121/2000 100m 机型 5 台；南京中人 ZR122/2000 120m 机型 2 台，ZR122/2000 100m 机型 3 台）。

主要工程内容：50 套塔筒设备制作。

关键技术应用：本工程采用了大直径薄壁塔筒制作技术、法兰平面度焊前控制技术、大直径工装法兰应用技术等。

项目建造成果：项目位于江苏省淮安市盱眙县官滩镇，总装机容量为 99MW，分 5 种机型，塔筒直径大（达 5500mm），厚度薄（最小 12mm），制作难度远超之前的塔筒设备。

7. 云南建水七棵树风电场工程风力发电机组塔筒项目

项目地址：云南省建水县

建设时间：2015 年 3 月至2016 年 4 月

建设单位：建水新天风能有限公司

主机单位：远景能源科技有限公司

建设规模：项目用地面积 260 余公顷，总装机容量 200MW，总投资约 20 亿元。

主要工程内容：58 台远景风力发电机组用塔筒的制作（36 台远景 EN-110/2.1；22 台 EN-90/2.3；EN-100/2.3 型）。

关键技术应用：本工程采用了大直径薄壁塔筒制作技术、法兰平面度焊前控制技术、大直径工装法兰应用技术等。

项目建造成果：该项目位于云南省红河州建水县境内，安装100台单机容量为2MW风电机组，分别在南北区场各新建一座110kV升压站和集电线路等配套设施，被列为云南省“三个一百”重点项目。

8. 海南东方高排风力发电项目

项目地址：海南省东方市

建设时间：2011年11月8日至2012年12月18日

建设单位：海南东方风力发电有限公司

主机单位：维斯塔斯风力技术（中国）有限公司

建设规模：海南东方高排风力发电项目一期工程用地66.5亩，项目总投资为4.9亿元，总装机容量48MW，共安装24台丹麦Vestas公司的V90VII型-2WM风机，单机容量2MW。新建一座110kV升压站及2回场区35KV集电线路；新建场区维修专用道路约18km。

主要工程内容：24套维斯塔斯2000kW机型塔筒制造。

关键技术应用：本工程采用了塔筒门框制作技术、防腐质量控制技术等。

项目建造成果：项目位于东方市八所镇南边高排村到下通天海岸带上，平均海拔高度为6m，海岸线长度约5km，在宽1～1.5km的范围内均属于风资源丰富的地区，本项目为首个BT模式总承包工程，也是首次制作维斯塔斯机型设备。

9. 巴基斯坦第一风电场一期工程

项目地址：巴基斯坦南部信德省

建设时间：2012年7月至2014年12月

建设单位：中国华水水电开发总公司

主机单位：中水珠江规划勘测设计有限公司

建设规模：项目总装机容量 49.5MW，运营期 20 年，建设总投资约 1.303 亿美元。风电机组机型选用了金风公司 GW77/1500kW，机组轮毂中心高度 85m，叶轮直径 77m，塔筒由四段组成，总重量 160t，发电机、机舱、叶片及轮毂总重量 86.24t。

主要工程内容：33 套金风 1500kW 塔筒制作及风力发电机组安装。

关键技术应用：本工程采用了基础环变位焊接技术、塔筒门框制作技术、防腐质量控制技术等。

项目建造成果：项目位于巴基斯坦南部信德省塔塔专区的贾姆皮尔地区，西距巴最大港口和工业城市卡拉奇 90km，南距阿拉伯海岸 80km。项目是按照 BOO 模式运作的海外投资项目，准备期 1 年，建设期 18 个月，运营期 20 年，建设总投资约 1.303 亿美元，是中国企业在巴基斯坦投资建设的首个风电项目。

10. 华能乌江源祖安山风电项目

项目地址：贵州省毕节地区威宁县境内

建设时间：2011 年 1 月 18 日至 2012 年 6 月 30 日

建设单位：华能新能源股份有限公司

主机单位：南车株洲电机有限公司

建设规模：华能乌江源风电场项目由中国华能集团新能源股份公司出全资建设，由其下属的威宁风力发电有限公司负责整个工程的建设、运营和管理，规划总装机 300MW。一期投资 23.8 亿元，建设百草坪、祖安山、大法、海柱 4 个风电场。

主要工程内容：33 套南车 1500kW 机型塔筒设备制造。

关键技术应用：本工程采用了基础环变位焊接技术、塔筒门框制作技术、防腐质量控制技术等。

项目建造成果：该项目是目前贵州省规划装机规模最大的风电项目。其中祖安山风电场位于贵州省毕节地区威宁县境内，总装机规模为99MW，安装66台单机容量为1500kW的南车WT1500/82风力发电机组，是公司首次制作南车1.5MW机型塔筒设备。

11. 华能上海崇明前卫二期风电场工程

项目地址：上海崇明县前卫村

建设时间：2010 年 5 月 15 日至 2011 年 10 月 30 日

建设单位：华能新能源上海发电有限公司

主机单位：上海电气集团股份有限公司

建设规模：项目采用 20 套上海电气 W2000M-93-80 型风电机组，总装机容量为 40MW。

主要工程内容：20 套上海电气 2000kW 机型塔筒设备制造，塔高 80m，重 183t。

关键技术应用：本工程采用了基础环变位焊接技术、塔筒门框制作技术、防腐质量控制技术等。

项目建造成果：项目位于上海崇明县前卫村黄瓜沙南侧，是公司承揽的第一个单机 2000kW 的风电项目。

12. 湖北利川齐岳山风电场（49.3MW）风机塔筒采购项目

项目地址：湖北省利川市

建设时间：2010 年 5 月至 2011 年 12 月

建设单位：湖北能源集团齐岳山风电有限公司

主机单位：湖北省电力勘测设计院

建设规模：项目装机容量 49.3MW，安装单机容量为 850kW 的风电机组 58 台，同期建设一座 110kV 升压变电站（包括综合楼）。

主要工程内容：58 套 Gamesa G52-850 型塔筒设备制造。

关键技术应用：本工程采用了基础环变位焊接技术、塔筒门框制作技术、防腐质量控制技术等。

项目建造成果：项目位于湖北省西部利川市西北约 34km 的齐岳山顶，东距恩施市 100km。规划总装机容量为 15 万 kW，分三期开发建设，本期建设规模 4.93 万 kW，三期工程全部投产后，每年可向电网提供绿色电力 2.7 亿 kWh。

13. 华能海南文昌风力发电一期工程

项目地址：海南省文昌市

建设时间：2008 年 2 月至 2008 年 12 月

建设单位：华能海南发电股份有限公司

主机单位：中水珠江规划勘测设计有限公司

建设规模：项目总装机容量 49.5MW（33 套华锐 SL1500/65 1.5MW 型风力发电机组）。

主要工程内容：33 套华锐 1500kW 机型塔筒设备制造。

关键技术应用：本工程采用了基础环变位焊接技术、塔筒门框制作技术、防腐质量控制技术等。

项目建造成果：该项目位于海南省文昌市境内的东部海岸，风电场距海口市约 70km，距文昌市约 75km。风电场于 2008 年 12 月正式并网发电，是海南省首个兆瓦级风电项目。

14. 华能阜新风电场二期（阜北）工程

项目地址：辽宁省阜新市

建设时间：2008 年 1 月至 2010 年 12 月

建设单位：华能阜新风力发电有限责任公司

主机单位：华锐风电科技股份有限公司

建设规模：项目总装机容量 300MW（其中 130 套华锐 SL1500/70 1.5MW 型风力发电机组），总投资 31 亿元。

主要工程内容：130 套华锐 1500kW 机型塔筒设备制造。

关键技术应用：本工程采用了基础环变位焊接技术、塔筒门框制作技术、防腐质量控制技术等。

项目建造成果：该项目由华能新能源产业控股有限公司投资建设，为华能阜新 50 万 kW 风电设备本地化风电场项目的二期工程，风场位于阜新市东南新邱区、太平区、阜蒙县三区县交接处，东起新邱区长营子镇高山山梁群，西至阜蒙县大板镇老虎沟、三节沟、满土沟、孟家沟等山梁群，风电场场址范

围面积约 30km^2。风机之间间距为 400～500m，轮毂安装高度 70m，创造了当时中国最大单个风电场的记录。

15. 广东湛江徐闻洋前风电工程

项目地址：广东省湛江市

建设时间：2007 年 9 月至 2009 年 12 月

建设单位：广东粤电湛江风力发电有限公司

主机单位：广东明阳风电技术有限公司

建设规模：总装机容量 48MW，共安装 32 台 1500kW 的风力发电机组，高度 75m，单套塔筒重量 175t。同期配套建设一座 110kV 升压变电站，作为风电场专用的联网工程。

主要工程内容：20 套明阳 1500kW 机型塔筒设备制造。

关键技术应用：本工程采用了基础环变位焊接技术、塔筒门框制作技术、防腐质量控制技术等。

项目建造成果：风场地处广东省的西南部，位于雷州半岛南端，南距海南省海口市约 60km，西南距徐闻县城约 40km，距新寮镇 110kV 变电站 3km，交通便利，是华南首个海上风电示范工程。

16. 华能白城风力发电场一期工程

项目地址：吉林省白城市

建设时间：2005 年 8 月至 2005 年 9 月

建设单位：华能国际电力开发公司吉林白城风电分公司

主机单位：中国水电顾问集团西北勘测设计研究院、歌美飒（天津）有限公司

建设规模：项目规划容量 200MW，一期工程装机容量 49.3MW，安装 58 台西班牙 GAMESAG58-850 型风力发电机组。

主要工程内容：8 套 GAMESA850kW 机型塔筒设备制造。

关键技术应用：本工程采用了基础环变位焊接技术、塔筒门框制作技术、防腐质量控制技术等。

项目建造成果：本工程是全国第一个一次性投产 5 万千瓦级的风力发电厂，也是吉林省“十五”期间投产的唯一新能源项目。该项目的建成投产，在当时全国创造 4 个“第一”：全国第一个一次性投产装机容量最大的风电厂；全国第一个获得电力行业 QC 活动成果一等奖的风电企业；全国第一个获得电力行业优质工程的风电工程；全国第一个获得国家优质工程奖的风电工程。

5.3 钢结构工程

5.3.1 超高层建筑工程

1. 渤海银行业务综合楼工程

项目地址：天津市河东区六纬路与六经路交口

建设时间：2011 年 6 月 20 日至 2013 年 1 月 20 日

建设单位：渤海银行股份有限公司

设计单位：天津市建筑设计院

建设规模：项目位于南站商务区的龙头位置，总建筑面积近 19 万 m^2，其中地上建筑面积 18.7 万 m^2，地下为 5.6 万 m^2，建筑高度 275m，钢结构总量约 1.5 万 t，结构形式为钢混结构。

主要工程内容：1.5 万 t 钢结构主体制作与安装。

关键技术应用：本工程采用了高强度厚板钢构件制作技术等。

项目建造成果：渤海银行所在的南站中央商务区充分利用发达的交通优势，采用国际流行的 HOPSCA 开发模式，以六纬路为轴线，建设以金融服务、高端商业、文化休闲、会议会展、高档公寓、甲 A 级写字楼为一体的城市综合体。渤海银行的建成成为海河沿线的又一地标性建筑。项目获得鲁班奖。

2. 上海市苏河洲际中心钢结构工程

项目地址：上海市天目西路与长安路

建设时间：2016 年 7 月 10 日至 2017 年 9 月 20 日

建设单位：上海宝恒置业有限公司

设计单位：上海江欢成建筑设计有限公司

建设规模：项目位于闸北区上海火车站西南约500m，天目西路街道的119街坊，紧邻苏州河。建筑面积21.5万m^2，高度100m，分地下4层，地上19层。

主要工程内容：钢结构主要包括118街坊2栋19层办公楼和3层裙房商场，119街坊1栋11层办公楼、1栋13层办公楼和3层裙房商场。119街坊塔楼钢结构、裙房钢结构及连桥钢结构工程。

关键技术应用：本工程采用了高强度厚板钢构件制作技术等。

项目建造成果：该项目是一个集商业、办公为一体的智能化城市综合体建筑，并获得钢结构金奖。

3. 珠海横琴国贸大厦

项目地址：广东珠海市横琴新区

建设时间：2015 年 4 月至 2015 年 6 月

建设单位：珠海蓝琴发展有限公司

设计单位：杭州市城建设计研究院有限公司

建设规模：项目占地面积 13000m^2，总建筑面积 11.8 万 m^2，高度 199m，分地下 4 层，地上 41 层。

主要工程内容：主体钢结构制作。

关键技术应用：本工程采用大尺寸多腔体薄壁构件制作技术等。

项目建造成果：项目位于广东珠海香洲横琴新区口岸服务区，与澳门银河酒店、威尼斯人酒店隔岸相望。包含一栋地上 41 层高的综合商业大楼，设有一个 4 层高的地下停车场。涉及五星级酒店、5A 办公楼、商铺、购物广场、餐饮等综合服务，结构主体为钢结构工程，建成之后成为当地又一地标性建筑。

4. 南京金陵饭店扩建工程

项目地址：南京市鼓楼区汉中路 2 号

建设时间：2009 年 12 月至 2012 年 6 月

建设单位：南京新金陵饭店有限公司

设计单位：江苏省建筑设计研究院有限公司

建设规模：项目总建筑面积 172562m^2，地下 3 层，地上 57 层。

主要工程内容：扩建一期工程中主楼部分的结构子分部，主要包括外框架组合 L 形组合劲性柱、十字柱、钢梁、腰桁架和核心筒十字柱、H 型柱、钢板剪力墙及预埋件等，总重量约 1.6 万 t。

项目建造成果：工程位于南京市新街口中心区西北角，现金陵饭店北侧，南至金陵饭店北侧裙房，北至延安路，东至中山路，西至管家桥，是现有金陵饭店的扩建部分，是发展商为迎接 2010 年世界博览会召开和各国工商业及高端机构在中国重点营商的契机，创造新生活、新天地理念空间，而设计的超五星级酒店、高档智能化办公及国际化商业服务相结合的新型建筑。

5. 大连中心·裕景（公建）ST1 塔楼及裙楼

项目地址：辽宁省大连市中山区大公街 23 号

建设时间：2009 年 11 月至 2013 年 2 月

建设单位：裕景兴业（大连）有限公司

设计单位：中国建筑东北设计研究院

建设规模：大连中心·裕景（公建）ST1塔楼为是目前北方地区在建的最高建筑，地下4层，地上80层，钢结构用量9800t。商业裙房建筑高度为31m，由地下2层，地上5层组成，建筑面积144933.6m²。

主要工程内容：ST1塔楼地上抗重力结构体系包括钢筋混凝土核心筒、组合楼板、将重力荷载传递到巨型型钢混凝土角柱的外框转换桁架。典型外筒钢柱分布在5个巨型混凝土角柱之间。抗侧力结构体系由钢筋混凝土核心筒和外筒斜向大支撑共同组成。在中庭曲面处，由龙形支撑连接巨型型钢混凝土角柱以组成封闭式外筒。地下室部分保持同样结构体系，全部巨型型钢混凝土角柱和大支撑从地面延伸至基础。

项目建造成果：项目地处城市CBD，位于中山路与友好路的交汇处，集超五星级酒店、公寓式酒店、5A甲级写字间、豪华公寓、商业为一体的国际化大型综合性建筑。项目最高建筑体成为大连市目前最高建筑，是整体布局完善、功能特色明显、分散化、多样化、多层次的现代服务集聚区，体现商业配套和生活服务双轨模式的与时俱进，是现代复合地产的新高地、新载体。

6. 宁夏亘元万豪大厦

项目地址：宁夏回族自治区银川市

建设时间：2011年7月至2014年4月

建设单位：宁夏亘元房地产开发有限公司

设计单位：北京三磊设计院

建设规模：总建筑面积171365m²，其中：地上50层，建筑面积124500m²；地下3层，建筑面积46865m²；建筑总高度为216m，结构形式为型钢混凝土框架结构，钢筋混凝土核心筒。

主要工程内容：主体钢结构制作，总用钢量约30000t。

项目建造成果：宁夏亘元万豪大厦是宁夏首个集“国际品牌五星级酒店、时尚购物中心、5A智能化甲级写字楼”为一体的地标性建筑，素有“宁夏第一高楼”之称。

5.3.2 公用建筑工程

1. 新建铁路南京枢纽南京南站站房

项目地址：江苏省南京市

建设时间：2009年12月至2011年2月

建设单位：上海铁路局

设计单位：北京市建筑设计研究院

建设规模：建筑面积38万m^2，建筑高度58.1m，分为地上三层，地下二层，钢结构工程量11万t。

主要工程内容：包括劲性框架和钢网架屋盖及钢雨棚三部分钢构件制作，涵盖了管桁架、钢网架、型钢桁架、钢管柱、焊接箱型体、焊接H型钢等多种结构形式。

关键技术应用：本工程采用了高强度厚板钢构件制作技术等。

项目建造成果：项目位于南京市南部的主城区和江宁开发区、东山新区之间，由宁溧路、机场高速、绕城公路、秦淮新河等围合的区域，距南京市市中心约 10.5km。南京南站中心里程 DK1018+540.696，由北向南依次布置有京沪高速场、沪汉蓉宁杭场、宁安场，总设计规模 15 台 28 线，其中高速到发线 10 条；沪汉蓉宁杭场到发线 12 条；宁安场 6 条。基本站台 2 座，中间站台 13 座，站台长度均为 450m，北侧京沪高速场基本站宽 20m，南侧宁安场基本站台宽 15m，邻靠正线的站台宽 12.5m，其余站台宽 12m。钢结构工程量 11 万 t，系国内单体最大的钢结构工程，项目获国家优质工程奖、詹天佑奖。

2. 苏州工业园区体育中心项目钢结构工程

项目地址：苏州工业园区中心大道东999号

建设时间：2015年12月25日至2017年1月16日

建设单位：苏州工业园区服务业发展局

设计单位：上海建筑设计研究院有限公司

建设规模：该项目为钢筋混凝土及钢结构金属屋面结构，建筑面积约5.7万m^2，最大跨度99.7m，建筑高度约43m，座位数约13000个，钢结构总量3800t。

主要工程内容：承担项目主体结构工程包括深化设计、钢结构加工制作、施工安装等。

关键技术应用：本工程采用了带相贯线锥形管制作技术。

项目建造成果：体育中心由体育馆和4000m^2综合健身馆组成。自地下一层至12m平台，裙房分为两层室内运动场。下层层高12m，作为篮球、网球、羽毛球、排球等高空项目场地。上层层高6m，作为乒乓球等小球类低空间项目活动场地。项目获得国家钢结构金奖。

3. 盐城南洋机场T2航站楼及配套工程项目

项目地址：江苏省盐城市亭湖区

建设时间：2016年5月至2018年8月

建设单位：盐城南洋机场有限责任公司

设计单位：华东建筑设计研究院有限公司

建设规模：项目建筑总面积49000m^2，包括T2航站楼、地下车库、站前高架。

主要工程内容：屋盖钢结构、外露单层网壳、锥形钢管柱、3层钢框架钢结构、钢雨棚和检修马道等主体结构的深化设计、钢结构加工制作、施工安装等。

关键技术应用：本工程采用了空间双曲面弯扭构件制作技术，地圆天菱异型管制作技术。

项目建造成果：盐城机场是江苏省继南京之后第二家开通国际航班的机场，国家一类航空开放口岸机场。位于江苏省盐城市亭湖区南洋镇境内，距市中心直线距离约8.3km，并和盐靖高速、盐淮高速、沈海高速等高速公路连接。T2航站楼及配套工程按照“人文科技、绿色环保、现代简洁”理念设计，其中航站楼3.02万m^2，5个登机廊桥，扩建停机坪8.255万m^2，扩建后盐城南洋机场民航机位总数将达19个。

4. 青奥城会议中心项目

项目地址：南京市建邺区扬子江大道南端500m

建设时间：2011年11月28日至2014年7月31日

建设单位：南京青奥城建设发展有限责任公司、南京奥体建设开发有限责任公司

设计单位：深圳华森建筑与工程设计顾问有限公司

建设规模：总建筑面积19.4万m^2，建筑物地上六层，地下二层，地上面积约11.4万m^2。功能为会议厅、音乐厅、多功能厅、餐厅、中小会议及配套厨房、机房等。地下设两层，局部设夹层，地下面为8万m^2，主要作为停车库与设备机房等。钢结构总量30000t。

主要工程内容：钢框架-中心支撑结构的制作。

关键技术应用：本工程采用了复杂节点重型相贯线桁架柱制作技术。

项目建造成果：青奥城会议中心位于南京河西扬子江大道与江山大街交汇处，是 2014 年青奥会配套工程，其主要功能作为新闻发布会主会场，同时具备宴会、音乐、商业零售等功能，青奥会结束后，作为江苏省南京市两会会址。该项目获得鲁班奖和钢结构金奖。

5. 杭州国际博览中心项目

项目地址：浙江省杭州市

建设时间：2011 年 9 月 1 日至 2014 年 9 月 1 日

建设单位：杭州奥体博览中心萧山建设投资有限公司

设计单位：杭州市建筑设计研究院

建设规模：项目总建筑面积 841584m^2、总投资约为 56.0987 亿元人民币。建筑高度 43.8m，会议厅地上六层，地下二层，会展厅地上三层，主要结构形式有单层网壳结构、抽空四角锥曲面网架结构、框架结构。钢结构总量 14.14 万 t。

主要工程内容：包括会展中心、上盖物业、屋顶花园、地下商业、地下车库及机房五大功能区等主要结构的钢构件制作及安装。

关键技术应用：本工程采用了高强度厚板构件制作技术。

项目建造成果：项目位于素有“人间天堂”美誉之称的杭州，坐落于钱塘江南岸、钱江三桥以东的萧山区钱江世纪城，与奥体中心共同组成杭州奥体博览中心。其总占地面积 19.7ha，是集会议、展览、酒店、商业、写字楼五个业态的综合体。作为浙江省重点建设项目，成功举办了二十国集团领导人第十一次峰会。展览中心设计国际标准展位 7500 个，会议中心能满足举办 APEC、达沃斯等高规格国际会议的需要。规模 6 万 m^2 的屋顶花园结合城市客厅能满足高规格接见、高标准宴会、高档次精品展的需要，城市客厅与钱塘江对岸的“城市阳台”遥相呼应，形成一个新的城市亮点。项目获得钢结构金奖。

6. 南宁吴圩国际机场

项目地址：广西壮族自治区南宁市吴圩镇

建设时间：2012 年 1 月 18 日至 2013 年 2 月 20 日

建设单位：广西机场管理集团有限责任公司

设计单位：北京市建筑设计研究院

建设规模：南宁吴圩国际机场总建筑面积18.38万m^2，标段建筑面积9.65万m^2，建筑高度40m，建筑层数地下一层，地上三层，航站楼东西长约1100m，南北宽约360m，为重叠双凤灯外形。

主要工程内容：承建南宁机场航站楼主体工程中央大厅标段的钢结构专业工程，包含钢结构的深化设计、加工制作、运输及安装卸载，总重量1.4万m^2。该标段东西长约381m，南北方向宽约160m，大厅屋面为自由曲面，展开面积约为55000m^2。屋面为钢网架结构，其支撑结构由巨型拱、A类、Y形和V形三类变截面钢柱组成，其中，巨型拱位于路侧大厅入口路，长度约225m。

关键技术应用：本工程采用了高强度厚板构件制作技术等。

项目建造成果：南宁吴圩国际机场位于中国广西壮族自治区南宁市江南区吴圩镇，直线距离市中心27.8km，为4E级军民合用国际机场，是广西壮族自治区第一大航空枢纽、中国千万级机场之一、面向东盟国际门户枢纽机场、对外开放的一类航空口岸和国际航班备降机场。此该项目为二期扩建工程，于2014年8月竣工并投入使用。项目获得钢结构金奖。

7. 南京牛首山文化旅游区

项目地址：南京江宁牛首山

建设时间：2013年8月至2014年3月

建设单位：南京牛首山文化旅游发展有限公司

设计单位：华东建筑设计院有限公司

建设规模：项目总建筑面积10万m^2，建筑高度51m，分地下6层，地上三层，主体结构为框架-剪力墙结构。钢结构总量约6000t。

主要工程内容：承担主体钢结构构件制作。

项目建造成果：南京牛首山文化旅游区一期工程大佛顶宫项目是南京市委、市政府确定的“十二五”期间重点文化项目，也是南京市2013年的重点文化工程。它位于南京牛首山大遗址公园核心区域，地处牛首山顶东峰与西峰之间。大佛顶宫主体建筑共9层分为地上三层、地下六层，而大佛顶宫铝合金穹顶结构是整个项目的重点环节，它南北向约245m，东西向约117m，建设高度54m，依山而建，在仅

有的空间内，利用穹顶结构内部空间和外部景观的优势打造牛首山佛顶宫绿色生态文化、历史文化和佛教文化，努力把南京打造成世界级佛教文化展示平台。项目获得詹天佑奖、鲁班奖。

8. 广西文化艺术中心工程钢结构工程

项目地址：广西南宁

建设时间：2016年1月1日至2017年10月30日

建设单位：南宁信创投资管理有限公司

设计单位：华东建筑设计研究院

建设规模：项目总建筑面积114835m^2，为拱桁架及平面交叉桁架组成的连体空间结构。整个屋盖结构由三个巨型空间拱型屋盖结构通过水平设置的平面交叉桁架体系（雨棚）相互连接形成一体的连体

空间结构。整体结构长度方向最大 214m，宽度方向最大 206m，其中大剧院结构标高最大 56.85m，最大跨度 116.8m；音乐厅结构标高最大 50.15m，最大跨度 81.0m；多功能厅结构标高 45.65，最大跨度 70.38m。

主要工程内容：承担主体钢结构制作及安装，工程量约 10000t。

项目建造成果：广西文化艺术中心坐落于南宁市五象新区邕江之畔，与青秀山隔江相望。中心总净用地面积 244 亩，总建筑面积约 39.88 万 m^2，由文化艺术中心、水系景观及配套工程三大部分构成。文化艺术中心部分用地 104 亩，建筑面积约 11.48 万 m^2，建筑规模名列同类建筑的全国第四，主要建设内容为一个 1800 座的大剧院、一个 1200 座的音乐厅、一个 600 座的多功能厅；水系景观用地 43 亩，主要建设人工景观湖。本项目是广西壮族自治区内目前规模最大、设备最优、功能最全的文化活动殿堂，项目实现了多个国内一流和国际领先。项目获得鲁班奖、钢结构金奖。

9. 石家庄国际机场

项目地址：河北省石家庄市

建设时间：2011年2月至2011年12月

建设单位：中国民航机场建设集团公司

设计单位：中国京冶工程技术有限公司

建设规模：建筑面积13.3万m^2

主要工程内容：钢结构主体结构的制作及安装。其中，主楼大厅结构形式为三角锥网架，跨度为90m，网壳厚度为4m，两侧不规则悬挑。指廊连廊结构形式为斜放四角锥网架，跨度为35m，网壳厚度为2.5m，两侧各悬挑4.5m，钢结构总量1.5万t。

项目建造成果：石家庄正定国际机场位于中国河北省石家庄市正定县，距市区32km，为4E级民用国际机场，是京津冀城市群的重要空中门户，北京首都机场的备降机场、区域航空枢纽，中国北方重要的国际航空货运中转基地，可满足年旅客吞吐量2000万人次、货邮吞吐量25万t的需要。

10. 南山文体中心

项目地址：深圳市南山区

建设时间：2011年10月至2012年1月

建设单位：深圳市南山区建筑工务局

设计单位：中建国际（深圳）设计顾问有限公司

建设规模：项目用地面积3.96万m^2，总建筑面积达78792.78m^2，其中地下35806.17m^2，地上42986.61m^2。南山剧院占地1.4万m^2，南山区综合体育馆占地1万m^2，南山区游泳馆0.6万m^2，广场1.4万m^2，总停车位460个。楼高28.15m，分三层，总投资规模达8亿元。

主要工程内容：钢结构主体部分结构制作。

项目建造成果：项目位于深圳市南山区中部，由剧场、体育馆、游泳馆三个部分组成，是区级群众性的文化体育公共设施，并与南面图书馆和区博物馆共同围合形成一城市广场。项目获得鲁班奖。

11. 山东省文化中心（大剧院）项目

项目地址：济南市槐荫区西郊

建设时间：2011 年 1 月至 2013 年 4 月

建设单位：济南市西区投融资管理中心、济南市西区建设投资有限公司

设计单位：保罗·安德鲁巴黎建筑师事务所、托马·瑞奇及合作人事务所和北京市建筑设计研究院

建设规模：总建筑面积约 18.3 万 m^2，钢结构总量 8000t，地上七层，地下一层，局部有夹层。

主要工程内容：大剧院主体钢结构制作及安装，其中歌剧院屋面钢结构长115m，宽87m，采用单层网壳结构，最大跨度56m；音乐厅屋面钢结构长91m，宽55m，采用单层网壳结构，最大跨度55m；多功能厅长89m，宽45m，主体结构为钢筋混凝土结构。

项目建造成果：山东省文化中心项目为大型公共建筑工程，位于济南市槐荫区西郊，紧邻济南高铁西客站，由国家大剧院设计者、国际设计大师保罗·安德鲁进行总体方案设计，包括大剧院、图书馆、美术馆、群众艺术馆以及剧团、书城、影城等文化事业和文化产业配套项目。其中大剧院约7.5万m^2（含1500座音乐厅、1800座歌剧厅、500座多功能厅及排练厅和其他辅助功能），将承担艺术节开幕式和演出活动的重要任务，艺术节后也将作为举办高水平演出和群众性文化活动的重要场所，项目的建成将极大地丰富市民的文化生活，工程获得国家钢结构金奖、鲁班奖。

12. 广东省十四届省运会主场馆

项目地址：广东省湛江市坡头区

建设时间：2012 年 2 月至 2013 年 12 月

建设单位：湛江市代建项目管理中心

设计单位：悉地国际（深圳）设计顾问有限公司

建设规模：项目占地面积约 864.51 亩，总建筑面积约 19 万 m^2，包括一场三馆及其配套工程，总投资约 22.5 亿元。

主要工程内容：建设 40000 座体育场（含训练场）1 座，建筑面积约 7.90 万 m^2；6000 座主体育馆 1 座，建筑面积约 2.50 万 m^2；2000 座游泳跳水馆 1 座，建筑面积约 3.20 万 m^2；1000 座综合球类馆 1 座，建筑面积约 1.40 万 m^2；室外工程、文化路、场内道路、广场、绿化、观海长廊、桥头公园等。钢结构总量 2.6 万 t。

项目建造成果：依桥傍海、大气亮丽的奥体中心“一场三馆”作为第十四届省运会的主场馆，已经成为湛江新地标，是粤西地区目前最大、最先进的体育场馆群，甚至在国内同类地级市中也堪称一流。项目获得广东省粤钢奖、国家钢结构金奖。

13. 中国博览会会展综合体项目

项目地址：上海市西部

建设时间：2013 年 7 月至 2015 年 2 月

建设单位：上海博览会有限责任公司

设计单位：华东建筑设计研究院有限公司、清华大学建筑设计研究院联合体

建设规模：项目用地面积 85.6ha，总建筑面积约 147 万 m^2，其中地上建筑面积 127 万 m^2，地下建筑面积 20 万 m^2，建筑高度 43m。是目前世界上面积最大的建筑单体和会展综合体。

主要工程内容：包括：E2C、C0、C1、D1、F2 展厅区的屋面钢结构工程的制作与安装，单个节点中相交管件多，桁架尺寸大，精度要求高，钢结构总量约 13000t。

项目建造成果：项目立足长三角、服务全国、面向世界，以“一流场馆，一流配套、一流建设”为目标，汇全球的视野、展中国的精神并充分体现以人为本、科学性、实用性和标志性的场馆建设理念。建成后的会展综合体可以提供 50 万 m^2 的展览空间，其中包括 10 万 m^2 室外展场，将成为世界上规模最大、最具竞争力的国际一流会展综合体，作为新时期我国商务发展战略布局的重要组成，将在拓展世

界市场和国际贸易、展现国家综合实力中发挥重要作用。项目获得鲁班奖。

14. 新建青岛北客站

项目地址：山东省青岛市李沧区

建设时间：2012年12月至2013年11月

建设单位：胶济铁路客运专线有限责任公司

设计单位：北京建筑设计研究院有限公司

建设规模：建筑面积70000m^2，建筑高度15.897m，层高一层，钢管混凝土柱与梭形管桁架结构。

主要工程内容：无柱雨棚覆盖1～8站台，对称布置在主站房南北两侧，每侧长165m，东西方向长226m。雨棚结构为钢管混凝土柱与梭形管桁架组成的空间受力体系，最大跨度38.5m，结构钢柱为变截面钢柱，采用埋入式刚性柱脚，雨棚在横向间隔柱列纵向布置落地斜拉索，以增加整体稳定性。

项目建造成果：青岛北站是胶东半岛连接中国长三角、珠三角等沿海主要经济发达地区以及东北工业基地的快速铁路通道始发点，也是青荣城际铁路、青连铁路、胶济客运专线等铁路的关键节点，已成为中国山东省最大的综合立体交通枢纽，被喻为胶东半岛的“新起点”。青岛北站以“新理念、新机制、新服务、新形象”为标准，实现国铁、地铁、出租车、公交车、长途汽车紧密衔接，实现旅客多种交通方式“零换乘”，极大提升了山东半岛的综合交通运输服务能力。

5.3.3 钢结构桥梁工程

1. 淮安白马湖大道工程

项目地址：江苏省淮安市

建设时间：2019 年 10 月至 2021 年 10 月（预计）

建设单位：淮安市白马湖投资发展有限公司

设计单位：江苏交科交通设计研究院

建设规模：项目建设1座跨湖大桥，总长1.033km，桥梁全长264m，梁全宽37m。其主桥长度246m，宽度37m，引桥长度780m，宽度31m。另外该桥将建设成一座景观桥梁，设计了“双鱼”“跃”出水面的场景，即是建设一个三维曲面的“双鱼”拱桥，一大一小两座拱塔就像是跃出湖面的白色双鱼，大拱塔高度56m，小拱塔高度38m，被业内人士定义为最高难度的拱桥设计。桥梁整体结构形式为全焊接单箱五室扁平钢箱梁+空间异形拱塔斜拉桥。

主要工程内容：承担主体桥梁结构的制作及安装，总用钢量7800t。

关键技术应用：本工程采用了钢箱梁桥制作关键技术、空间双曲面弯扭构件制作技术。

项目建造成果：白马湖大道跨湖大桥建成后，将打通白马湖大道，串联白马湖地区内外，给白马湖地区的景点带来活力，从而进一步发展白马湖地区的经济，同时也是完善淮安的交通网络，将成为淮安又一地标名片。

2. 312国道南京绕越高速公路至仙隐北路段改扩建工程

项目地址：江苏省南京市栖霞区

建设时间：2020年3月至2021年6月（预计）

建设单位：江苏省南京市公路管理处

设计单位：中设设计集团股份有限公司

建设规模：项目建设路线起自南京绕越高速公路栖霞互通，向西沿312国道改扩建，止于与仙隐北路交叉处，全长约7.345km，按一级公路标准设计。全线设仙新路互通1处，商务区隧道1处。

主要工程内容：312国道绕越高速路段钢箱梁制作安装，工程量约3400t。

关键技术应用：本工程采用了钢箱梁桥制作关键技术。

项目建造成果：312国道南京绕越高速公路至仙隐北路段改扩建工程是江苏省及南京市重大交通工程和重点民生工程。它东起南京绕越高速公路栖霞互通，向西沿既有312国道改扩建，沿线途径南象山风景区、仙林高铁站和栖霞商务区，止于仙隐北路交叉处。路线总长7.345km。路线采用高架+隧道的

主辅分离快速化改造方案，其中主线为双向六车道一级公路标准，设计速度 80km/h，辅道为双向六车道城市主干路标准，设计速度 50km/h。全线设置互通式立交 2 处、明挖式隧道 1 处。全线跨过 9 个红绿灯，工程完工后，从仙林到市区早晚高峰能节省 20min，是南京完善区域路网，带动紫东地区发展，促进宁镇扬一体化的“快速走廊”。

3. 咸阳高新区高科一路高架桥工程

项目地址：陕西省咸阳市

建设时间：2019年10月至2020年8月

建设单位：咸阳高科建设开发有限责任公司

设计单位：西安长安大学工程设计研究院有限公司

建设规模：该项目位于陕西省咸阳市。项目桥梁全长630m，桥梁全宽30.5m（2.25人行道+2.5m非机动车道+10.5m机动车道+10.5m机动车道+2.25m人行道+2.5m非机动车道）。最大跨度90m。项目总投资14000万元。

主要工程内容：主桥钢梁、人行道托架及基座、主塔系杆、阻尼装置及连接构件、桥面板安装、防撞栏杆施工，工程量约3200t。

关键技术应用：本工程采用了钢箱梁桥制作关键技术。

项目建造成果：咸阳高架桥项目建成后将成为咸阳高新区连接主城区的主干道，与规划的渭河五号桥组成咸阳市高新区与交大创新港之间连接的快速通道，为咸阳高新区建成6横7纵交通网，有效减缓交通压力，加快产业发展起到积极作用，对形成“半城湖光、半城产业”的良好生态环境和进一步提升咸阳市城市交通水平有重要意义。

4. 黄浦江东岸滨江公共空间东昌园区景观桥

项目地址：上海市浦东新区

建设时间：2018年5月至2018年10月

建设单位：上海东岸投资集团有限公司

设计单位：上海市政工程设计研究总院有限公司

建设规模：项目位于上海市浦东区东昌路黄浦江边，为跨东昌路轮渡高架步道人行景观桥，东至富城路和滨江大道，西至黄浦江，南至东昌路以南236m，北至花园石桥以北130m，跨东昌渡轮高架步道全长约440m，实施用地面积为5.76万m^2，其中绿地面积为7712m^2。全部采用钢结构，上部结构为异形扭曲封闭式箱形钢梁，共计51段。箱梁高度1m，桥面最宽13m，最小转弯半径10.5m。宽度分段后的单构件最大宽度6.9m，最长25.5m，最大单重57t。

主要工程内容：主桥钢梁钢结构制作，工程量约1300t。

关键技术应用：本工程采用了钢箱梁桥制作关键技术。

项目建造成果：高架步道连接起南北两端的滨江绿地，从而形成立体交通，使骑行、跑步的人流与渡轮站前的人流可以相互避让，极大地解决了渡轮站前广场人流拥挤和对冲带来的安全问题。同时，园桥步道两侧等区域镶嵌的绿化景观小品，也增添了趣味性。

5.3.4 工业建筑工程

1. 盘锦忠旺铝业年产80万t铝挤压型材及加工厂房项目

项目地址：辽宁省盘锦市辽东湾新区

建设时间：2015年3月至2015年5月

建设单位：盘锦忠旺铝业有限公司

设计单位：广东南海城乡建筑设计有限公司

建设规模：建筑面积875520m^2，建筑高度28.4m，采用单层框架结构。

主要工程内容：A2钢结构厂房主体结构的施工，包括钢梁、钢柱、吊车梁、制动梁、支撑、地脚螺栓及气楼托架制作、安装、运输、防火防腐等，钢结构总量5640t。

项目建造成果：项目位于辽宁省盘锦市辽滨经济区，北邻滨海大道，全部投产之后，盘锦忠旺将成为全世界最高端的铝产业生产基地，会给盘锦带来约2万人的就业机会，预计销售收入超千亿，利税达百亿，极大提高辽东湾新区装备制造产业丰厚度，增加了新的产业方向。

2. 南宁市轨道交通2号线安吉综合基地项目

项目地址：广西壮族自治区南宁市

建设时间：2015年6月至2015年10月

建设单位：南宁轨道交通二号线建设有限公司

设计单位：中铁上海设计院集团有限公司

建设规模：安吉综合基地占地面积约36.46ha，总建筑面积为91153m^2，主要单体包括停车列检棚、联合检修库、综合维修中心等19个单体。包含停车列检线、定修线、临修线、洗车线、吹扫线、牵出

线、试车线等共计41股线路，铺轨12.7km。

主要工程内容：钢结构主要包含在物资总库、辅助车间1～4、停车列检棚和联合检修及其他零星钢结构，总用钢量约2393t。

项目建造成果：安吉综合基地是南宁地铁1、2、3、6号线的交通枢纽，也是集多功能于一体的综合基站，项目建成后能满足车辆停放及日常保养、车辆检修、列车救援、各系统设备维修等多项功能需求。作为2号线车辆停放、检修的核心，对全线能否按期通车运营关系重大，是全线重点控制工程。

3. 恒安泰新型海洋柔性管道产业化生产基地（一期）项目

项目地址：浙江省舟山市

建设时间：2016年3月至2017年11月

建设单位：浙江恒安泰石油工程有限责任公司

设计单位：中国华西工程设计建设有限公司

建设规模：项目总用地面积 111744m^2，岸线利用长度 163m，其中，一期总建筑面积 37028m^2，建筑高度 18m，为单层钢框架结构。

主要工程内容：柔性软管及脐带缆车间、FAT 实验厂房、装配厂房的施工总承包。

项目建造成果：作为国家 863 重点科研成果转化项目，恒安泰新型海洋柔性管道生产基地项目占地面积约 167 亩，建成后将形成年产 400km 海洋柔性管道的生产规模，将填补国内大规格海洋软管领域空白，为国家能源战略提供安全保障，为我国海洋、大陆架及海外市场的能源开发，提供产业支撑和配套服务。

5.3.5 海外工程

1. 毛里求斯 SSR 国际机场扩建项目

项目地址：毛里求斯东部海岸

建设时间：2010 年 4 月至 2011 年 5 月

建设单位：机场运营有限公司 ATOL

设计单位：巴黎机场集团建筑设计公司

建设规模：项目投资 3 亿美元，建筑面积约 56900m^2，分地下一层，地上三层，屋面高度 77m，跨度 286m，主要结构形式为钢框架结构和钢桁架结构，钢结构总量约 14000t。

主要工程内容：包含候机楼、高架桥、6 座主楼与高架桥连接入口连廊、5 座登机桥、新老候机楼连廊及其他部分钢结构制作。

项目建造成果：项目位于享有“印度洋上的明珠”美誉的毛里求斯共和国东南部麦埠市内，大约距岛国首都路易港东南 43km 处，是毛里求斯体量最大、关注度最高的 1 号工程，承载岛国所有国际和国内的航空运输，是两国政府的“握手”项目，也是公司首次承接的国外主流标准的钢结构产品，项目获得国家境外工程鲁班奖。

2. Hay Point 钢管桩项目

项目地址：澳大利亚昆士兰

建设时间：2011年12月至2012年12月

建设单位：美国柏克德（Bechtel）工程公司

设计单位：Aurecon Hatch（赫氏和Aurecon合资公司）

建设规模：项目总投资3亿美元，是世界三大矿业巨头之一必和必拓与三菱重工共同出资建造的主要煤炭出口港。

主要工程内容：工程为项目总计划的第三阶段，承接其中280根钢管桩的制造加工，总用钢量达5974t。

项目建造成果：Hay Point钢管桩项目位于澳大利亚昆士兰，濒临珊瑚海的西南侧，北距麦凯港19km。地理条件优越，交通便利，建成后成为澳大利亚第二大煤炭输出港，也是世界二十大散货港之一。

3. 委内瑞拉体育场项目

项目地址：委内瑞拉

建设时间：2014 年 5 月至 2014 年 9 月

建设单位：Ventures Ally Limited

设计单位：Canchas de paz

建设规模：在加拉加斯城东北方的一个山坡上，项目由会场、交通集散场地以及提供一系列体育设施的城市公园组成，建筑面积 16128m^2，体育场为单层结构，高度 12.4m。

主要工程内容：包括三角弧形桁架，单根弯曲弧形构件，圆管屋面檩条等主体结构的制作加工，工程量 2850t。

项目建造成果：项目位于委内瑞拉的首都加拉加斯，体育场坐落于山坡上，可俯瞰整个城市全景。这个山地地形现状使得建筑设计通过一级级的平台融入景观里，形成漂浮的步道，提供多种抵达足球场不同楼层的进入方式。一个轻盈、色彩鲜艳的自行车轮形状的天棚屋顶展现了该城市与人民的精神面貌，有助于获得本地民众的好感，并且增加城市的活力。

4. 阿布扎比国际机场钢结构安装项目

项目地址：阿联酋阿布扎比

建设时间：2015 年 7 月至 2016 年 6 月

建设单位：阿布扎比机场公司

设计单位：KPF+ARUP

建设规模：项目总建筑面积约 70 万 m^2，采用英国标准设计，整个钢结构工程量约为 4.5 万 t。其中央大厅由 18 个弧形钢结构主拱构成，最大钢结构屋面主拱单跨达到 180m，高 50m，重约 800t。

主要工程内容：填充屋顶和包装屋顶钢结构主体，必要的临时结构以及预埋件安装，现场焊接，螺栓连接、钢结构工程的维护以及现场的指定区域进行保护措施材料的安装、拆除和处理。

项目建造成果：阿布扎比国际机场位于阿联酋的首都阿布扎比市，是全球客流量、新航班增开数量和基础设施投资发展最快的机场之一，扩建后成为中东地区最大的国际机场，项目从空中俯视像一个线条柔美的巨大英文字母“X”，被业界誉为“世界上设计、施工难度最大、复杂程度最高之一”的工程。